會計基礎

主編 劉建黨

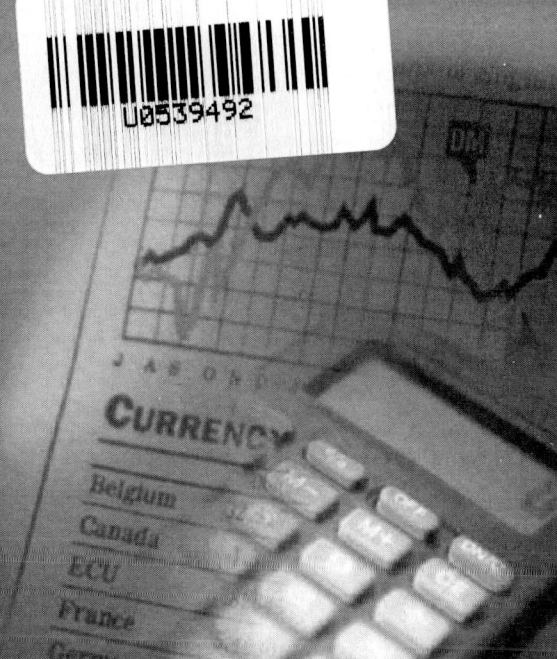

財經錢線

前　　言

　　本教材是依據2014年財政部修訂的會計從業資格考試大綱和最新《企業會計準則》，結合河南省教育廳制定的中等職業學校會計專業教學標準而編寫的。

　　本教材的編寫堅持「以服務為宗旨，以就業為導向」的職業教育方針，以「必須、夠用」為原則，結合會計從業資格考試的考核要求，以企業會計核算方法體系為主線，遵循學生的認知規律，合理安排教材內容。本教材具有以下特色：

　　一是先進性。嚴格依據2014年4月財政部修訂的會計從業資格考試大綱、最新的《企業會計準則》和相關的會計法律法規進行編寫，如在會計要素的計量屬性、財務會計報告、會計檔案管理等內容上，均體現出最新的會計法律法規。

　　二是具有較強的實操性。結合會計從業資格考試的常考知識點，在教材中增加典型例題和章節自測題，題目貼近實際、突出實務操作，強調對學生進行企業基本經濟業務處理技能的訓練，重點培養學生的實際操作能力。

　　三是在線服務。為幫助廣大考生更好地學習、理解和鞏固教材內容，我們採用了「教材＋題庫」的學習模式，考生可以進行在線練習。

　　四是適用範圍廣泛。教材的文字表述通俗易懂、深入淺出，版面設計活潑、新穎。在每章的前面編有明確的學習目標，每章內容中穿插「小提示」「知識連結」等小模塊；含有典型例題，圖文並茂，增強直觀性和可理解性；章節後附有本章自測題，題型靈活，難度適中，便於教學。

　　本教材既可作為職業學校財經類專業教材，又可作為會計從業資格考試和會計崗位培訓輔導教材。

本教材由河南省駐馬店財經學校劉建黨擔任主編，王栓柱擔任副主編。參加本書編寫的有：張暢、周毅、楊子。第一章、第二章由王栓柱編寫；第三章、第四章由楊子編寫；第五章、第九章由劉建黨編寫；第六章由劉建黨、周毅編寫；第七章由周毅編寫；第八章、第十章由張暢編寫；全書由劉建黨統稿。

　本教材是編寫組共同努力的結果。在本教材的編寫過程中，編寫組參考了一些權威著作，楊獻春老師提出了大量的寶貴意見，在此一併表示感謝。由於時間倉促、編寫組水平所限，書中難免存在不足之處，敬請讀者批評指正。

編　者

2016 年 6 月

目　錄

第一章　總　論 …………………………………………………………（1）
　第一節　會計的概念與目標 …………………………………………（1）
　第二節　會計的職能與方法 …………………………………………（6）
　第三節　會計基本假設與會計基礎 …………………………………（11）
　第四節　會計信息的使用者及其質量要求 …………………………（15）
　第五節　會計準則體系 ………………………………………………（18）
　自測題 …………………………………………………………………（20）

第二章　會計要素與會計等式 ……………………………………（24）
　第一節　會計要素 ……………………………………………………（24）
　第二節　會計等式 ……………………………………………………（41）
　自測題 …………………………………………………………………（47）

第三章　會計科目與帳戶 …………………………………………（51）
　第一節　會計科目 ……………………………………………………（51）
　第二節　帳　戶 ………………………………………………………（56）
　自測題 …………………………………………………………………（60）

第四章　會計記帳方法 ……………………………………………（62）
　第一節　會計記帳方法的種類 ………………………………………（62）
　第二節　借貸記帳法 …………………………………………………（64）
　自測題 …………………………………………………………………（79）

第五章　借貸記帳法下主要經濟業務的帳務處理 ……………（83）
　第一節　工業企業主要經濟業務概述 ………………………………（83）
　第二節　資金籌集業務的帳務處理 …………………………………（84）
　第三節　固定資產業務的帳務處理 …………………………………（93）
　第四節　材料採購業務的帳務處理 …………………………………（99）
　第五節　生產業務的帳務處理 ………………………………………（109）
　第六節　銷售業務的帳務處理 ………………………………………（118）
　第七節　期間費用的帳務處理 ………………………………………（126）

目　錄

　　第八節　利潤形成與分配業務的帳務處理…………………………（129）
　　自測題………………………………………………………………（139）

第六章　會計憑證……………………………………………………（146）
　　第一節　會計憑證概述……………………………………………（146）
　　第二節　原始憑證…………………………………………………（147）
　　第三節　記帳憑證…………………………………………………（157）
　　第四節　會計憑證的傳遞與保管…………………………………（165）
　　自測題………………………………………………………………（168）

第七章　會計帳簿……………………………………………………（170）
　　第一節　會計帳簿概述……………………………………………（170）
　　第二節　會計帳簿的啟用與登記要求……………………………（177）
　　第三節　會計帳簿的格式與登記方法……………………………（179）
　　第四節　對帳與結帳………………………………………………（192）
　　第五節　錯帳查找與更正的方法…………………………………（195）
　　第六節　會計帳簿的更換與保管…………………………………（198）
　　自測題………………………………………………………………（200）

第八章　帳務處理程序………………………………………………（202）
　　第一節　帳務處理程序概述………………………………………（202）
　　第二節　記帳憑證帳務處理程序…………………………………（203）
　　第三節　匯總記帳憑證帳務處理程序……………………………（227）
　　第四節　科目匯總表帳務處理程序………………………………（230）
　　自測題………………………………………………………………（235）

第九章　財產清查……………………………………………………（238）
　　第一節　財產清查概述……………………………………………（238）
　　第二節　財產清查的方法…………………………………………（241）
　　第三節　財產清查結果的處理……………………………………（247）
　　自測題………………………………………………………………（254）

第十章　財務報表……………………………………………………（257）
　　第一節　財務報表概述……………………………………………（257）
　　第二節　資產負債表………………………………………………（261）
　　第三節　利潤表……………………………………………………（266）
　　自測題………………………………………………………………（268）

第一章　總　論

學習目標

1. 瞭解會計的概念。
2. 瞭解會計對象和會計目標。
3. 瞭解會計準則體系。
4. 瞭解會計的核算方法。
5. 瞭解收付實現制。
6. 熟悉會計的基本特徵。
7. 熟悉會計的基本職能。
8. 掌握會計基本假設。
9. 掌握權責發生制。
10. 掌握會計信息質量要求。

第一節　會計的概念與目標

一、會計的概念與特徵

(一)會計的概念

會計是以貨幣為主要計量單位,運用專門的方法,核算和監督一個單位經濟活動的一種經濟管理工作。這裡的單位是國家機關、社會團體、公司、企業、事業單位和其他組織的統稱。未特別說明時,本教材主要以《企業會計準則》為依據,對企業的經濟業務進行會計處理。

會計已經成為現代企業的一項重要的管理工作。企業的會計工作主要是通過一系列會計程序,對企業的經濟活動和財務收支進行核算和監督,反應企業的財務狀況、經營成果和現金流量,反應企業管理層受託責任履行情況,為會計信息使用者提供有用的決策信息,並積極參與經營管理決策,提高企業經濟效益,促進市場

經濟的健康有序發展。

(二)會計的基本特徵

1. 會計是一種經濟管理活動

最早產生會計時,會計就把管理生產等經濟活動作為其重要的內容。它除了為企業經濟管理提供各種數據資料外,還通過各種方式直接參與經濟管理,對企業的經濟活動進行核算和監督。

2. 會計是一個經濟信息系統

會計作為一個經濟信息系統,將企業經濟活動的各種數據轉化為貨幣化的會計信息。會計本身具有一種對經濟活動最迅速、精確的控製機制,能夠清晰地反應經濟活動的動態和結果,這是其他工作無可替代的。

3. 會計以貨幣作為主要計量單位

企業的經濟活動通常使用勞動計量單位、實物計量單位和貨幣計量單位三種計量單位。其中,貨幣作為一般等價物,是衡量一般商品價值的共同尺度。會計以貨幣為主要計量單位,便於統一衡量和綜合比較。當然,在會計工作中也離不開必要的勞動計量單位和實物計量單位。

[例 1-1] 會計核算所運用的計量單位不包括(　　)。

　　A. 貨幣計量單位　　　　　　B. 勞動計量單位

　　C. 質量計量單位　　　　　　D. 實物計量單位

【解析】選 C。貨幣是會計的主要計量單位。除了貨幣計量單位之外,對於某些會計交易和事項還要用到實物計量和勞動計量單位。

4. 會計具有核算和監督的基本職能

會計的職能是指會計在經濟管理活動中所具有的功能。會計的基本職能表現在核算和監督兩個方面。在本章第二節我們將詳細介紹會計的職能。

5. 會計採用一系列專門的方法

會計方法是用來核算和監督會計對象、實現會計目標的手段。會計方法具體包括會計核算方法、會計分析方法、會計檢查方法等。其中,會計核算方法是最基本的方法。會計分析方法和會計檢查方法等主要是在會計核算方法的基礎上,利用提供的會計資料進行分析和檢查所使用的方法。這些方法相互依存、相輔相成,形成了一個完整的方法體系。

[例 1-2] 會計的基本職能是(　　)。

　　A. 核算與監督　　　　　　B. 分析與考核

　　C. 預測和決策　　　　　　D. 以上都對

【解析】選 A。會計的職能是指會計在經濟管理活動中所具有的功能。會計的基本職能表現在核算和監督兩個方面。

(三)會計的發展歷程

1.會計的產生

會計歷史悠久,最早可以追溯到原始社會的「結繩記事」和「刻契記事」等處於萌芽狀態的會計行為。當時,只是在生產實踐之外附帶地把收入、支付日期和數量等信息記載下來,生產尚未社會化,獨立的會計職能並未產生,因此,會計也只是作為生產職能的附帶部分存在。

隨著社會生產力的不斷發展,會計的核算內容在逐漸拓展,核算方法在不斷完善,會計逐漸從生產職能中分離出來,成為由專門人員從事的特殊的、獨立的職能。會計逐漸成為一項記錄、計算和考核收支的單獨工作,並逐漸產生了專門從事這一工作的專職人員。

2.會計的發展

會計的發展可劃分為古代會計、近代會計和現代會計三個階段。

(1)古代會計階段。古代會計階段是指從會計產生到借貸復式記帳法出現之前的這一階段,這是會計發展史上最漫長的一段時期,文明古國古埃及、古巴比倫、古羅馬和古希臘都留下了對會計活動的記載。

中國有關會計事項記載的文字,最早出現於商朝的甲骨文。西周時期,奴隸社會發展到鼎盛階段,據《周禮》記載:「司會掌邦之六典、八法、八則……以逆群吏之治,而聽其會計。」這是中國關於「會計」一詞的最早記載。

(2)近代會計階段。近代會計以復式記帳法的產生和《簿記論》的問世為標誌。1494 年,義大利數學家盧卡·帕喬利出版了《算術、幾何、比及比例概要》一書,其中的《簿記論》較為詳細地闡述了日記帳、分錄帳和總帳以及試算表的編製方法,介紹了威尼斯復式記帳法的原理和方法。該書的出版標誌著近代會計的開始,盧卡·帕喬利也被譽為「會計之父」。

(3)現代會計階段。對會計發展產生直接影響的是股份公司的出現和對人類文明產生重大影響的工業革命。在這種背景下,現代會計中的諸多概念緩慢地發展起來。美國發生於 20 世紀 20 年代末 30 年代初的經濟危機促成了《證券法》和《證券交易法》的頒布及對會計準則的系統研究和制定。財務會計準則體系的形成不僅奠定了現代會計法制體系和現代會計理論體系的基礎,而且促進了傳統會計向現代會計的轉變。進入 20 世紀 50 年代,在會計規範進一步深刻發展的同時,為適應現代管理科學的發展,以全面提高企業經濟效益為目的、以決策會計為主要內

容的管理會計逐漸形成。1952年，國際會計師聯合會正式通過了「管理會計」這一專業術語，標誌著會計被正式劃分為財務會計和管理會計兩大領域。

[例1-3] 現代會計形成的重要標志是( )。

　　A.出現了借貸記帳法

　　B.傳統會計分化為財務會計和管理會計

　　C.「會計原則」形成

　　D.成本會計形成

【解析】選B。現代會計的兩大分支就是「財務會計」和「管理會計」。管理會計的出現意味著傳統會計進入了現代會計階段。

經濟越發展，會計越重要。經濟全球化促進了會計國際化。隨著計算機、網絡、通信等先進技術與傳統會計工作的融合，會計信息化不斷發展，為企業經營管理、控製決策和經濟運行提供了即時、全方位的信息。

二、會計的對象與目標

(一)會計對象

會計對象是會計核算和監督的內容，具體是指社會再生產過程中能以貨幣表現的經濟活動，即資金運動或價值運動。

不同單位在社會再生產過程中所處的地位、擔負的任務及經濟活動的方式各不相同，經濟業務的內容也不盡相同，其具體的資金運動也有所區別。下面以工業企業為例，來說明其會計核算的一般對象。

工業企業的資金運動表現為資金投入、資金運用和資金退出三個過程。圖1-1揭示了工業企業的資金運動過程。

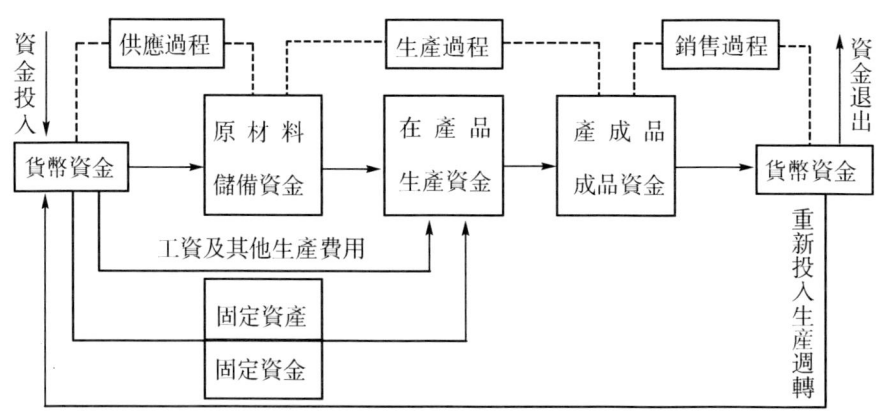

圖1-1　工業企業的資金運動過程

 資金,就是經濟活動的貨幣表現。

1.資金的投入

企業的資金投入包括企業所有者投入的資金和債權人投入的資金,前者形成企業的所有者權益,後者形成企業的負債。投入企業的資金一部分形成流動資產,另一部分形成企業固定資產等非流動資產。

2.資金的運用(循環與週轉)

企業的資金運用是指資金投入企業後,在供應、生產和銷售等環節不斷循環和週轉。

(1)供應階段。企業根據制訂的生產經營計劃,購買生產所需的各種原材料,支付材料的買價、運輸費、裝卸費等採購費用,與供貨方結算貨款。

(2)生產階段。企業領用原材料進行產品生產,支付職工薪酬和計提固定資產折舊,勞動者借助勞動手段將勞動對象加工成特定的產品,這些產品成為使用價值和價值的統一體。

(3)銷售階段。企業將生產的產品對外銷售,收回貨款和支付銷售費用等。

綜上所述,資金的循環就是指從貨幣資金開始依次轉化為儲備資金、生產資金、成品資金,最後又回到貨幣資金的過程。周而復始的資金循環就是資金週轉。

3.資金的退出

企業資金的退出包括償還各項債務、繳納各項稅費、向所有者分配利潤等,這部分資金將離開企業,退出企業的資金循環和週轉。

[例1-4] 公司的資金運動由各個環節組成,它不包括(　　)。

A.資金運用　　　　　　　　B.資金投入

C.資金退出　　　　　　　　D.資金減值

【解析】選D。企業的資金運動表現為資金投入、資金運用和資金退出三個過程。

(二)會計目標

會計目標也稱會計目的,是指要求會計工作完成的任務或達成的標準,也稱為財務報告的目標。

中國《企業會計準則》對會計核算的目標作了明確的規定:一是向財務會計報告使用者提供與企業財務狀況、經營成果和現金流量等有關的會計信息;二是反應企業管理層受託責任的履行情況。

1. 向財務會計報告使用者提供與決策有關的信息

財務會計報告使用者主要包括投資者、債權人、政府及其有關部門和社會公眾等。

會計主要是通過財務會計報告向其使用者提供與企業財務狀況、經營成果和現金流量等有關的會計信息。這些信息有助於財務會計報告使用者瞭解企業的資產規模及其來源情況、是否能夠盈利或盈利多少、有沒有足夠的現金償付能力等，從而幫助他們做出是否投資或繼續投資、是否發放或收回貸款的決策。同時有助於政府及其有關部門做出促進經濟資源分配公平與合理、市場經濟秩序公正和有序的宏觀經濟決策。

2. 反應企業管理層受託責任履行情況

現代企業制度強調企業所有權和經營權相分離，企業管理層受委託人之託經營管理企業及其各項資產，負有受託責任。即企業管理層所經營管理的企業各項資產基本上源自投資者投入的資本（或者留存收益作為再投資）和向債權人借入的資金，企業管理層有責任妥善保管並合理、有效運用這些資產。為了評價企業管理層的責任情況和業績，並決定是否需要調整投資或者信貸決策、是否需要加強企業內部控制和其他制度建設、是否需要更換管理層等，企業投資者和債權人等也需要及時或者經常性地瞭解企業管理層保管、使用資產的情況。因此，會計應當通過財務報告反應企業管理層受託責任的履行情況，以便外部投資者和債權人等評價企業的經營管理情況和資源使用的有效性。

第二節　會計的職能與方法

一、會計的職能

會計的職能是指會計在經濟管理過程中所具有的功能，會計具有會計核算和會計監督兩項基本職能，以及預測經濟前景、參與經濟決策、評價經營業績等拓展職能。

（一）基本職能

1. 核算職能

會計核算職能，又稱會計反應職能，是指會計以貨幣為主要計量單位，對特定主體的經濟活動進行確認、計量和報告。

確認是指運用特定會計方法，以文字和金額同時描述某一交易或事項，使其金

額反應在特定主體財務報表中的會計程序。

計量是指確定會計確認中用以描述某一交易或事項的金額的會計程序。

報告是指在確認和計量的基礎上,將特定主體的財務狀況、經營成果和現金流量以報表等形式向有關各方報告。

會計核算的主要內容包括:①款項和有價證券的收付;②財物的收發、增減和使用;③債權、債務的發生與結算;④資本、基金的增減;⑤收入、支出、費用、成本的計算;⑥財務成果的計算和處理;⑦需要辦理會計手續,進行會計核算的其他事項。

2. 監督職能

會計監督職能,又稱會計控製職能,是指對特定主體經濟活動和相關會計核算的真實性、合法性和合理性進行監督檢查。會計監督是一個過程,分為事前監督、事中監督和事後監督。

真實性審查是指檢查各項會計核算是否根據實際發生的經濟業務進行。

合法性審查是指檢查各項經濟業務是否符合國家有關法律法規、遵守財經紀律、執行國家的各項方針政策,以杜絕違法亂紀行為。

合理性審查是指檢查各項財務收支是否符合客觀經濟規律及經營管理方面的要求,保證各項財務收支符合特定的財務收支計劃,實現預算目標。

事前監督是在經濟活動發生前進行的監督,主要是指對未來經濟活動是否符合法規政策的規定、在經濟上是否可行進行分析判斷,以及為未來經濟活動制定定額、編製預算等。

事中監督是指對正在發生的經濟活動過程及其核算資料進行審查,並據以糾正經濟活動過程中的偏差和失誤。

事後監督是指對已經發生的經濟活動及其核算資料進行審查。

3. 會計核算與會計監督的關係

會計核算與會計監督是相輔相成、辯證統一的。會計核算是會計監督的基礎,沒有會計核算所提供的信息,會計監督就失去了依據;會計監督又是會計核算的質量保障,只有核算沒有監督,就難以保證核算所提供的信息的質量。

(二)拓展職能

1. 預測經濟前景

預測經濟前景是指通過對前期經濟活動的反應,預測未來經濟趨勢,科學制定下一個會計期間的經濟活動指標。

2. 參與經濟決策

參與經濟決策是指根據會計報告提供的信息,運用科學的分析方法,對備選方

案進行分析,為企業生產經營管理提供決策依據。

3.評價經營業績

評價經營業績是指利用財務會計報告等信息,採用適當的方法,對企業一定經營期間的經營成果進行分析比較,做出綜合評價。

【例1-5】會計的兩項基本職能是相輔相成、辯證統一的。下列說法不正確的是(　　)。

　　A.會計監督是會計核算的基礎
　　B.沒有核算提供的信息,監督就失去了依據
　　C.會計監督是會計核算質量的保證
　　D.會計還具有預測經濟前景、參與經濟決策、評價經營業績等功能

【解析】選A。會計核算是會計監督的基礎,沒有會計核算所提供的信息,會計監督就失去了依據;會計監督又是會計核算的質量保障,只有核算沒有監督,就難以保證核算所提供的信息的質量。

二、會計核算方法

會計方法包括會計核算方法、會計分析方法、會計檢查方法,其中會計核算方法是會計方法中最基本的方法,它是指對會計對象進行連續、系統、全面、綜合地確認、計量和報告所採用的各種方法、手段,這些方法、手段構成了一個完整的方法體系。

(一)會計核算方法體系

會計核算方法體系是由設置會計科目和帳戶、復式記帳、填製和審核會計憑證、登記會計帳簿、成本計算、財產清查、編製財務會計報告等專門方法構成。

1.設置會計科目和帳戶

設置會計科目和帳戶是對會計對象的具體內容分門別類地反應和監督的一種專門方法。會計對象的內容既具體又龐雜,根據會計對象具體內容的不同特點和經濟管理的不同要求,選擇一定的標準進行分類,並事先規定分類核算項目,在會計帳簿中開設對應的帳戶,以便取得所需要的核算指標,滿足經濟管理的需要,完成會計核算的任務。該部分內容將在第三章具體介紹。

2.填製和審核會計憑證

會計憑證是記錄經濟業務事項的發生或完成情況,明確經濟責任的書面證明,也是登記會計帳簿的依據。填製和審核會計憑證,是為了審核經濟業務是否合理合法,保證會計帳簿記錄正確、完整而採用的一種專門方法。對於已

經發生和完成的經濟業務,都要由有關單位或人員填製會計憑證,然後由會計部門進行認真審核,才能作為依據。填製和審核會計憑證是最初的會計核算環節,其是否真實可靠將對後續核算環節產生直接影響。該部分內容將在第六章詳細介紹。

3.復式記帳

復式記帳是指在兩個或兩個以上相互對應的帳戶記錄每一項經濟業務的一種專門方法。復式記帳記錄了每一項經濟業務的來龍去脈,可以清晰地反應經濟業務聯繫的全貌,便於核對帳簿記錄。該部分內容將在第四章具體介紹。

4.登記會計帳簿

會計帳簿是由一定格式的帳頁組成,用以全面、系統、連續地記錄和反應各項經濟業務事項的簿籍。通過登記帳簿,能將分散的經濟業務進行分類匯總,系統地提供每一類經濟活動的完整資料,瞭解其發展變化的全過程,以適應經濟管理的需要。帳簿記錄的各種數據資料,也是編製財務報表的重要依據。所以,登記帳簿是會計核算的主要方法。該部分內容將在第七章具體介紹。

5.成本計算

成本計算是指對生產經營過程中發生的各種生產費用,按照不同的成本計算對象進行歸集和分配,以便確定對象的總成本和單位成本的一種專門方法。正確地進行成本計算,可以考核生產經營過程的費用支出水平,同時又是確定企業盈虧和確定產品價格的基礎,為企業進行經營決策提供重要數據。該部分內容將在第五章具體介紹。

6.財產清查

財產清查是指通過對各種財產物資的實地盤點及債權債務的核對,以查明財產物資及往來款項帳面數與實有數是否相符的一種專門方法。通過財產清查,可查明財產帳實不符的原因,查明財產物資的保管使用情況,促進企業加強財產物資的管理。該部分內容將在第九章具體介紹。

7.編製財務會計報告

編製財務會計報告是定期總結和反應經濟活動、考核計劃、預算執行結果的一種專門方法。它以經濟指標為主要形式,綜合地反應了企業一定時期的財務狀況和經營成果,以滿足各有關方面瞭解企業經營狀況的要求,並為國家宏觀經濟管理提供數據資料。該部分內容將在第十章具體介紹。

上述各種會計方法相互聯繫、緊密配合,構成了系統的會計核算方法體系。它們相互制約、相輔相成,形成了一個有序的會計核算程序。

［例1-6］ 會計的方法不包括（　　）。
　　A.會計核算方法　　　　　　B.會計檢查方法
　　C.會計分析方法　　　　　　D.會計考核方法
【解析】選D。會計方法包括會計核算方法、會計分析方法、會計檢查方法。

［例1-7］ 下列不屬於會計核算方法的是（　　）。
　　A.復式記帳　　　　　　　　B.設置會計科目和帳戶
　　C.會計預測與決策　　　　　D.填製和審核會計憑證
【解析】選C。會計核算方法體系由設置會計科目和帳戶、復式記帳、填製和審核會計憑證、登記會計帳簿、成本計算、財產清查、編製財務會計報告等專門方法構成。

(二)會計循環

會計循環是指按照一定的步驟反覆運行的會計程序。從會計工作流程看,會計循環由確認、計量和報告等環節組成;從會計核算的具體內容來看,會計循環由填製和審核會計憑證、設置會計科目和帳戶、復式記帳、登記會計帳簿、成本計算、財產清查、編製財務會計報告等環節組成。填製和審核會計憑證是會計核算的起點。

對於企業日常工作發生的經濟業務,要填製和審核會計憑證,按照規定的會計科目,運用復式記帳法記入有關帳簿;生產經營過程中發生的各項費用,要進行成本計算;對於帳簿記錄要定期通過財產清查進行核實,在此基礎上根據帳簿記錄,定期編製財務會計報告。

簡單來說,企業在一個會計期間(通常為一個月)內,對每項經濟業務綜合利用上述會計方法進行會計處理,如此循環往復,持續不斷地進行下去,這個過程就是會計循環。

上述會計循環可通過圖1-2直觀地反應出來。

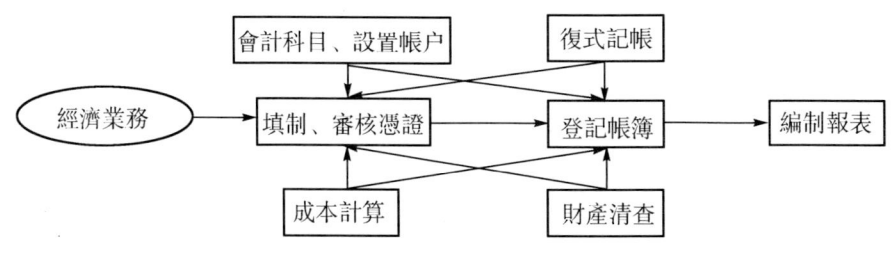

圖1-2　會計循環示意圖

第一章 總 論

第三節　會計基本假設與會計基礎

一、會計基本假設

會計基本假設是會計核算的基本前提,即企業進行會計確認、計量、記錄和報告應具備的前提條件,它是對會計核算所處時間、空間環境等所作的合理假定。會計核算對象的確定、會計方法的選擇、會計數據的搜集都要以這一系列的前提為依據。會計基本假設包括會計主體、持續經營、會計分期和貨幣計量。

(一)會計主體

會計主體是指企業會計確認、計量和報告的空間範圍,即會計核算和監督的特定單位或組織,強調會計信息是對特定主體的經濟活動的反應。為了向財務報告使用者反應企業財務狀況、經營成果和現金流量,提供對其決策有用的信息,會計核算和財務報告的編製應當集中於反應特定對象的活動,並將其與其他經濟實體區別開來,如此才能實現財務報告的目標。

通俗地說,會計主體假設要明確的問題在於會計是某個單位的會計,會計提供的信息是某個特定主體的信息,即會計活動的範圍僅限於它所存在的特定單位中,從而在空間上對會計信息進行了限制。

在會計主體假設下,企業應當對其本身發生的交易或者事項進行會計確認、計量和報告,反應企業本身所發生的經濟活動。明確界定會計主體是開展會計確認、計量和報告工作的重要前提。

首先,明確會計主體,才能劃定會計所要處理的各項交易或事項的範圍。在會計實務中,只有那些影響企業本身經濟利益的各項交易或事項才能加以確認、計量和報告,那些不影響企業本身經濟利益的各項交易或事項則不能加以確認、計量和報告。會計工作中通常所講的資產、負債的確認,收入的實現,費用的發生等,都是針對特定會計主體而言的。比如:我們說到某企業的資產,就是指權屬歸該企業的財產,而不能是其他企業的資產;說到某企業的負債,就只能是由該企業負擔的債務。

其次,明確會計主體,才能將會計主體的交易或者事項與會計主體所有者的交易或者事項以及其他會計主體的交易或事項區分開來。例如,甲企業的投資人自己家裡所購車輛,就不應作為甲企業資產進行核算;甲企業從乙企業購入鋼材,甲企業的會計就只能核算甲企業的採購業務,至於乙企業如何核算銷售鋼材業務,那就不是甲企業會計應考慮的問題了。

要準確地把握會計主體假設,還需要注意會計主體和法律主體的不同。一般而言,法律主體必然是一個會計主體。例如,一個企業作為一個法律主體,應當建立財務會計系統,獨立反應其財務狀況、經營成果和現金流量,構成一個會計主體。但是,會計主體不一定是法律主體。例如企業內部某個車間,可以獨立作為一個會計主體核算該車間所發生的材料費、人工費等內容,但該車間絕對不具備法律主體資格,不是一個法律主體。

[例1-8] 會計主體是( )。

　　A.法律主體

　　B.總公司

　　C.對其進行獨立核算的特定單位或組織

　　D.公司法人

【解析】選C。會計主體是指企業會計確認、計量和報告的空間範圍,即會計核算和監督的特定單位或組織,強調會計信息是對特定主體的經濟活動的反應。

(二)持續經營

持續經營是指在可以預見的未來,企業將會按當前的規模和狀態繼續經營下去,不會停業,也不會大規模削減業務。在持續經營假設下,會計確認、計量和報告應當以企業持續、正常的經濟活動為前提。有了這個前提,就意味著會計主體將按照既定的用途和時間使用資產,而不用考慮企業會停止經營的情況。一個企業在不能持續經營時,應當停止使用根據該假設所選擇的會計確認、計量和報告的原則和方法,否則將不能客觀地反應企業的財務狀況、經營成果和現金流量,會誤導會計信息使用者的經濟決策。

[例1-9] 企業會計核算必須以( )為基礎和假設前提,明確了這個基本前提,會計人員就可以在此基礎上選擇適用的會計準則和會計方法,為解決很多常見的資產計價和收益確認問題提供基礎。

　　A.會計主體　　　　　　　　B.持續經營

　　C.會計期間　　　　　　　　D.貨幣計量

【解析】選B。在持續經營假設下,會計確認、計量和報告應當以企業持續、正常的經濟活動為前提。有了這個前提,就意味著會計主體將按照既定的用途和時間使用資產,而不用考慮企業會停止經營的情況。

(三)會計分期

會計分期是指將一個企業持續經營的經濟活動劃分為一個個連續的、長短相同的期間,以便分期結算帳目和編製財務會計報告。在會計分期假設下,企業應當劃分會計期間,分期結算帳目和編製財務報表。會計期間通常分為年度和中期。

第一章 總 論

在中國,會計年度自公曆1月1日起至12月31日止。中期是指短於一個完整的會計年度的報告期間,通常包括半年度、季度和月度。

由於有會計分期,才產生了當期與以前期間、以後期間的差別,才使不同類型的會計主體有了記帳的基準,進而出現了折舊、攤銷等會計處理方法。

持續經營假設和會計分期假設規定了企業會計確認、計量和報告的時間範圍。

[例1-10] 會計分期是建立在( )基礎上的。

A.會計主體　　　　　　　　B.持續經營
C.權責發生制原則　　　　　D.貨幣計量

【解析】選B。會計分期是指將一個企業持續經營的經濟活動劃分為一個個連續的、長短相同的期間,以便分期結算帳目和編製財務會計報告。

(四)貨幣計量

貨幣計量是指會計主體在會計確認、計量和報告時以貨幣作為計量尺度,反應會計主體的經濟活動。

中國的會計核算應當以人民幣為記帳本位幣。業務收支以外幣為主的企業,也可以選擇某種外幣作為記帳本位幣,但對外編製的財務會計報告應當折算為人民幣反應。在境外設立機構的中國企業,在向國內報送財務報告時,也應當折算為人民幣反應。此外,選擇外幣作為記帳本位幣的企業應考慮幣值穩定的問題。

上述會計核算的四項基本假設,具有相互依存、相互補充的關係。會計主體確立了會計核算的空間範圍,持續經營與會計分期確立了會計核算的時間長度,而貨幣計量則為會計核算提供了必要的手段。沒有會計主體,就不會有持續經營;沒有持續經營,就不會有會計分期;沒有貨幣計量,就不會有現代會計。

二、會計基礎

一般企業實現一筆收入往往會收到一筆錢款,同樣,企業發生一筆費用往往要支付一筆錢款。但是,由於賒購、賒銷的大量存在,有時貨幣收支的時間與收入、費用確認的時間並不完全一致。例如,款項已經收到,但因商品尚未發出、銷售並未實現而不能確認為本期的收入;或者款項已經支付,但與本期的生產經營活動無關而不能確認為本期的費用。那麼怎樣才能準確地界定各期的收入、費用,相對真實、公允地反應特定會計期間的經營成果呢?這就涉及到了會計核算基礎的問題。

會計基礎是指會計確認、計量和報告的基礎,是會計主體確認一定會計期間的收入、費用,從而確定當期經營成果的標準。會計實務中運用的會計基礎主要有權責發生制和收付實現制。企業應當以權責發生制為基礎進行會計確認、計量和報告。

(一)權責發生制

權責發生制,也稱應計制或應收應付制,是指收入、費用的確認應當以收入和

費用的實際發生而不是以款項是否收付作為標準，來確認當期損益的一種制度。

在權責發生制下，凡是當期已經實現的收入和已經發生或應當負擔的費用，無論款項是否收付，都應當作為當期的收入和費用，計入利潤表；凡是不屬於當期的收入和費用，即使款項已在當期收付，也不應當作為當期的收入和費用。為了真實、公允地反應特定時點的財務狀況和特定期間的經營成果，企業在會計確認、計量和報告中應當以權責發生制為基礎。

(二)收付實現制

收付實現制，也稱現金制，以收到或支付現金作為確認收入和費用的標準，是與權責發生制相對應的一種制度。

中國企業單位應採用權責發生制，而行政單位應採用收付實現制，事業單位除經營業務可以採用權責發生制外，其他大部分業務採用收付實現制。權責發生制和收付實現制的比較如表 1-1 所示。

表 1-1　　　　　　　權責發生制和收付實現制的比較

比較項目	權責發生制	收付實現制
別稱	應計制、應收應付制	實收實付制、現金制
收入	取得收款的時間	實際收到的時間
費用	取得付款的時間	實際支付的時間
優點	利潤合理準確	核算簡單
缺點	核算麻煩	利潤不準確
適用範圍	營利性組織 （企業、事業單位的營利業務）	非營利組織 （機關、事業單位的非營利業務）

[例 1-11] 下列關於權責發生制的表述中，不正確的是(　　)。

A. 權責發生制要求，凡是不屬於當期的收入和費用，即使款項已在當期收付，也不作為當期的收入和費用

B. 權責發生制是以收入和費用是否歸屬本期為標準來確認收入和費用的一種方法

C. 權責發生制要求，凡是本期收到的收入和付出的費用，不論是否屬於本期，都應作為本期的收入和費用

D. 權責發生制要求，凡是當期已經實現的收入和已經發生或應當負擔的費用，無論款項是否收付，都應當作為當期的收入和費用

【解析】選 C。收付實現制要求，凡是本期收到的收入和付出的費用，不論是否屬於本期，都應作為本期的收入和費用。

第四節　會計信息的使用者及其質量要求

一、會計信息的使用者

會計信息的使用者主要包括投資者、債權人、企業管理者、政府及其相關部門和社會公眾等。

投資者是企業財務報告最主要的使用者,其他使用者的需要服從於投資者的需要。在提供財務報告時,應首先考慮報告所涵蓋的信息是否有利於投資者的決策,是否屬於潛在投資者作出投資決策所需要的。

債權人是指銀行或其他金融機構,他們需要根據會計信息分析企業的償債能力、衡量貸款風險,作出貸款決策。

政府及其有關部門可以通過解讀企業會計信息,更科學地制定稅收政策等宏觀調控和管理措施,進行稅收徵管。

社會公眾可以根據會計信息監督企業的生產經營活動,保護自身的合法權益。

二、會計信息的質量要求

會計信息的質量要求是對企業財務會計報告中所提供高質量會計信息的基本規範,是使財務會計報告中所提供的會計信息,對投資者等使用者決策有利用價值應具備的基本特徵,主要包括可靠性、相關性、可理解性、可比性、實質重於形式、重要性、謹慎性和及時性等。

(一)可靠性

可靠性要求企業應當以實際發生的交易或者事項為依據進行確認、計量和報告,如實反應符合確認和計量要求的各項會計要素及其他相關信息,保證會計信息真實可靠、內容完整。

可靠性是對會計信息質量最基本的要求。會計信息要有用,必須以可靠性為基礎,避免給財務報告使用者的決策帶來誤導。這就要求企業做到:①以實際發生的交易或事項為依據進行確認、計量和報告;②在符合重要性和成本效益原則的前提下,保證會計信息的完整性;③在財務會計報告中列示的會計信息應當是中立的。如果企業在財務會計報告中為了達到事先設定的結果或效果,通過選擇或列示有關會計信息以影響決策和判斷,那麼這樣的財務會計報告信息就不是中立的。

(二)相關性

相關性要求企業提供的會計信息應當與財務會計報告使用者的經濟決策需要

相關,有助於財務會計報告使用者對企業過去和現在的情況作出評價,對未來的情況作出預測。

會計信息是否有用,是否具有價值,關鍵是看其與使用者的決策需要是否相關,是否有助於決策,提高決策水平。在可靠性前提下,會計信息應盡可能與決策相關,以滿足財務會計報告使用者決策的需要。

(三)可理解性

可理解性要求企業提供的會計信息應當清晰明了,便於財務會計信息使用者理解和使用。

會計信息是一種專業性較強的信息產品,在強調會計信息的可理解性要求的同時,還應假設使用者具有一定的有關企業經營活動和會計方面的知識,並且願意付出努力去研究這些信息。對於某些複雜的信息,如交易本身較為複雜或者會計處理較為複雜,但其與使用者的經濟決策相關,企業就應當在財務會計報告中予以充分披露。

(四)可比性

可比性要求企業提供的會計信息應當相互可比,保證同一企業不同時期可比、不同企業相同會計期間可比。

1. 同一企業不同時期可比

會計信息質量的可比性要求同一企業不同時期發生的相同或者相似的交易或者事項,應當採用一致的會計政策,不得隨意變更。但是,如果按照規定或者在會計政策變更後可以提供更可靠、更相關的會計信息,則可以變更會計政策。對有關會計政策變更的情況,應當在附註中予以說明。

2. 不同企業相同會計期間可比

會計信息質量的可比性要求不同企業同一會計期間發生的相同或者相似的交易或者事項,應當採用統一規定的會計政策,保證會計信息口徑一致,相互可比。

(五)實質重於形式

實質重於形式要求企業應當按照交易或者事項的經濟實質進行會計確認、計量和報告,不應僅以交易或者事項的法律形式為依據。

企業發生的交易或事項在多數情況下,其經濟實質和法律形式是一致的,但在有些情況下,會出現不一致。例如,企業融資租入的固定資產,雖然從法律上看,所有權仍屬於出租人,但由於其租賃期占其使用壽命的大部分,並且租賃期滿,承租企業有優先購買該資產的選擇權,最主要的是,租賃期間其經濟利益歸承租人所有,所以,按照實質重於形式的原則,融資租入固定資產應視為自有固定資產核算,

列入承租企業的資產負債表中。

[例 1-12] 企業銷售商品時,如果沒有將商品所有權上的風險和報酬轉移給購買方,即使已經將商品交付給購買方,也不應當確認銷售收入,體現了會計信息質量(　　)的基礎要求。

A.謹慎性　　　　　　　B.實質重於形式
C.重要性　　　　　　　D.相關性

【解析】選B。實質重於形式要求企業應當按照交易或者事項的經濟實質進行會計確認、計量和報告,不應僅以交易或者事項的法律形式為依據。

(六)重要性

重要性要求企業提供的會計信息應當反應與企業財務狀況、經營成果和現金流量有關的所有重要交易或者事項。

如果會計信息的省略或者錯報會影響投資者等財務報告使用者據此作出決策,則該信息就具有重要性。重要性的應用需要依賴職業判斷,企業應當根據其所處環境和實際情況,從項目的性質和金額大小兩方面加以判斷。

對重要會計事項,必須按照規定的會計方法和程序進行處理,並在財務會計報告中予以充分、準確的披露;對於次要的會計事項,在不影響會計信息真實性和不至於誤導財務會計報告使用者做出正確判斷的前提下,可以適當簡化處理。

(七)謹慎性

謹慎性要求企業在對交易或者事項進行會計確認、計量和報告時保持應有的謹慎,不應高估資產或者收益、低估負債或者費用。

在市場經濟環境下,企業的生產經營活動面臨著許多風險和不確定性,如應收帳款的可收回性、固定資產的使用壽命等。會計信息質量的謹慎性要求,企業在面臨不確定性因素的情況下作出職業判斷時,應當保持應有的謹慎,應充分估計到各種風險和損失,既不高估資產或者收益,也不低估負債或者費用。例如,要求企業定期或至少於年度終了時,對可能發生減值的各項資產計提資產減值或跌價準備,對固定資產採用加速折舊法等,充分體現了謹慎性的要求。

謹慎性的應用不允許企業設置秘密準備,否則,會損害會計信息質量,扭曲企業實際的財務狀況和經營成果,從而對使用者的決策產生誤導,這是不符合會計準則要求的。

(八)及時性

及時性要求企業對於已經發生的交易或者事項,應當及時進行確認、計量和報告,不得提前或者延後。

會計信息的價值在於幫助會計信息使用者作出經濟決策，應當具有時效性。在會計確認、計量和報告過程中貫徹及時性，一是要求及時收集會計信息；二是要求及時處理會計信息；三是要求及時傳遞會計信息，便於信息使用者及時使用和決策。

第五節 會計準則體系

一、會計準則的構成

會計準則是反應經濟活動、確認產權關係、規範收益分配的會計技術標準，是生成和提供會計信息的重要依據，也是政府調控經濟活動、規範經濟秩序、引導社會資源合理配置、保護投資者和社會公眾利益以及開展國際經濟交往等的重要手段。

會計準則具有嚴密和完整的體系。中國已頒布的會計準則有《企業會計準則》《小企業會計準則》和《事業單位會計準則》。

二、企業會計準則

根據財政部第33號部長令的規定，企業會計準則體系自2007年1月1日起在上市公司範圍內施行，鼓勵其他企業執行。中國的企業會計準則體系包括基本準則、具體準則、應用指南和解釋公告等。

(一) 基本準則

基本準則是企業進行會計核算工作必須遵守的基本要求，是企業會計準則體系的概念基礎，是制定具體準則、會計準則應用指南、會計準則解釋的依據，也是解決新的會計問題的指南，在企業會計準則體系中具有重要的地位。2014年7月23日財政部對《企業會計準則——基本準則》進行了修改。基本準則包括以下內容：

1. 財務會計報告目標

基本準則明確了中國財務會計報告的目標是向財務會計報告使用者提供決策有用的信息，並反應企業管理層受託責任的履行情況。

2. 會計基本假設

基本準則強調了企業會計確認、計量和報告應當以會計主體、持續經營、會計分期和貨幣計量為會計基本假設。

3. 會計基礎

基本準則堅持了企業會計確認、計量和報告應當以權責發生制為基礎。

4.會計信息質量要求

基本準則建立了企業會計信息質量要求體系,規定企業財務會計報告中提供的會計信息應當滿足會計信息質量要求。

5.會計要素分類及其確認、計量原則

基本準則將會計要素分為資產、負債、所有者權益、收入、費用和利潤,同時針對有關要素建立了相應的確認和計量原則,規定會計要素在確認時,均應滿足相應條件。

6.財務會計報告

基本準則明確了財務會計報告的基本概念、應當包括的主要內容和應反應信息的基本要求等。

(二)具體準則

具體準則是根據基本準則的要求,主要就各項具體業務事項的確認、計量和報告做出的規定,分為一般業務準則、特殊業務準則和報告類準則。

1.一般業務準則

一般業務會計準則是規範各類企業一般經濟業務確認、計量的準則,包括存貨、固定資產、無形資產、長期股權投資、收入、所得稅準則等。

2.特殊業務準則

特殊業務準則可分為各行業共有的特殊業務準則和特殊行業的特殊業務準則。前者如外幣業務、租賃業務、資產減值業務、債務重組業務、非貨幣性交易業務等準則;後者如適用於銀行等金融領域的原保險合同、再保險合同準則,適用於石油企業的石油天然氣開採準則,適用於農牧業的生物資產準則等。

3.報告類準則

報告類準則主要規範普遍適用於各類企業的報告類準則,如財務報表列報、現金流量表、中期財務報表、合併財務報表準則等。

(三)會計準則應用指南

會計準則應用指南是指根據基本準則、具體準則制定的,是用以指導會計實務的操作性指南,是對具體準則相關條款的細化和對有關重點、難點問題作出的操作性規定,它包括會計科目、主要帳務處理、財務報表及其格式等內容,為企業執行會計準則提供操作性規範。

(四)企業會計準則解釋

一方面,隨著企業會計準則實施範圍的擴大和深入,新情況、新問題不斷

湧現,客觀上要求我們及時作出解釋;另一方面,企業會計準則實現了國際趨同,可以更好地實現與國際會計接軌,因此國際會計準則理事會(IASB)在發布新準則以及解釋公告或者修改準則時,也要求我們對其作出解釋。但是,在鞏固企業會計準則已有實施成果和其實施範圍不斷擴大的背景下,企業會計準則體系應當保持相對穩定,不能朝令夕改。綜合各方面因素,現階段財政部採取了發布《企業會計準則解釋》的方式,以期能夠更好地解決企業的實際問題。

《企業會計準則解釋》與具體會計準則具有同等效力。目前最新的解釋準則是財政部於 2015 年 11 月 4 日下發的《企業會計準則解釋第 7 號》。

三、小企業會計準則

2011 年 10 月 18 日,財政部發布了《小企業會計準則》,要求符合適用條件的小企業自 2013 年 1 月 1 日起執行,並鼓勵提前執行。《小企業會計準則》一般適用於在中國境內依法設立、經濟規模較小的企業,具體標準參見《小企業會計準則》和《中小企業劃型標準規定》。

四、事業單位會計準則

2012 年 12 月 6 日,財政部修訂發布了《事業單位會計準則》,自 2013 年 1 月 1 日起在各級各類事業單位施行。該準則對中國事業單位的會計工作予以規範,共九章,包括總則、會計信息質量要求、資產、負債、淨資產、收入、支出或者費用、財務會計報告和附則等。

與《企業會計準則》相比,《事業單位會計準則》的主要特點有:

(1)要求事業單位採用收付實現制進行會計核算,部分另有規定的經濟業務或事項才能採用權責發生制核算。

(2)將事業單位會計要素劃分為資產、負債、淨資產、收入、支出(或費用)五類。

(3)要求事業單位的會計報表至少包括資產負債表、收入支出表(或收入費用表)和財政補助收入支出表。

自 測 題

一、單項選擇題

1. 會計在其核算過程中,對經濟活動的合法性和合理性所實施的審查,稱為( )職能。

    A. 會計分析   B. 會計核算

    C. 會計監督   D. 會計反應

2.下列各項中,要求企業合理核算可能發生的費用和損失的會計信息質量要求是( )。

　　A.可比性　　　　　　　　B.及時性

　　C.重要性　　　　　　　　D.謹慎性

3.按季度支付利息的企業,通常要按月預提利息費用,其所體現的是( )。

　　A.權責發生制　　　　　　B.相關性

　　C.收付實現制　　　　　　D.可比性

4.企業在原材料明細帳中登記原材料結存數量 3 000 噸,該計量單位屬於( )。

　　A.時間量度　　　　　　　B.勞動量度

　　C.實物量度　　　　　　　D.貨幣量度

5.在權責發生制下,下列選項中屬於本年收入的是( )。

　　A.收到上年銷售產品的貨款 30 000 元

　　B.預收下年度倉庫租金 60 000 元

　　C.預付下年度財產保險費 7 000 元

　　D.本年銷售產品的價款 30 000 元,貨款於下年到帳

6.強調經營成果核算的企業應該採用( )。

　　A.收付實現制　　　　　　B.權責發生制

　　C.實地盤存制　　　　　　D.永續盤存制

7.企業的資產按取得時的實際成本計價,這滿足了( )的要求。

　　A.重要性　　　　　　　　B.明晰性

　　C.可靠性　　　　　　　　D.相關性

8.中國企業以( )為一個會計年度。

　　A.生產週期

　　B.企業開始設立的那一天到次年的同一天

　　C.公曆年度

　　D.企業開始設立的那一天到終止的那一天

9.企業於 1 月份用銀行存款 12 000 元支付全年房租,1 月底僅將其中的 1 000 元計入本月的費用,這種行為符合( )的要求。

　　A.謹慎性原則　　　　　　B.及時性原則

　　C.權責發生制　　　　　　D.收付實現制

二、多項選擇題

1. 下列關於會計特徵的表述中,正確的有(　　)。
   A. 會計是一種經濟管理活動　　B. 會計是一個經濟信息系統
   C. 會計採用一系列專門的方法　　D. 會計以貨幣作為唯一計量單位

2. 下列各項中,能代表會計對象內容的有(　　)。
   A. 資金運動
   B. 價值運動
   C. 社會再生產過程中的所有經濟活動
   D. 社會再生產過程中能以貨幣表現的經濟活動

3. 下列各項中,屬於資金運動的具體表現過程的有(　　)。
   A. 資金投入　　B. 資金運用
   C. 資金退出　　D. 資金消失

4. 會計核算職能是指會計以貨幣為主要計量單位,通過(　　)環節,對特定主體的經濟活動進行記帳、算帳、報帳。
   A. 確認　　B. 報告
   C. 計量　　D. 分析

5. 下列各項中,屬於會計核算具體內容的有(　　)。
   A. 款項和有價證券的收付　　B. 財物的收發、增減和使用
   C. 債權、債務的發生和結算　　D. 收入、支出、費用、成本的計算

6. 按照權責發生制的要求,下列收入或費用應歸屬於本期的有(　　)。
   A. 本期銷售產品的收入款項,對方尚未付款
   B. 攤銷前期已經付款的報紙、雜志費
   C. 本月收回上月銷售產品的貨款
   D. 尚未實際支付的本月借款利息

7. 謹慎性原則要求會計人員在選擇會計處理方法時(　　)。
   A. 不高估資產　　B. 不低估負債
   C. 預計任何可能的收益　　D. 確認一切可能發生的損失

三、判斷題

1. 會計是以貨幣為主要計量單位,運用專門方法,核算和監督一個單位經濟活動的一種行政管理工作。(　　)

2. 企業的資金退出包括償還各項債務、繳納各項稅費、向所有者分配利潤等。(　　)

3.會計核算和會計監督是會計工作的兩項重要內容,在實際工作中應該嚴格區分開來,單獨進行。　　　　　　　　　　　　　　　　　　(　)

4.會計循環由確認、計量和報告等環節組成。　　　　　　　　(　)

5.在持續經營假設下,會計確認、計量和報告應當以企業持續、正常的經濟活動為前提。　　　　　　　　　　　　　　　　　　　　　　(　)

第二章　會計要素與會計等式

學習目標

1. 熟悉會計要素的含義與特徵。
2. 掌握會計要素的確認條件與構成。
3. 掌握常用的會計計量屬性。
4. 掌握會計等式的表現形式。
5. 掌握基本經濟業務的類型及其對會計等式的影響。

第一節　會計要素

一、會計要素的含義與分類

(一)會計要素的含義

會計要素是指根據交易或者事項的經濟特徵所確定的財務會計對象的基本分類。會計要素是會計對象的具體化,是會計核算和監督的具體對象和內容。

(二)會計要素的分類

中國《企業會計準則》將會計要素按照其性質分為資產、負債、所有者權益、收入、費用和利潤。其中,資產、負債和所有者權益要素側重於反應企業一定日期的財務狀況,是對企業資金運動的靜態反應,構成資產負債表的要素;收入、費用和利潤要素側重於反應企業一定時期的經營成果,是對企業資金運動的動態反應,構成利潤表的要素。

二、會計要素的確認

(一)資產

1. 資產的含義與特徵

資產是指企業過去的交易或者事項形成的、由企業擁有或控制的、預期會給企業帶來經濟利益的資源。根據資產的含義,資產具有以下特徵:

(1)必須是企業過去的交易或者事項形成的,包括購買、生產、建造行為或其他交易或者事項。如企業購買的機器設備、生產的產品等。

(2)必須為企業擁有或者控製的。如從外單位租賃來的廠房、設備不是企業的資產。

(3)預期會給企業帶來經濟利益。如企業自主發明的專有技術。

2. 資產的確認條件

將一項資源確認為資產,需要符合資產的定義,還應同時滿足以下兩個條件:

(1)與該資源有關的經濟利益很有可能流入企業。從資產的定義中可以看到,帶來經濟利益是資產的一個本質特徵,但是在現實生活中,由於經濟環境的變化,與資源有關的經濟利益能否流入企業或者能夠流入多少,實際上帶有不確定性。因此,資產的確認還應與經濟利益流入的不確定性程度的判斷結合起來。如果根據編製財務報表取得的證據,與資源有關的經濟利益很可能流入企業,那麼就應該將其作為資產予以確定;反之,不能確認為資產。

例如,某企業賒銷一批商品給某一客戶,從而形成對該客戶的應收帳款,由於企業最終收到款項與銷售實現之間有時間差,而且收款在未來期間,因此具有一定的不確定性。如果企業在銷售時判斷未來很有可能收到款項或者能夠基本確定收到款項,那麼就應當將該項應收帳款確認為一項資產;如果企業判斷在通常情況下很有可能部分或者全部應收帳款無法收回,表明該部分或者全部應收帳款已經不符合資產的確定條件,則應當計提壞帳準備,減少資產的價值。

(2)該資源的成本或者價值能夠可靠地計量。財務會計系統是一個確認、計量和報告的系統,其中計量起著樞紐作用,可計量性是所有會計要素確認的重要前提,資產的確認也是如此。只有當有關資源的成本或者價值能夠可靠計量時,該資產才能予以確認。

在實務中,企業取得的許多資產都是發生了實際成本的,例如,企業購買或者

生產的存貨,企業購置的廠房或者設備等,所以對於這些資產,只要實際發生的購買成本或者生產成本能夠可靠計量,就視為符合了資產的可計量的確認條件。在某些情況下,企業取得的資產沒有發生實際成本或者發生的實際成本很小,例如企業持有的某些衍生金融工具形成的資產,對於這些資產,儘管它們沒有實際成本或者發生的實際成本很小,但是如果其在活躍市場上有公允的報價,能夠可靠計量,也被認為符合了資產的可計量的確認條件。

[例 2-1] 下列各項中,應確認為企業資產的有(　　)。

A. 購入的無形資產　　　　B. 融資租入的固定資產

C. 計劃下個月購入的材料　D. 已霉變無使用價值的存貨

【解析】選 AB。本題考查的是資產的確認條件。將一項資源確認為資產,需要符合資產的定義,還應同時滿足與該資源有關的經濟利益很可能流入企業和該資源的成本或者價值能夠可靠地計量兩個條件。C 項不符合資產的定義,不是過去交易或事項形成的;D 項不能給企業帶來經濟利益流入;B 項是企業控制的資源,並且符合確認條件。所以 A、B 選項正確。

3. 資產的分類

資產按照不同的標準可進行不同的分類。按照流動性的不同,可以分為流動資產和非流動資產。

所謂「流動性」,是指它們變為現金或被耗用的難易程度(也稱為變現能力)。變現快,說明流動性相對較強;變現慢,說明流動性相對較弱。

(1)流動資產。流動資產是指預計在一個正常營業週期中變現、出售或耗用,或者主要為交易目的而持有,或者預計在資產負債表日起一年內(含一年)變現的資產,以及自資產負債表日起一年內用於交換其他資產或清償負債的能力不受限制的現金或現金等價物。

一個正常營業週期是指企業從購買用於加工的資產起至實現現金或現金等價物的期間。正常營業週期通常短於一年,在一年內有幾個營業週期。但是,也存在正常營業週期長於一年的情況,在這種情況下,與生產循環相關的產成品、應收帳款、原材料儘管超過一年才變現、出售或耗用,仍應作為流動資產。當正常營業週期不能確定時,應當以一年(12 個月)作為正常營業週期。

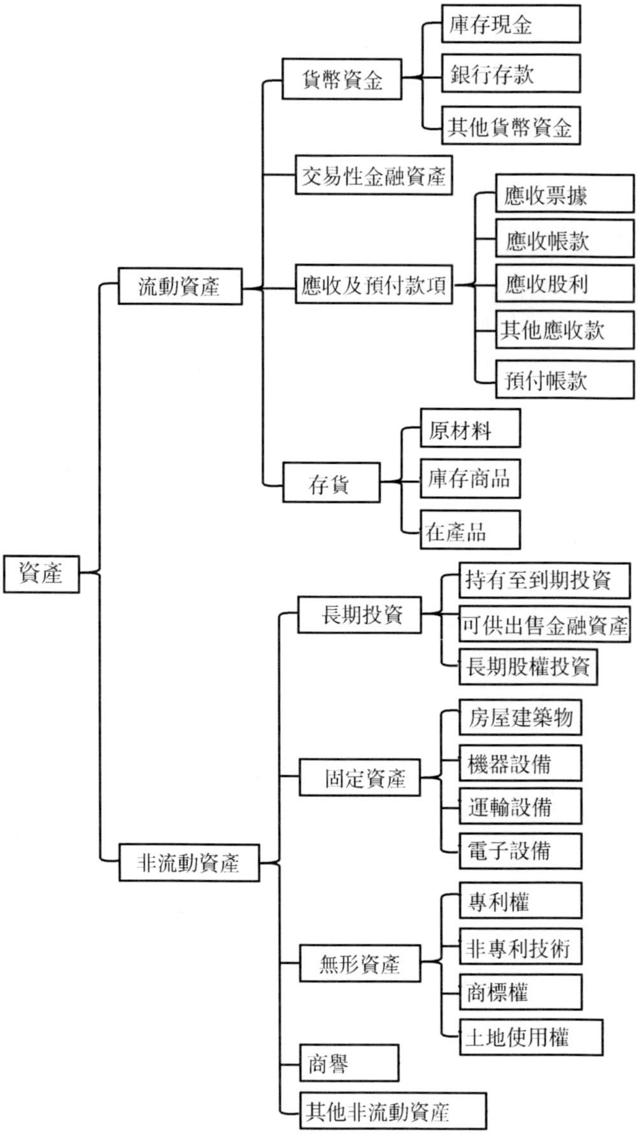

圖 2-1　資產的分類構成

[例 2-3]　下列資產中,流動性最強的是(　　)。
　　A. 應收帳款　　　　　　　　B. 存貨
　　C. 預付帳款　　　　　　　　D. 貨幣資金

【解析】選 D。本題考查的是資產的分類。本題選項按照流動性大小的排列順序為:貨幣資金＞應收帳款＞預付帳款＞存貨。

第二章 會計要素與會計等式

(二)負債

1.負債的含義與特徵

負債是指企業過去的交易或者事項形成的,預期會導致經濟利益流出的現時義務。根據負債的含義,負債具有以下特徵:

(1)負債是由企業過去的交易或者事項形成的。負債應該由企業過去的交易或者事項形成,換句話說,只有過去的交易或者事項才形成負債。企業在未來發生的承諾、簽訂的合同等交易或者事項,不形成負債。

(2)負債是企業承擔的現時義務。負債必須是企業承擔的現時義務,它是負債的一個基本特徵。其中,現時義務是指企業在現行條件下已經承擔的義務。未來發生的交易或者事項形成的義務,不屬於現時義務,不應當確認為負債。

(3)負債預期會導致經濟利益流出企業。預期會導致經濟利益流出企業也是負債的一個本質特徵,只有企業在履行義務時會導致經濟利益流出,才符合負債的定義,如果不會導致企業經濟利益流出的,就不符合負債的定義。

2.負債的確認條件

將一項現時義務確認為負債,需要符合負債的定義,還應當同時滿足以下兩個條件:

(1)與該義務有關的經濟利益很有可能流出企業。從負債的定義可以看出,預期會導致經濟利益流出企業是負債的一個本質特徵。

在實務中履行義務所需流出的經濟利益帶有不確定性,尤其是與特定義務相關的經濟利益通常依賴於大量的估計。因此,負債的確認應當與經濟利益流出的不確定性程度的判斷結合起來。如果有確鑿證據表明,與現時義務有關的經濟利益很可能流出企業,就應當將其作為負債予以確認;反之,如果企業承擔了現時義務,但是導致企業經濟利益流出的可能性很小,就不符合負債的確認條件,不應將其作為負債予以確認。

(2)未來流出的經濟利益的金額能夠可靠地計量。負債的確認在考慮經濟利益流出企業的同時,對於未來流出的經濟利益的金額應當能夠可靠計量。

對於與法定義務有關的經濟利益流出金額,通常可以根據合同或者法律規定的金額予以確定,考慮到經濟利益流出的金額通常在未來期間,有時未來期間較長,有關金額的計量需要考慮貨幣時間價值等因素的影響。對於與推定義務有關的經濟利益流出金額,企業應當根據履行相關義務所需支出的最佳估計數進行估計,並綜合考慮有關貨幣時間價值、風險等因素的影響。

29

法定義務是指具有約束力的合同或者法律法規規定的義務,通常在法律意義上需要強制執行。例如企業購買原材料形成應付帳款、企業向銀行貸入款項形成借款、企業按照稅法規定應當繳納的稅款等,均屬於企業承擔的法定義務,需要依法予以償還。推定義務是指根據企業多年來的習慣做法、公開的承諾或者公開宣布的政策而導致企業將承擔的責任,這些責任也使有關各方形成了企業將履行義務解脫責任的合理預期。例如,某企業多年來有一項銷售政策,對售出商品提供一定期限內的售後保修服務,預期將為售出商品提供的保修服務就屬於推定義務,應當將其確認為一項負債。

3. 負債的分類

企業進行生產經營活動,必然會產生相應的負債。按償還期限的長短,一般將負債分為流動負債和非流動負債。

(1)流動負債。流動負債是指將在1年(含1年)或者一個正常營業週期內償還的債務,主要包括短期借款、應付帳款、應付票據、預收帳款、應付職工薪酬、應交稅費、應付股利等。

短期借款,是指企業向銀行或其他金融機構等借入的期限在1年以內(含1年)的各種借款。

應付票據,是指企業購買材料、商品和接受勞務等而開出、承兌的商業匯票,包括商業承兌匯票和銀行承兌匯票。

應付帳款,是指企業因購買材料、商品和接受勞務等應支付的款項。

預收帳款,是指企業按照合同規定向購貨單位預收的款項。與應付款項不同,預收款項所形成的負債不以貨幣償付,而是以貨物償付。

應付職工薪酬,是指企業為獲得職工提供的服務應付給職工的各種形式的報酬及其他相關支出。

應交稅費,是指企業根據稅法規定應繳納的各種稅費,包括增值稅、城市維護建設稅、所得稅、教育費附加、礦產資源補償費等。

應付股利,是指企業根據股東大會或類似機構審議批准的利潤分配方法,確定分配給投資者的現金股利和利潤。

其他應付款,是指企業除上述各種應付款項之外的其他各項應付、暫收的款項。

(2)非流動負債。非流動負債是指流動負債以外的負債,又稱長期負債,主要

包括長期借款、長期應付款、應付債券等。

長期借款,是指企業向銀行或其他金融機構借入的期限在 1 年以上(不含 1 年)的各種借款。

應付債券,是指企業為籌集長期資金而發行的各種債券。

長期應付款,是指企業除長期借款、應付債券等以外的其他各種長期應付款,如應付融資租賃款。

負債的分類構成如圖 2-2 所示。

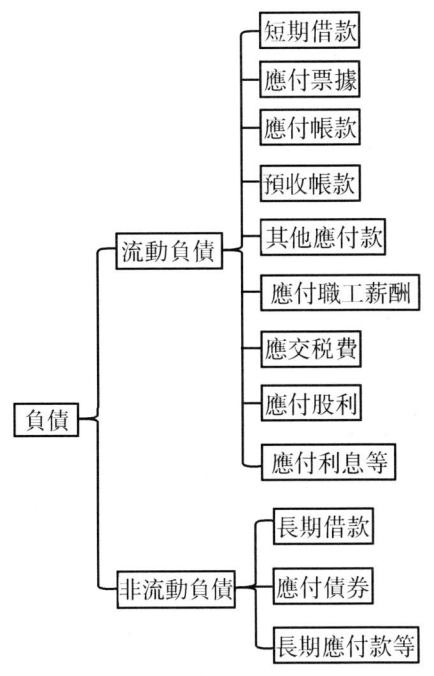

圖 2-2 負債的分類構成

[例 2-4] 下列選項中,屬於負債要素的是(　　)。

　　A. 應收帳款　　　　　　　　B. 預收帳款
　　C. 專利技術　　　　　　　　D. 應收票據

【解析】選 B。本題考查的是負債的分類。A、C、D 項均為資產類要素。

(三)所有者權益

1. 所有者權益的含義及特徵

所有者權益是指企業資產扣除負債後由所有者享有的剩餘權益,又稱股東權益。由於資產減去負債後的餘額成為淨資產,因此,所有者權益實際上是

投資者(即所有者)對企業淨資產的所有權。所有者權益表明企業歸誰所有,在企業清算時,資產要先清償債務,有剩餘才分配給股東。

> **小提示** 淨資產,即全部資產減去全部負債後的淨額。

根據所有者權益的含義,所有者權益具有以下特徵:
(1)除非發生減資、清算或分派現金股利,企業不需要償還所有者權益。
(2)企業清算時,只有在清償所有的負債後,才將所有者權益返還給所有者。
(3)所有者憑藉所有者權益能夠參與企業利潤分配。

2.所有者權益的確認條件

所有者權益的確認主要取決於資產、負債、收入、費用等其他會計要素的確認和計量。所有者權益金額等於企業資產總額扣除債權人權益後的淨額,即為企業的淨資產,反應所有者(股東)在企業資產中享有的經濟利益。

3.所有者權益的分類

按照來源不同,將所有者權益分為所有者投入的資本、直接計入所有者權益的利得和損失、留存收益等。具體表現為實收資本(或股份制企業的「股本」)、資本公積(含資本溢價或股本溢價、其他資本公積)、盈餘公積和未分配利潤。其中,盈餘公積和未分配利潤統稱為留存收益。

(1)所有者投入的資本。所有者投入的資本是指所有者投入企業的資本部分,它既包括構成企業註冊資本或者股本部分的金額,即實收資本或股本,也包括投入資本超過註冊資本或者股本部分的金額,即資本溢價或股本溢價,這部分投入資本在中國企業會計準則體系中被計入了資本公積,並在資產負債表中的資本公積項目反應。實收資本是企業註冊成立的基本條件之一,也稱註冊資本,是企業承擔民事責任的財力保證。

(2)直接計入所有者權益的利得和損失。利得和損失包括直接計入所有者權益的利得和損失、直接計入當期損益的利得和損失。直接計入所有者權益的利得和損失,是指不應計入當期損益、會導致所有者權益發生增減變動的、與所有者投入資本或者向所有者分配利潤無關的利得和損失。

其中,利得是指由企業非日常活動所形成的、會導致所有者權益增加的、與所有者投入資本無關的經濟利益的流入。損失是指由企業非日常活動所發生的、會導致所有者權益減少的、與向所有者分配利潤無關的經濟利益的流出。

(3)留存收益。留存收益是指企業歷年實現的淨利潤留存於企業的部分,主要包括累計計提的盈餘公積和未分配利潤。

其中,盈餘公積是指企業按規定從稅後利潤中提取的積累資金,包括法定盈餘公積和任意盈餘公積。未分配利潤是指企業留待以後年度進行分配的歷年結存的利潤。所有者要素的主要構成內容如圖 2-3 所示。

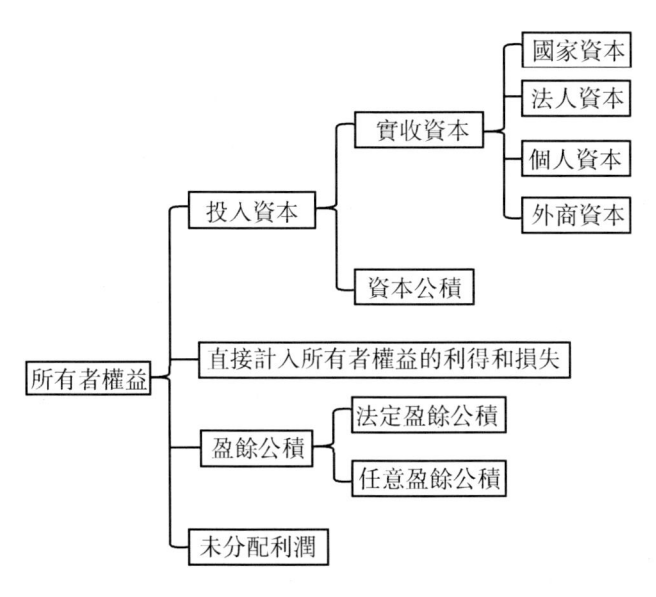

圖 2-3　所有者權益的分類構成

知識鏈接

所有者權益與負債雖然都表明了企業資產的歸屬權,通稱權益,但其性質不同。

負債是債權人權益,債權人享有負債的索償權,只收取利息,不參加分紅,也無決策權。

所有者權益是投資人對企業淨資產的所有權,企業可以長期占用而不需要歸還,也不會被任意抽回,所有者參與企業決策,分享企業收益並分擔經營風險和虧損。

在企業破產清算時,要先償還負債,剩餘資產才能歸還投資者。

[例 2-5]　下列項目中,屬於所有者權益的主要來源的有(　　)。

A. 資本溢價

B. 直接計入所有者權益的利得和損失

C. 留存收益

D. 長期股權投資減值準備

【解析】選ABC。本題考查的是所有者權益的來源。所有者權益的來源包括所有者投入的資本、直接計入所有者權益的利得和損失、留存收益等，通常由實收資本(或股本)、資本公積(含資本溢價或股本溢價、其他資本公積)、盈餘公積和未分配利潤構成。

(四)收入

1. 收入的含義與特徵

收入是指企業在日常活動中形成的、會導致所有者權益增加的、與所有者投入資本無關的經濟利益的總流入。

收入具有以下特徵：

(1)收入是企業在日常活動中形成的。日常活動是指企業為完成其經營目標所從事的經常性活動以及與之相關的活動。例如工業企業製造並銷售產品、商業企業銷售商品、諮詢公司提供諮詢服務、安裝公司提供安裝服務等，均屬於企業的日常活動。

明確界定日常活動是為了將收入與利得相區分。日常活動是確認收入的重要判斷標準，凡是日常活動所形成的經濟利益的流入應當確認為收入；反之，非日常活動所形成的經濟利益的流入不能確認為收入，而應當計入利得。比如，處置固定資產屬於非日常活動，所形成的淨利益就不應確認為收入，而應當確認為利得。再如，無形資產出租所取得的租金收入屬於日常活動所形成的，應當確認為收入，但是處置無形資產屬於非日常活動，所形成的淨利益，不應當確認為收入，而應當確認為利得。

(2)收入會導致所有者權益的增加。與收入相關的經濟利益的流入應當會導致所有者權益的增加，不會導致所有者權益增加的經濟利益的流入不符合收入的定義，不應確認為收入。例如，企業向銀行借入款項，儘管也導致了企業經濟利益的流入，但該流入並不導致所有者權益的增加，而使企業承擔了一項現時義務，故不應將其確認為收入，而應當確認為一項負債。

(3)收入是與所有者投入資本無關的經濟利益的總流入。收入應當會導致經濟利益的流入，從而導致資產的增加。例如，企業銷售商品，應當收到現金或者在未來有權收到現金，才表明該交易符合收入的定義。但是，經濟利益的流入有時是所有者投入資本的增加所致，所有者投入資本的增加不應當確認為收入，應當將其直接確認為所有者權益。

2. 收入的確認條件

收入的確認除了應當符合收入的定義外，還應當符合以下條件：

(1)與收入相關的經濟利益應當很可能流入企業。

(2)經濟利益流入企業的結果會導致資產的增加或者負債的減少。

(3)經濟利益的流入額能夠可靠計量。

[例2-6] 下列項目中,構成企業收入的有(　　)。

　A.出租包裝物,取得租金收入2 500元

　B.銷售低值易耗品收入1 000元

　C.取得罰款收入600元

　D.銷售商品一批,價款30萬元

【解析】選ABD。本題考查的是收入的定義和確認條件。收入是指企業在日常活動中形成的、會導致所有者權益增加的、與所有者投入資本無關的經濟利益的總流入。C項不是企業的日常活動,不形成收入,應當確認為利得。A、B、D項符合收入的定義並且金額能夠可靠計量,流入企業後形成企業的主營業務收入和其他業務收入,因此,A、B、D選項正確。

3.收入的分類

收入按性質不同,可分為銷售商品收入、提供勞務收入、讓渡資產使用權收入等。收入按照企業經濟業務的主次,可以分為主營業務收入和其他業務收入。

(1)主營業務收入。主營業務收入是指由企業的主營業務所帶來的收入,是企業為完成其經營目標而從事的日常活動中的主要活動產生的收入。例如,工業企業的主營業務收入主要包括銷售產成品、自制半成品和提供工業性勞務等取得的收入,商品流通企業的主營業務收入主要包括銷售商品所取得的收入,租賃公司的主營業務收入就是出租所取得的租金收入。

主營業務收入一般比較穩定,占企業收入的比重較大,對企業的經營效益具有較大影響。

(2)其他業務收入。其他業務收入是指除主營業務活動以外的其他經營活動實現的收入。例如,工業企業的其他業務收入主要包括原材料銷售收入、包裝物出租收入、固定資產出租收入、無形資產使用權轉讓收入和提供非工業性勞務收入等,其他業務收入不穩定,一般占企業收入的比重較小。

主營業務收入和其他業務收入的劃分標準,應根據企業所處的行業及其經營的中心而定。在實際工作中,一般應按照營業執照上註明的主營業務和兼營業務予以確定。

收入要素的主要內容分類如圖2-4所示。

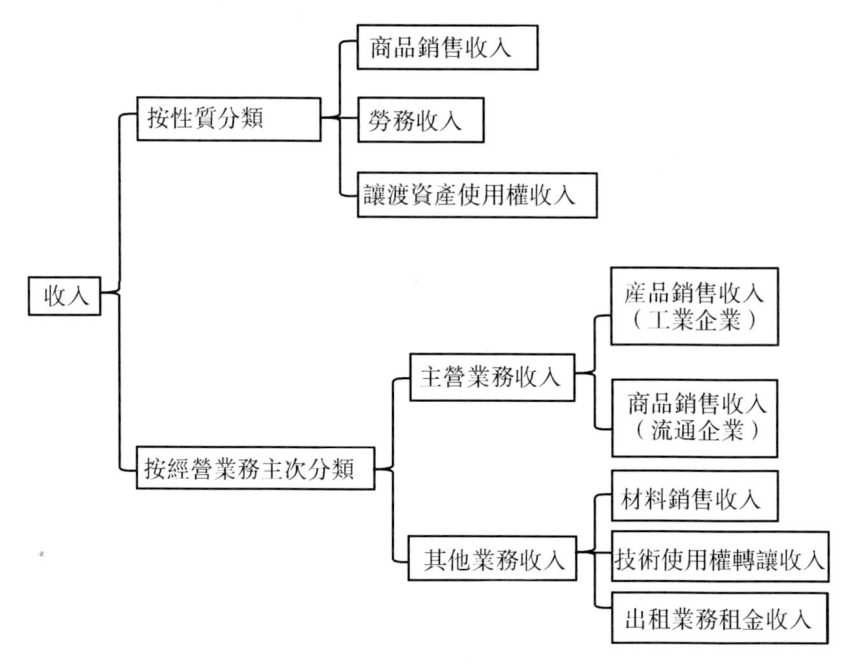

```
                              ┌─ 商品銷售收入
                ┌─ 按性質分類 ─┼─ 勞務收入
                │             └─ 讓渡資產使用權收入
         收入 ──┤
                │                              ┌─ 產品銷售收入（工業企業）
                │             ┌─ 主營業務收入 ─┤
                │             │                └─ 商品銷售收入（流通企業）
                └─ 按經營業務主次分類
                              │                ┌─ 材料銷售收入
                              └─ 其他業務收入 ─┼─ 技術使用權轉讓收入
                                               └─ 出租業務租金收入
```

圖 2-4　收入的分類構成

(五)費用

1. 費用的含義與特徵

費用是指企業在日常活動中發生的、會導致所有者權益減少的、與向所有者分配利潤無關的經濟利益的總流出。

費用具有以下特徵：

(1)費用是企業在日常活動中發生的。費用必須是企業在其日常活動中發生的，這些日常活動的界定與收入定義中涉及的日常活動的界定是一致的。因日常活動所產生的費用通常包括銷售成本(營業成本)、管理費用等。將費用界定為日常活動所形成的，目的是為了將其與損失相區分，企業非日常活動發生的經濟利益的流出不能確認為費用，而應當計入損失。

(2)費用會導致所有者權益的減少。與費用相關的經濟利益的流出應當會導致所有者權益的減少，不會導致所有者權益減少的經濟利益的流出不符合費用的定義，不應確認為費用。

(3)費用是與向所有者分配利潤無關的經濟利益的總流出。費用的發生應當會導致經濟利益的流出，從而導致資產的減少或者負債的增加(最終也會導致資產的減少)。其表現形式包括現金或者現金等價物的流出，存貨、固定資產和無形資

產等的流出或者消耗等。企業向所有者進行的投資回報的分配,是所有者權益的直接抵減項目,不應確認為費用,而應當將其排除在費用的定義之外。

2. 費用的確認條件

費用的確認除了應當符合費用的定義外,還應當符合以下條件:

(1)與費用相關的經濟利益應當很可能流出企業。

(2)經濟利益流出企業的結果會導致資產的減少或者負債的增加。

(3)經濟利益的流出額能夠可靠計量。

3. 費用的分類

費用按照其經濟用途的不同,可以分為生產費用和期間費用。

(1)生產費用。生產費用是指與企業日常生產經營活動有關的費用,按其經濟用途可分為直接材料、直接人工和製造費用。

其中,直接材料是指直接用於產品生產並構成產品實體的原材料、主要材料、外購半成品、包裝物以及有助於產品形成的輔助材料等;直接人工是指直接從事產品生產的工人的職工薪酬;製造費用是指企業各生產單位為組織和管理生產所發生的各項間接費用,如折舊費、車間辦公費、車間水電費等。生產費用應按其實際發生情況計入產品的生產成本;對於生產幾種產品共同發生的生產費用,應當按照受益原則,採用適當的方法和程序分配計入相關產品的生產成本。

(2)期間費用。期間費用是指企業本期發生的、不能直接或間接歸入產品生產成本,而應直接計入當期損益的各項費用,包括管理費用、銷售費用和財務費用。

其中,管理費用是指企業行政管理部門為組織和管理生產經營活動所發生的費用,如行政人員的職工薪酬、辦公費、差旅費、訴訟費、業務招待費等;銷售費用是指企業在銷售商品過程中所發生的費用,如運輸費、裝卸費、包裝費、保險費、展覽費、廣告費以及專設銷售機構人員職工薪酬和福利費等;財務費用是指企業為籌集生產經營所需資金等所發生的費用,如利息淨支出、相關手續費等。

費用的分類構成如圖 2-5 所示。

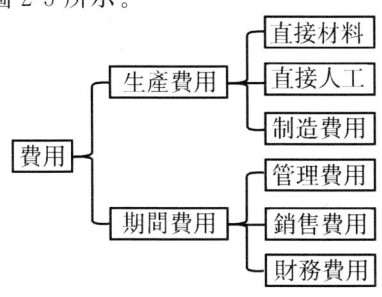

圖 2-5 費用的分類構成

【例 2-7】 下列項目中,不屬於期間費用的是(　　)。
　　A.生產成本　　　　　　　B.管理費用
　　C.銷售費用　　　　　　　D.財務費用
【解析】選 A。本題考查的是費用的分類。費用按照其經濟用途的不同,可以分為生產費用和期間費用。其中,期間費用是指企業本期發生的、不能直接或間接歸入產品生產成本,而應直接計入當期損益的各項費用,包括管理費用、銷售費用和財務費用。所以 A 選項不屬於期間費用。

(六)利潤

1.利潤的含義與特徵

利潤是指企業在一定會計期間的經營成果。通常情況下,如果企業實現了利潤,表明企業的所有者權益將增加,業績得到了提升;反之,如果企業發生了虧損(即利潤為負數),表明企業的所有者權益將減少,業績下降。

利潤是評價企業管理層業績的指標之一,也是投資者等財務會計報告使用者進行決策時的重要參考依據。

2.利潤的確認條件

利潤反應收入減去費用、直接計入當期利潤的利得減去損失後的淨額。利潤的確認主要依賴於收入和費用,以及直接計入當期利潤的利得和損失的確認,其金額的確定也主要取決於收入、費用、利得、損失金額的計量。

3.利潤的分類

根據中國《企業會計準則》的規定,企業的利潤一般包括收入減去費用後的淨額、直接計入當期損益的利得和損失等。其中,日常活動中產生的收入減去費用後的淨額反應企業日常活動的經營業績,成為營業利潤。直接計入當期損益的利得和損失反應企業非日常活動的業績。直接計入當期損益的利得和損失,是指應當計入當期損益、最終會引起所有者權益發生增減變動的、與所有者投入資本或者向所有者分配利潤無關的利得或者損失。企業應當嚴格區分收入和利得、費用和損失,以便全面反應企業的經營業績。

利潤按照構成,可分為營業利潤、利潤總額和淨利潤。

(1)營業利潤。營業利潤是指企業在銷售商品、提供勞務等日常活動中所產生的利潤。它在數量上表現為一定會計期間內企業所實現的營業收入減去營業成本、營業稅金及附加、銷售費用、管理費用、財務費用、資產減值損失,加(減)公允價值變動收益(公允價值變動損失)、加(減)投資收益(投資損失)後的金額。

(2)利潤總額。利潤總額是指營業利潤加上營業外收入,減去營業外支出後的

金額。

(3)淨利潤。淨利潤是指利潤總額減去所得稅費用後的金額。

利潤要素的構成內容如圖2-6所示。

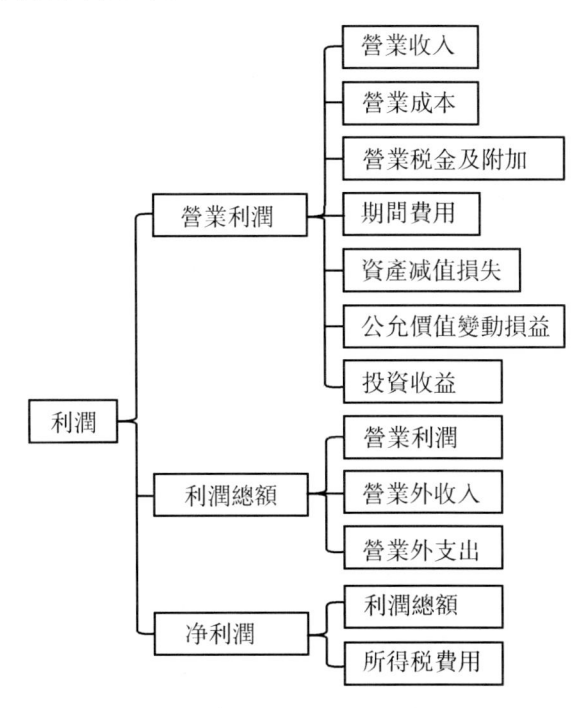

```
利潤 ─┬─ 營業利潤 ─┬─ 營業收入
      │            ├─ 營業成本
      │            ├─ 營業稅金及附加
      │            ├─ 期間費用
      │            ├─ 資產減值損失
      │            ├─ 公允價值變動損益
      │            └─ 投資收益
      ├─ 利潤總額 ─┬─ 營業利潤
      │            ├─ 營業外收入
      │            └─ 營業外支出
      └─ 淨利潤 ───┬─ 利潤總額
                   └─ 所得稅費用
```

圖 2-6　利潤的分類構成

三、會計要素的計量

會計要素的計量是指為了將符合確認條件的會計要素登記入帳並列於財務報表而確定其金額的過程。企業應當按照規定的會計計量屬性進行計量，確定相關金額。

(一)會計計量屬性及其構成

會計計量屬性是指會計要素的數量特徵或外在表現形式，反應了會計要素金額的確定基礎，主要包括歷史成本、重置成本、可變現淨值、現值和公允價值等。

1. 歷史成本

歷史成本，又稱為實際成本，是指為取得或製造某項財產物資實際支付的現金或其他等價物。

在歷史成本計量下，資產按照購置時支付的現金或者現金等價物的金額，或者按照購置資產時所付出的對價的公允價值計量。負債按照因承擔現時義務而實際收到的款項或者資產的金額，或者按照承擔現時義務的合同金額，或者按照日常活

動中為償還負債預期需要支付的現金或者現金等價物的金額計量。

歷史成本計量,要求對企業資產、負債和所有者權益等項目的計量,應當基於經濟業務的實際交易成本,而不考慮隨後市場價格變動的影響。例如,在企業外購固定資產的計量中,外購固定資產的成本包括購買價款、進口關稅等相關稅費以及使固定資產達到預定可使用狀態前發生的可歸屬於該項資產的包裝費、運輸費、裝卸費、安裝費等。

2. 重置成本

重置成本,又稱現行成本,是指按照當前市場條件,重新取得同樣一項資產所需要支付的現金或者現金等價物。

在重置成本計量下,資產按照現在購買相同或者相似資產所需支付的現金或者現金等價物的金額計量。負債按照現在償付該項債務所需支付的現金或者現金等價物的金額計量。

在實務中,重置成本多應用於盤盈固定資產的計量等。例如,企業在財產清查時發現一項盤盈固定資產,在對該盤盈的固定資產進行計量時就應該採用重置成本,即以與該盤盈固定資產相同規格型號、相同新舊程度的固定資產的價值作為其重置成本,對其進行計量入帳。

3. 可變現淨值

可變現淨值是指在正常的生產經營過程中,以預計售價減去進一步加工成本和預計銷售費用以及相關稅費後的淨值。

在可變現淨值計量下,資產按照其正常對外銷售所能收到的現金或者現金等價物的金額扣減該資產至完工時估計將要發生的成本、估計的銷售費用以及相關稅費後的金額計量。

可變現淨值在會計核算中主要用於存貨的期末計量。例如,A企業年末對甲產品的估計售價為100萬元(假設暫時不考慮增值稅),預計銷售費用及相關稅費為13萬元,則該商品可變現淨值＝100－13＝87(萬元)。

4. 現值

現值是對未來現金流量以恰當的折現率進行折現後的價值,是考慮貨幣時間價值的一種計量屬性。

在現值計量屬性下,資產按照預計其未來給企業帶來的現金流入量,按照適當的折現率折現之後作為計量依據。

現值通常用於非流動資產可收回金額和以攤餘成本計量的金融資產價值的確定。例如,固定資產的初始計量中對於價款超過正常信用條件的延期支付,實質上具有融資性質的,固定資產的成本以購買價款的現值為基礎確定。

5.公允價值

公允價值是指市場參與者在計量日發生的有序交易中,出售一項資產所能收到或者轉移一項負債所需支付的價格。

公允價值計量屬性下,在對會計要素進行計量時,在有序交易中,以市場參與交易的雙方自願進行資產交換或者債務清償的金額計量,主要用於交易性金融資產、可供出售金融資產以及投資性房地產的計量。

小提示

有序交易,是指在計量日前一段時期內相關資產或負債具有慣常市場活動的交易。清算等被迫交易不屬於有序交易。

(二)計量屬性的運用原則

企業在對會計要素進行計量時,一般應當採用歷史成本。採用重置成本、可變現淨值、現值、公允價值計量的,應當保證所確定的會計要素金額能夠持續取得並可靠計量。

[例2-8] 企業在對會計要素進行計量時一般應當採用的計量屬性是(　　)。

A.重置成本　　　　　　　　B.可變現淨值

C.歷史成本　　　　　　　　D.公允價值計量

【解析】選C。本題考查的是會計的計量屬性及其運用原則。企業在對會計要素進行計量時,一般應當採用歷史成本。採用重置成本、可變現淨值、現值、公允價值計量的,應當保證所確定的會計要素金額能夠持續取得並可靠計量。

第二節　會　計　等　式

會計等式,又稱會計恒等式、會計方程式或會計平衡公式,它是表明各會計要素之間基本關係的等式。

一、會計等式的表現形式

(一)財務狀況等式

任何企業要進行正常的經濟活動,都必須擁有一定數量和質量的能給企業帶來經濟利益的經濟資源。這些資產分佈在企業生產經營活動的各個方面,表現為不同的存在形態,如貨幣資金、原材料、機器設備、房屋建築物等。而企業用於生產

經營活動的資產,又是從一定的來源渠道取得的。企業資產最初來源於兩個方面:一是由企業所有者投入;二是由企業向債權人借入。所有者和債權人將其擁有的資產提供給企業使用,這種投入不是無償的,所以所有者和債權人就相應地對企業的資產享有一種要求權或者求償權,這種對資產的要求權或者求償權在會計上稱為「權益」。

資產表明企業擁有什麼經濟資源和擁有多少經濟資源,權益表明經濟資源的來源渠道,即誰提供了這些經濟資源。可見,資產與權益是同一事物的兩個不同方面,兩者相互依存,不可分割,沒有無資產的權益,也沒有無權益的資產。因此,資產和權益兩者在數量上必然相等,在任一時點都必然保持恒等的關係,可用公式表示為:

$$資產 = 權益$$

企業的資產來源於企業的債權人和所有者,前者是通過借貸方式形成的權益,後者是通過投資方式形成的權益。所以,權益又分為債權人權益和所有者權益,在會計上稱債權人權益為負債,於是,負債和所有者權益共同構成了企業資產的來源,即負債和所有者權益之和等於權益。根據上面的分析可知,在任一時點企業的全部資產必定等於負債和所有者權益之和,因此,上式也就可以寫成:

$$資產 = 負債 + 所有者權益$$

隨著生產經營活動的進行,企業要發生各種各樣的經濟活動,必然會引起會計要素數量上的增減變化,但是經濟活動的發生只能引起企業資產總額與負債和所有者權益總額的同時增減變化,並不能也不會破壞這一基本的平衡關係。這一等式反應了企業資產的分佈狀況及其形成來源。無論何時,資產、負債和所有者權益都應保持上述恒等關係。

小提示 靜態會計等式關係為:資產 = 負債 + 所有者權益。

「資產 = 負債 + 所有者權益」這一等式涉及了會計要素中的資產、負債和所有者權益這三個反應企業財務狀況的會計要素,也就是反應了企業某一特定時點資產、負債和所有者權益三者之間的平衡關係,因此,該等式被稱為財務狀況等式、基本會計等式或靜態會計等式,是會計最基本的恒等式。它是復式記帳法的理論基礎,也是編製資產負債表的依據。

(二)經營成果等式

企業經營的目的是為了獲取收入,實現盈利。企業在取得收入的同時,必然要發生相應的費用。企業將一定會計期間所形成的全部收入與發生的全部費用相比

較,其差額就是企業在這一期間從事生產經營活動的成果。如果收入大於費用,其差額就是利潤;反之,就是虧損。因此,在不考慮利得和損失的情況下,它們之間的關係用公式表示為:

$$收入-費用=利潤$$

收入、費用、利潤等會計要素之間的這種基本關係,實際上是利潤計量的基本模式,這一會計等式是對會計基本等式的補充和發展,它表明了企業在一定會計期間的經營成果與相應的收入和費用之間的關係,說明了企業利潤的實現過程。等式涉及了收入、費用和利潤三個反應企業經營成果的會計要素,實際上反應的是企業資金的絕對運動形式,因此,該等式也被稱為動態會計等式。它是編製利潤表的依據。

小提示 動態會計等式關係為:收入-費用=利潤。

(三)財務狀況與經營成果相結合的等式

「資產=負債+所有者權益」反應的是資金運動的靜態狀況,「收入-費用=利潤」反應的是資金運動的動態狀況。運動是絕對的,靜止是相對的,但運動的結果最終總要以相對靜止的形式表現出來。因此,資金運動的動態狀況最後必然反應到各項靜態會計要素的變化上,從而使兩個會計等式之間建立起鉤稽關係。

在「資產=負債+所有者權益」恒等的基礎上,收入可導致企業資產增加或負債減少,即企業在取得一項收入的同時,其資產也相應地增加或負債相應地減少,最終會導致所有者權益增加;與收入相反,費用可導致企業資產減少或負債增加,即企業在發生一項費用的同時,其資產也相應減少或負債相應增加,最終會導致所有者權益減少。所以,一定時期的經營成果必然影響一定時點的財務狀況,六個會計要素之間的關係可表示成:

$$資產=負債+所有者權益+(收入-費用)$$

到了會計期末,企業將收入和費用相配比,可以計算出本期實現的利潤或發生的虧損。從產權關係來看,企業實現的利潤是屬於所有者的,企業發生的虧損最終也應由所有者來承擔。利潤的實現,一方面表現為資產的淨增加或負債的淨減少,另一方面表現為所有者權益的增加。而虧損的發生,一方面表現為資產的淨減少或負債的淨增加,另一方面表現為所有者權益的減少。因此,在會計期末企業對實現的利潤進行分配之前,上述會計等式又可以表示成下列等式:

$$資產=負債+所有者權益+利潤$$

在會計期末，企業應根據國家有關法律、法規、企業章程或董事會決議等，按規定程序對實現的利潤進行分配。其中，一部分利潤應以所得稅的方式上繳國家，一部分利潤應分配給投資者，在實際支付之前它們分別形成了企業的應交稅費和應付股利或者應付利潤。這兩部分利潤在未支付之前轉化為企業的負債。還有一部分利潤以盈餘公積和未分配利潤的方式留存在企業，構成了所有者權益的組成部分。在利潤分配之後，上述會計等式中的利潤一部分轉化為負債，另一部分轉化為所有者權益，又恢復到了最基本的等式形態，即：

$$資產＝負債＋所有者權益$$

「資產＝負債＋所有者權益＋（收入－費用）」動態地反應了企業財務狀況和經營成果之間的關係。財務狀況反應了企業一定日期資產的存量情況，而經營成果則反應了企業一定期間資產的增量或減量。企業的經營成果最終會影響到企業的財務狀況，企業實現利潤將使企業資產存量增加或者負債減少，企業虧損將使企業資產存量減少或者負債增加。這一等式是「資產＝負債＋所有者權益」的擴展，延續了其平衡關係，而且把企業財務狀況和經營成果聯繫在一起，使資產、負債、所有者權益、收入、費用、利潤這六大會計要素無論如何變化，最後都會回到資產、負債、所有者權益之間的平衡關係上來。因此，「資產＝負債＋所有者權益」這一等式被稱為會計的基本等式。

小提示 會計的基本等式是：資產＝負債＋所有者權益。

[例2-9] 下列關於會計等式的表述中，正確的有（　　）。

A. 資產＝權益

B. 資產＝所有者權益

C. 資產＝負債＋所有者權益

D. 資產＝負債＋所有者權益＋（收入－費用）

【解析】選ACD。本題考查的是會計等式「資產＝權益」。權益包括債權人權益和所有者權益。債權人權益又稱負債，因此「資產＝負債＋所有者權益」。利潤歸屬所有者，虧損由所有者承擔，因此，「資產＝負債＋所有者權益＋（收入－費用）」。所以，A、C、D選項正確。

二、經濟業務對會計等式的影響

經濟業務是指能引起會計要素發生變化並能用貨幣計量的經濟活動，也稱為會計事項。企業在生產經營活動中，每天都會發生多種多樣、錯綜複雜的經濟業務，從而引起會計要素的增減變動，但對每一個企業來說，任何一項經濟業務只會

引起「資產＝負債＋所有者權益」這一會計等式中左方(即資產)或右方(即權益)某一項目的增加,同時另一項目等額減少;或者引起會計等式左右兩方有關項目等額的增加或減少。但無論怎樣都不會影響資產與權益的恒等關係。可以將經濟業務對會計等式「資產＝負債＋所有者權益」的影響,擴展為九種類型變化,如表2-1所示。

(1)一項資產增加,一項負債增加。
(2)一項資產增加,一項所有者權益增加。
(3)一項資產減少,一項負債減少。
(4)一項資產減少,一項所有者權益減少。
(5)一項資產增加,另一項資產減少。
(6)一項負債增加,另一項負債減少。
(7)一項所有者權益增加,另一項所有者權益減少。
(8)一項負債增加,一項所有者權益減少。
(9)一項負債減少,一項所有者權益增加。

表 2-1　　　　　　各種經濟業務對基本會計等式的影響

經濟業務	資產	負債	所有者權益
1	增加	增加	
2	增加		增加
3	減少	減少	
4	減少		減少
5	增加、減少		
6		增加、減少	
7			增加、減少
8		增加	減少
9		減少	增加

[例 2-10]　甲公司於 5 月 2 日收到投資者投入的資本 200 000 元,當即存入銀行。

這項經濟業務使資產方的銀行存款增加了 200 000 元,同時權益方的實收資本也增加了 200 000 元。它表明企業所增加的銀行存款,是由所有者投資形成的。發生這類經濟業務一方面使資產增加,另一方面使所有者權益等額增加,即會計等式兩方同時等額增加,資產總額仍然等於負債和所有者權益總額之和。

〔例2-11〕 甲公司於5月10日以銀行存款退回丁投資者原投資50 000元。

這項經濟業務使資產方的銀行存款減少50 000元,同時又使權益方的實收資本減少50 000元。發生這類經濟業務,一方面使資產減少,另一方面使所有者權益也等額減少。會計等式兩方同時等額減少,資產總額仍然等於負債和所有者權益總額之和。

〔例2-12〕 甲公司於5月12日用80 000元購入A材料一批,開出支票以銀行存款支付貨款。

這項經濟業務使資產方的原材料增加80 000元,另一項資產銀行存款減少了80 000元。它表明企業取得一項資產的同時,放棄了另一項資產。發生這類經濟業務使資產方的一個項目增加而另一項目減少,即會計等式的資產項目有增有減,增減金額相等,因此,資產總額不變,資產總額仍然等於負債和所有者權益總額之和。

〔例2-13〕 甲公司已到期的應付票據50 000元因無力支付轉為應付帳款。

這項經濟業務使負債方的應付帳款增加50 000元,同時又使負債方的應付票據減少50 000元。發生這類經濟業務使負債方一個項目增加而另一個項目減少,即會計等式中負債要素有關項目有增有減,增加金額相等,權益總額不變,因此,資產總額仍然等於負債和所有者權益總額之和。

〔例2-14〕 甲公司於5月15日購入某企業A材料100 000元,貨款尚未支付。

這項經濟業務使資產方的原材料增加100 000元,同時負債方的應付帳款也增加了100 000元。它表明,企業在取得原材料這項資產時,因賒購而對供應單位欠下了一筆債務。發生這類業務一方面使資產增加,另一方面又使負債等額增加,會計等式雙方同時等額增加,資產總額仍然等於負債和所有者權益總額之和。

〔例2-15〕 甲公司於5月18日以銀行存款20 000元歸還前欠供貨單位貨款。

這項經濟業務使資產方的銀行存款減少20 000元,同時使負債方的應付帳款也減少20 000元。它表明企業用一部分資產償還了一部分債務。發生這類經濟業務,一方面使資產減少,另一方面使負債也等額減少,會計等式左右兩方同時等額減少,資產總額仍然等於負債和所有者權益總額之和。

〔例2-16〕 甲公司經批准於5月20日將資本公積100 000元轉增實收資本,有關手續已經辦妥。

這項經濟業務使所有者權益要素的實收資本項目增加100 000元,同時又使所有者權益要素的資本公積項目減少100 000元。發生這類業務,使所有者權益

要素的某一項目增加,另一項目減少,不涉及資產與負債項目,所以會計等式的左右兩方總金額仍維持原來的數額不變。

[例2-17] 甲公司於5月30日根據實現的利潤計算應付給投資者的利潤為140 000元,款項尚未支付。

這項經濟業務使負債要素的應付利潤項目增加140 000元,同時又使利潤減少140 000元,利潤的減少就是所有者權益中留存收益項目的減少。它表明會計等式右邊的負債項目與所有者權益項目之間的此增彼減,增減金額相等。由於這類業務不涉及會計等式左邊資產項目,所以會計等式左右兩方總金額仍保持不變。

[例2-18] 甲公司於5月31日將所欠光明公司貨款80 000元轉作對本企業的投資。

這項經濟業務使企業的所有者權益要素的實收資本項目增加80 000元,同時又使負債要素的應付帳款項目減少80 000元。它表明會計等式右邊所有者權益有關項目與負債有關項目之間此增彼減,增減金額相等。這類業務不涉及會計等式左邊資產項目,所以會計等式兩方的總金額仍然維持不變。

綜上所述,每一項經濟業務的發生,都必然引起會計等式的一方或左、右兩方有關項目相互聯繫的等量變動。即任何經濟業務要麼會引起會計等式左右兩方同時發生等額的增減變動,要麼會引起會計等式左方或右方某一會計要素增加和另一會計要素等額減少,但無論怎樣都不會打破會計等式的平衡關係。

自 測 題

一、單項選擇題

1. 下列關於會計要素的表述中,不正確的是( )。
   A. 會計要素用於反應企業財務狀況和經營成果
   B. 會計要素包括資產、負債、所有者權益、收入、費用和利潤
   C. 資產、負債和所有者權益稱為動態會計要素
   D. 利潤要素的確認主要依賴於收入和費用

2. 資產按照現在購買相同或者相似資產所需支付的現金或者現金等價物的金額計量的會計計量屬性是( )。
   A. 歷史成本　　　　　　　　B. 重置成本
   C. 公允價值　　　　　　　　D. 現值

3. 企業在對會計要素進行計量時,一般應當採用(　　)。

　　A. 歷史成本　　　　　　　　B. 重置成本

　　C. 公允價值　　　　　　　　D. 現值

4. 反應企業經營成果的會計要素,也稱為動態會計要素,下列不屬於動態會計要素的是(　　)。

　　A. 收入　　　　　　　　　　B. 負債

　　C. 費用　　　　　　　　　　D. 利潤

5. 下列項目中,不屬於流動負債的是(　　)。

　　A. 應付職工薪酬　　　　　　B. 預收帳款

　　C. 一年內到期的非流動負債　D. 預付帳款

6. (　　)是指過去的交易或事項形成的並由企業擁有或控制的資源,該資源預期會給企業帶來經濟利益的流入。

　　A. 資產　　　　　　　　　　B. 負債

　　C. 所有者權益　　　　　　　D. 收入

7. 下列各項中,能夠引起所有者權益總額變化的是(　　)。

　　A. 以盈餘公積轉增資本　　　B. 增發新股

　　C. 宣告分配現金股利　　　　D. 以盈餘公積彌補虧損

8. 企業以銀行存款支付應付帳款,表現為(　　)。

　　A. 一項資產增加,另一項資產減少　　B. 一項資產減少,另一項負債增加

　　C. 一項資產減少,另一項負債減少　　D. 一項負債減少,另一項負債增加

9. 下列交易或事項將引起資產內部要素一增一減的是(　　)。

　　A. 以銀行存款購買設備　　　B. 以銀行存款歸還長期借款

　　C. 賒購材料　　　　　　　　D. 以銀行存款支付行政管理部門水電費

10. 下列情況中,資產和所有者權益同時增加的是(　　)。

　　A. 收到銀行借款並存入銀行

　　B. 收到投資者投入的作為出資的原材料

　　C. 以轉帳支票歸還長期借款

　　D. 提取盈餘公積

二、多項選擇題

1. 下列屬於資產要素的有(　　)。

　　A. 應收帳款　　　　　　　　B. 在途物資

　　C. 預收帳款　　　　　　　　D. 預付帳款

2. 下列屬於資產的特徵的有(　　)。
   A. 資產是由過去或現在的交易或事項所形成的
   B. 資產是由企業擁有或者控制的
   C. 資產能夠給企業帶來未來經濟利益
   D. 資產一定具有具體的實物形態

3. 下列關於所有者權益的說法正確的有(　　)。
   A. 所有者權益是指企業所有者在企業資產中享有的經濟利益
   B. 所有者權益的金額等於資產減去負債後的餘額
   C. 所有者權益也稱為淨資產
   D. 所有者權益包括實收資本(或股本)、資本公積、盈餘公積和未分配利潤等

4. 關於負債,下列表述中正確的有(　　)。
   A. 負債按其流動性不同,分為流動負債和非流動負債
   B. 負債通常是在未來某一時日通過交付資產和提供勞務來清償
   C. 正在籌劃的未來交易事項產生負債
   D. 應付債券屬於流動負債

5. 下列屬於主營業務收入或其他業務收入的有(　　)。
   A. 提供勞務的收入　　　　　　B. 銷售商品收入
   C. 材料銷售收入　　　　　　　D. 出租無形資產收入

6. 下列經濟業務中,會引起會計等式兩邊同時增減變動的有(　　)。
   A. 以銀行存款歸還前欠貨款　　B. 銷售產品,貨款未收
   C. 以現金購買辦公用品　　　　D. 向銀行借入款項,存入銀行

7. 一項資產的增加,可能引起(　　)。
   A. 另一項資產的減少　　　　　B. 一項負債的增加
   C. 一項所有者權益的增加　　　D. 一項負債的減少

8. 下列等式正確的有(　　)。
   A. 資產＝負債＋所有者權益
   B. 資產＝負債＋所有者權益＋(收入－費用)
   C. 資產＝負債＋所有者權益＋利潤
   D. 資產－負債＝所有者權益＋利潤

9. 根據會計等式可知,下列經濟業務不會發生的有(　　)。
   A. 資產增加,負債減少,所有者權益不變
   B. 資產不變,負債增加,所有者權益增加

C. 資產有增有減,權益不變

D. 負債增加,所有者權益減少,資產不變

10. 下列各項中,僅引起資產項目一增一減的經濟業務有(　　)。

　　A. 從銀行借款 10 萬元

　　B. 將現金 500 元存入銀行

　　C. 以現金 10 萬元支付職工工資

　　D. 以銀行存款 2 000 元購入固定資產(不考慮增值稅)

三、判斷題

1. 利潤是收入與費用配比相抵後的差額,是經營成果的最終要素。　(　　)

2. 根據中國的會計準則,負債不僅指時已經存在的債務責任,還包括某些將來可能發生的、偶然事項形成的債務責任。　(　　)

3. 會計要素中既有反應財務狀況的要素,又有反應經營成果的要素。 (　　)

4. 「收入－費用＝利潤」這一會計等式是復式記帳的理論基礎,也是編製資產負債表的依據。　(　　)

5. 企業收回以前的銷貨款,存入銀行,這筆業務的發生意味著資產總額增加。
　(　　)

6. 歷史成本原則是指各項財產物資應當按取得時的實際成本計價,物價變動時不得調整其帳面價值。　(　　)

7. 可變現淨值計量考慮了貨幣時間價值因素的影響,而現值沒有考慮貨幣時間價值因素的影響。　(　　)

8. 會計準則中的收入不僅包括主營業務收入和其他業務收入,還包括營業外收入。　(　　)

9. 企業的盈餘公積主要來源於資本在投入過程中所產生的溢價。　(　　)

10. 按現值進行會計計量,是指資產按照預計從其持續使用中所產生的未來淨現金流入量的折現金額計量;負債按照預計期限內需要償還和未來淨現金流出量的折現金額計量。　(　　)

第三章　會計科目與帳戶

學習目標

1. 瞭解會計科目與帳戶的概念。
2. 瞭解會計科目與帳戶的分類。
3. 熟悉會計科目設置的原則。
4. 熟悉常用的會計科目。
5. 掌握帳戶的結構。
6. 掌握帳戶與會計科目的關係。

第一節　會　計　科　目

會計的首要任務是正確地記錄經濟業務和反應經濟活動情況，為經濟管理工作提供系統的核算資料和經濟信息。核算資料和經濟信息主要來源於各個帳戶，為此，企業必須設置帳戶。為了設置帳戶，首先要確定會計科目，因為帳戶是根據會計科目開設的。

一、會計科目的概念與分類

(一)會計科目的概念

企業會計核算的對象是會計要素。在六項會計要素中，每一項要素都包括許多具體內容，如資產要素包括庫存現金、銀行存款、應收帳款、固定資產等，負債包括短期借款、應付帳款、應交稅費等。如果我們要把企業發生的每一筆經濟業務都清楚地記錄下來，就必須對會計要素作進一步分類，並對這種分類賦予一個簡明扼要、通俗易懂的名稱，見表 3-1。

表 3-1　　　　　　　　　　　會計科目的描述

會計科目	描　　述
庫存現金	保存在保險櫃裡的現金
銀行存款	存放在銀行的貨幣資金
固定資產	廠房、機器設備、運輸工具等
實收資本	投資者投入的資本

所以,會計科目的概念可以表述為:會計科目是指對會計要素按經濟內容和會計管理需要進行分類的項目,是對會計要素的具體內容進行分類核算的項目。通常,在實際工作中,會計科目也可簡稱為科目。

(二)會計科目的分類

會計科目可按其反應的經濟內容(即所屬會計要素)、所提供信息的詳細程度及其統馭關係分類。

1. 按反應的經濟內容分類

會計科目按其所反應的經濟內容,可分為六大類,即資產類科目、負債類科目、共同類科目、所有者權益類科目、成本類科目和損益類科目。會計科目分類情況見表 3-2。

表 3-2　　　　　　　　　　　會計科目分類情況

分類標準	具體分類	具體內容	舉例說明
經濟內容	資產類科目	對資產要素的具體內容進行分類核算的項目	如「庫存現金」「無形資產」等科目
	負債類科目	對負債要素的具體內容進行分類核算的項目	如「短期借款」「應交稅費」等科目
	共同類科目	暫不介紹	暫不介紹
	所有者權益類科目	對所有者權益要素的具體內容進行分類核算的項目	如「實收資本」「利潤分配」等科目
	成本類科目	對可歸屬於產品生產成本等的具體內容進行分類核算的項目	如「生產成本」「製造費用」等科目
	損益類科目	對收入和費用要素的具體內容進行分類核算的項目,它包括收入類科目和費用類科目	如「主營業務收入」「主營業務成本」「管理費用」等科目

[例 3-1] 應付職工薪酬屬於資產類科目。　　　　　　　　　　（　　）

【解析】錯誤。本題著重考查的是會計科目的分類。應付職工薪酬科目屬於負債類會計科目。

[例 3-2] 製造費用屬於（　　）會計科目。

　　A.資產類　　　　　　　　　　B.負債類
　　C.成本類　　　　　　　　　　D.損益類

【解析】選 C。本題著重考查的是會計科目的分類。製造費用和生產成本都屬於成本類會計科目。

2.按提供信息的詳細程度及其統馭關係分類

會計科目按其所提供信息的詳細程度,可分為總分類科目和明細分類科目。

(1)總分類科目,也稱「總帳科目」或「一級科目」,是對資產、負債、所有者權益、收入、費用和利潤進行總括分類的類別名稱。按照中國會計準則規定,總分類科目一般由國家財政部統一制定。

(2)明細分類科目,也稱「細目」或「三級科目」,是對總分類科目作進一步分類,提供更為詳細和具體會計信息的科目。明細分類科目除會計準則規定設置的以外,可以根據本單位經濟管理的需要和經濟業務的具體內容自行設置。在總帳科目下設置的明細科目較多的情況下,可在總帳科目與明細科目之間增設二級科目(也稱子目)。

由一級科目、子目和細目所組成的會計科目體系,是企業建立帳簿、開設帳戶、組織會計核算工作的框架,是實施會計監督、提供企業及有關各方所需要的經濟信息的基礎和依據。現以固定資產、原材料、應交稅費三個會計科目為例,說明總分類科目與明細分類科目的相互關係,見表 3-3。

表 3-3　　　　　　　　總分類科目與明細分類科目的相互關係

總分類科目 （一級科目）	明細分類科目	
	子目(二級科目)	明細科目(細目或三級科目)
固定資產	房屋及建築物	辦公樓
		倉庫
	機器設備	裁斷機
		封口機
原材料	主要材料	甲材料
		乙材料
	輔助材料	油漆
		燃料
應交稅費	應交增值稅	進項稅額
		銷項稅額

總分類科目與明細分類科目的關係是:總分類科目對其所屬的明細科目具有控製和統馭的作用,而明細科目是對其所歸屬的總分類科目的補充和說明。

[例3-3] 下列有關明細分類科目的表述中,正確的是(　　)。

　　A.明細分類科目也稱一級會計科目

　　B.明細分類科目是對總分類科目作進一步分類的科目

　　C.明細分類科目是對會計要素具體內容進行總括分類的科目

　　D.明細分類科目是能提供更加詳細和具體的會計信息的科目

【解析】選BD。本題著重考查的是明細分類科目的內容。明細分類科目,也稱「細目」或「三級科目」,是對總分類科目作進一步分類,提供更為詳細和具體的會計信息的科目。

二、會計科目的設置

(一)會計科目設置的原則

在中國,會計科目必須根據企業會計準則,並按照國家統一會計制度的要求設置和使用。企業在不影響會計核算的要求及對外提供統一的會計報表的前提下,可以根據實際情況自行增設、減少或合併某些會計科目。會計科目的設置,對系統地提供會計信息、提高工作效率及合理地組織會計核算工作都有很大的影響。因此,在設置會計科目時,應遵循以下原則:

(1)合法性原則。設置的會計科目應當符合國家統一的會計制度的規定。

(2)相關性原則。設置的會計科目應當為提供有關各方所需要的會計信息服務,滿足對外報告與對內管理的要求。

(3)實用性原則。設置的會計科目應符合單位自身的特點,滿足單位實際需要。

(二)常用會計科目

根據現行國家統一會計制度的規定,企業部分常用的會計科目見表3-4。

表3-4　　　　　　　　　　常用會計科目

編號	會計科目名稱	編號	會計科目名稱
	一、資產類	2231	應付利息
1001	庫存現金	2232	應付股利
1002	銀行存款	2241	其他應付款
1012	其他貨幣資金	2501	長期借款
1101	交易性金融資產	2502	應付債券
1121	應收票據		三、共同類(略)

表 3-4(續)

編號	會計科目名稱	編號	會計科目名稱
1122	應收帳款		四、所有者權益類
1123	預付帳款	4001	實收資本
1131	應收股利	4002	資本公積
1221	其他應收款	4101	盈餘公積
1231	壞帳準備	4103	本年利潤
1401	材料採購	4104	利潤分配
1402	在途物資		五、成本類
1403	原材料	5001	生產成本
1405	庫存商品	5101	製造費用
1601	固定資產		六、損益類
1602	累計折舊	6001	主營業務收入
1604	在建工程	6051	其他業務收入
1606	固定資產清理	6111	投資收益
1701	無形資產	6301	營業外收入
1901	待處理財產損溢	6401	主營業務成本
	二、負債類	6402	其他業務成本
2001	短期借款	6403	營業稅金及附加
2201	應付票據	6601	銷售費用
2202	應付帳款	6602	管理費用
2203	預收帳款	6603	財務費用
2211	應付職工薪酬	6711	營業外支出
2221	應交稅費	6801	所得稅費用

　　會計科目的編號，是根據會計科目之間的內在聯繫編製的。根據會計科目數量和使用的需要，中國會計制度規定，對於一級科目一般採用「四位數編號法」(見表3-4)，大分類編號從 1 開始(1、2、3……)，小分類編號從 00 開始(00、10、11……)，每一具體會計科目的標號從 1 開始(1、2、3……)。如：「1」代表資產類會計科目；「100」中的「00」代表貨幣資金類，「160」中的「60」代表固定資產類；「1002」則表示貨幣資金類科目中的「銀行存款」科目。

綜上所述,設置會計科目是對會計對象的具體內容在按照會計要素進行分類的基礎上,綜合經營管理需要進行進一步分類,確定核算項目名稱和內容,並予以編號的一種專門方法,它在會計核算中具有重要地位。

第二節 帳 戶

任何一筆經濟業務的發生,都會引起會計要素有關項目發生增減變動,但會計科目只是對會計對象的具體內容進行分類,不能把發生的經濟業務連續、系統地記錄下來,以取得經營管理所需的信息資料,因此,必須按照規定開設帳戶。

一、帳戶的概念與分類

(一)帳戶的概念

帳戶是指根據會計科目設置的,具有一定格式和結構,用於分類反應會計要素增減變動情況及其結果的載體。設置帳戶是會計核算的重要方法之一。它由帳戶的名稱(即會計科目)和帳戶的結構兩部分構成。

(二)帳戶的分類

同會計科目的分類相對應,帳戶可按其所反應的經濟內容、提供信息的詳細程度及其統馭關係進行分類。

1. 根據所反應的經濟內容分類

(1)資產類帳戶。資產類帳戶是指根據資產類會計科目設置的,用來反應企業資產的增減變動及其結存情況的帳戶。如「銀行存款」「原材料」等帳戶反應的是流動資產帳戶,「固定資產」「無形資產」等帳戶反應的是非流動資產帳戶。

(2)負債類帳戶。負債類帳戶是指根據負債類會計科目設置的,用來反應企業負債的增減變動及其結存情況的帳戶。如「短期借款」「應付職工薪酬」「應交稅費」等帳戶反應的是流動負債帳戶,「長期借款」「應付債券」等帳戶反應的是非流動負債帳戶。

(3)所有者權益類帳戶。所有者權益類帳戶是指根據所有者權益類會計科目設置的,用來反應企業所有者權益的增減變動及其結存情況的帳戶。如「實收資本」「資本公積」等帳戶反應的是投入資本的帳戶,「盈餘公積」「利潤分配」等帳戶反應的是留存收益的帳戶。

(4)成本類帳戶。成本類帳戶是指用來反應企業在生產過程中發生的各項耗費並計算產品或勞務成本的帳戶。如「生產成本」「製造費用」等帳戶。

(5)損益類帳戶。損益類帳戶是指用來反應企業收入和費用的帳戶。按照企業生產經營活動與損益是否相關,損益類帳戶又可以分為反應營業損益的帳戶和反應非經常性損益的帳戶。如「主營業務收入」「其他業務收入」「主營業務成本」「其他業務成本」「管理費用」「銷售費用」等帳戶反應的是營業損益的帳戶,「營業外收入」「營業外支出」等帳戶反應的是企業非經常性損益的帳戶。

有些資產類帳戶、負債類帳戶和所有者權益類帳戶存在備抵帳戶。備抵帳戶,又稱抵減帳戶,是指用來抵減被調整帳戶餘額,以確定被調整帳戶實有數額而設置的獨立帳戶。

[例 3-4]「利潤分配」帳戶屬於( )帳戶。

A. 資產類　　　　　　　　　B. 負債類

C. 所有者權益類　　　　　　D. 損益類

【解析】選 C。本題著重考查的是帳戶的分類。帳戶的性質和會計科目形式是相同的,利潤分配是所有者權益類科目,對應的利潤分配帳戶屬於所有者權益類帳戶。

[例 3-5]「銷售費用」帳戶屬於( )帳戶。

A. 資產類　　　　　　　　　B. 負債類

C. 所有者權益類　　　　　　D. 損益類

【解析】選 D。本題著重考查的是帳戶的分類。帳戶的性質和會計科目形式是相同的,銷售費用是損益類科目,對應的銷售費用帳戶屬於損益類帳戶。

2. 根據提供信息的詳細程度及其統馭關係分類

(1)總分類帳戶。總分類帳戶是指根據總帳科目開設,提供資產、權益、收入和費用的總括資料,是對其所屬的明細分類帳戶資料的綜合。總分類帳戶的名稱、核算內容、使用方法通常是由國家《企業會計準則》統一規定的。

(2)明細分類帳戶。明細分類帳戶是指根據明細科目開設,提供資產、權益、收入和費用的詳細資料,是提供明細核算資料的指標,是對總分類帳戶的具體和詳細的補充說明。

總分類帳戶與明細分類帳戶之間的關係是:總分類帳戶與明細分類帳戶核算的內容相同,登記的原始依據相同,只是反應內容的詳細程度不同。總分類帳戶對其所屬明細分類帳戶起著控制和統馭的作用;明細分類帳戶對其歸屬的總分類帳戶起著補充和具體說明的作用。兩者相輔相成,相互制約,相互核對。總分類帳戶的金額應與計入其所屬明細分類帳戶的金額合計相等。

二、帳戶的功能與結構

(一)帳戶的功能

帳戶的功能在於連續、系統、完整地提供企業經濟活動中各會計要素增減變動及其結果的具體信息。

會計要素在特定會計期間增加和減少的金額,分別稱為帳戶的「本期增加發生額」和「本期減少發生額」,二者統稱為帳戶的「本期發生額」。會計要素在會計期末的增減變動結果,稱為帳戶的「餘額」,具體表現為期初餘額和期末餘額。帳戶上期的期末餘額轉入本期,即為本期的期初餘額;帳戶本期的期末餘額轉入下期,即為下期的期初餘額。

通常對於同一帳戶而言,四個金額要素之間的基本關係為:

本期期末餘額＝本期期初餘額＋本期增加發生額－本期減少發生額

小提示 上述關係式中,本期期末餘額、本期期初餘額、本期增加發生額、本期減少發生額統稱為帳戶的金額要素。

[例3-6] 企業「庫存現金」帳戶的期初餘額為5 000元,本期增加發生額為3 000元,期末餘額為2 000元,則本期減少發生額為(　　)元。

A. 3 000　　　　　　　　　B. 4 000
C. 5 000　　　　　　　　　D. 6 000

【解析】選D。本題著重考查的是帳戶中四個金額要素的計算。本期減少發生額＝本期期初餘額＋本期增加發生額－本期期末餘額,本期減少發生額＝5 000＋3 000－2 000＝6 000(元)。

(二)帳戶的結構

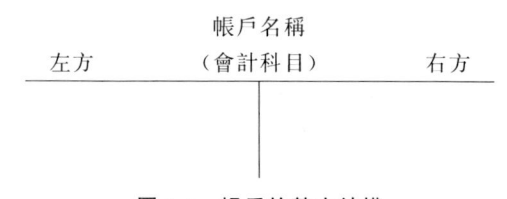

1. 帳戶的基本結構

帳戶的基本結構應正確反應各項會計要素的變動,從數量上看不外乎增加和減少兩種情況。因此,其簡略的結構分為左方、右方兩個方向,一方登記增加,另一方登記減少,基本結構形成一個「T」字形,如圖3-1所示。

```
          帳戶名稱
          (會計科目)
   左方    |    右方
          |
```

圖3-1　帳戶的基本結構

至於帳戶的哪一方登記數額的增加,哪一方登記數額的減少,取決於所記錄的經濟業務和帳戶的性質。

2.帳戶的格式

(1)帳戶的簡化格式,即 T 形帳戶或丁字帳戶。使用這種格式可以很方便地將會計要素所發生的增減變動情況記錄下來,並對其匯總。在實際工作中,為了詳細記錄經濟業務,並保證會計信息的真實、完整,各單位、企業必須按照《中華人民共和國會計法》和國家統一的會計制度的要求,使用正規格式的帳戶。

(2)帳戶的正規、標準格式。具體包括帳戶名稱(會計科目)、記錄經濟業務的日期、憑證的字號、經濟業務的摘要、金額(增加額、減少額和餘額),如表 3-5 所示。

表 3-5　　　　　　　　　　　帳戶名稱(會計科目)

年		憑證字號	摘要	借方	貸方	借或貸	餘額
月	日						

三、帳戶與會計科目的關係

在日常實踐中,人們往往對會計科目和帳戶不加以嚴格區分,相互通用。實際上,會計科目和帳戶是兩個不同的概念,二者既有聯繫,又有區別。表 3-6 列示了兩者的聯繫與區別。

表 3-6　　　　　　　　會計科目與帳戶的聯繫與區別

聯繫	會計科目是帳戶的名稱,也是設置帳戶的依據
	帳戶是根據會計科目設置的
	兩者反應的經濟內容相同,性質相同
區別	會計科目僅僅是帳戶的名稱,沒有結構; 帳戶有一定的結構和格式,可用來連續、系統、全面地記錄和反應經濟活動的增減變動情況及其餘額
	會計科目是由國家財政部統一規定的; 帳戶是由企事業單位根據自身經營管理的需要而開設的

會計基礎

小提示 沒有會計科目,帳戶便失去了設置的依據;沒有帳戶,就無法發揮會計科目的作用。

[例3-7] 下列關於會計科目與會計帳戶關係的表述中,正確的有(　　)。

A. 沒有帳戶,會計科目就無法發揮作用

B. 會計科目是帳戶的名稱,也是設置帳戶的依據

C. 會計科目不存在結構,帳戶則具有一定的格式和結構

D. 在實際工作中,通常不嚴格加以區分會計科目和會計帳戶這兩個概念

【解析】選 ABCD。本題著重考查的是會計科目和帳戶的聯繫以及區別。

自 測 題

一、單項選擇題

1.「預付帳款」科目按其所屬的會計要素不同,屬於(　　)類科目。

　　A. 資產　　　　　　　　B. 負債

　　C. 所有者權益　　　　　D. 成本

2. 所設置的會計科目應符合單位自身特點,滿足單位實際需要,這一點符合(　　)原則。

　　A. 實用性　　　　　　　B. 合法性

　　C. 謹慎性　　　　　　　D. 相關性

3.「其他應收款」帳戶左方登記的是(　　)。

　　A. 本期的增加額

　　B. 本期的減少額

　　C. 確認的壞帳損失

　　D. 確認的壞帳損失和其他應收款的減少數

4. 下列選項中,屬於一級會計科目的是(　　)。

　　A. 應交增值稅　　　　　B. 應付帳款

　　C. 廠房　　　　　　　　D. 著作權

5. 應付帳款帳戶期初餘額為 35 400 元,本期右方登記發生額合計 26 300 元,本期左方登記發生額合計 17 900 元,該帳戶的期末餘額為(　　)元。

　　A. 左方登記期末餘額 43 800　　　B. 左方登記期末餘額 27 000

　　C. 右方登記期末餘額 43 800　　　D. 右方登記期末餘額 27 000

二、多項選擇題

1. 會計科目按其所歸屬的會計要素不同,分為資產類、負債類、(　　)五大類。
   A. 所有者權益類　　　　　　B. 成本類
   C. 損益類　　　　　　　　　D. 費用類
   E. 收入類

2. 下列屬於成本類科目的有(　　)。
   A. 生產成本　　　　　　　　B. 管理費用
   C. 銷售費用　　　　　　　　D. 製造費用
   E. 長期待攤費用

3. 下列會計科目中,屬於損益類科目的有(　　)。
   A. 主營業務收入　　　　　　B. 營業外收入
   C. 管理費用　　　　　　　　D. 製造費用
   E. 財務費用

4. 下列帳戶中,同資產類帳戶結構相反的有(　　)類帳戶。
   A. 收入　　　　　　　　　　B. 費用
   C. 負債　　　　　　　　　　D. 所有者權益

5. 下列各項中,屬於帳戶組成部分的有(　　)。
   A. 帳戶名稱　　　　　　　　B. 憑證字號
   C. 日期及摘要　　　　　　　D. 增加額、減少額及餘額

三、判斷題

1. 會計科目不能記錄經濟業務的增減變化及結果。　　　　　　　　　　(　　)

2. 設置會計科目的相關性原則是指所設置的會計科目應當符合國家統一的會計制度的規定。　　　　　　　　　　　　　　　　　　　　　　　　　(　　)

3. 帳戶的基本結構分為左、右兩個方向,左方登記增加額,右方登記減少額。
   　　　　　　　　　　　　　　　　　　　　　　　　　　　　　　(　　)

4. 如果某一帳戶的期初餘額為50 000元,本期增加發生額為80 000元,本期減少發生額為40 000元,則期末餘額為90 000元。　　　　　　　　　　(　　)

5. 「預付帳款」帳戶和「應付帳款」帳戶在結構上是相同的。　　　　(　　)

第四章　會計記帳方法

學習目標

1. 瞭解復式記帳法的概念與種類。
2. 熟悉借貸記帳法的原理。
3. 掌握借貸記帳法下的帳戶結構。
4. 瞭解會計分錄的分類。
5. 掌握借貸記帳法下的試算平衡。

第一節　會計記帳方法的種類

我們已經知道了經濟業務的發生會引起某些會計要素發生增減變動,也明確了這種數量上的變動應當在相應的帳戶中加以記錄。如果企業從銀行取得借款,那麼這筆業務應該如何處理呢？這就是我們本章要學習的內容。

所謂記帳方法,簡單地說,就是在帳簿中登記經濟業務的方法,即根據一定的記帳原則、記帳符號、記帳規則,採用一定的計量單位,利用文字和數字,在帳簿中登記相關經濟業務的方法。按照記錄經濟業務方式的不同,記帳方法可以分為單式記帳法和復式記帳法。

一、單式記帳法

單式記帳法,是指對發生的每一項經濟業務,只在一個帳戶中進行登記的記帳方法。在單式記帳法下,通常只登記現金、銀行存款的收付金額以及債權債務的結算金額,一般不登記實物的收付金額。例如,用1萬元購買原材料,只在銀行存款帳戶中登記這1萬元,至於增加的原材料則不予以記錄。

單式記帳法的記帳手續比較簡單,但不能全面系統地反應各會計要素的增減變動情況以及經濟業務的來龍去脈,也不利於檢查帳戶記錄是否正確和完整,因而

是一種不夠科學的記帳方法。這種記帳方法只適用於經濟業務很簡單或很單一的經濟個體和家庭。在15世紀末,單式記帳法逐漸被復式記帳法所取代。

二、復式記帳法

(一)復式記帳法的概念

復式記帳法,是指以資產與權益平衡關係作為記帳基礎,對於每一筆經濟業務,都要在兩個或兩個以上相互聯繫的帳戶中進行登記,系統地反應資金運動變化結果的一種記帳方法。例如,用1萬元購買原材料,對於這筆經濟業務,既要在「銀行存款」帳戶中登記減少了1萬元,又要在「原材料」帳戶中登記增加了1萬元,這樣就完整地反應了整個經濟業務的來龍去脈。

[例4-1] 復式記帳法對每項經濟業務都以相等的金額在(　　)中進行登記。

A. 一個帳戶　　　　　　　　B. 兩個帳戶

C. 全部帳戶　　　　　　　　D. 兩個或兩個以上的帳戶

【解析】選D。本題著重考查的是對復式記帳法概念的理解。復式記帳法,是指以資產與權益平衡關係作為記帳基礎,對於每一筆經濟業務,都要在兩個或兩個以上相互聯繫的帳戶中進行登記,系統地反應資金運動變化結果的一種記帳方法。

(二)復式記帳法的優點

復式記帳法與單式記帳法相比,具有的優點主要有:

(1)對於企業發生的每一項經濟業務,都要在兩個或兩個以上相互聯繫的帳戶中同時登記,既可以全面、清晰地反應經濟業務的來龍去脈,也能通過會計要素的增減變動情況,全面、系統地反應經濟活動的過程和結果。

(2)由於每項經濟業務發生後,都要以相等的金額在兩個或兩個以上的帳戶中進行登記,因此,可以對帳戶記錄的結果進行試算平衡,從而保證帳戶記錄的正確性,便於查帳和對帳。

(三)復式記帳法的種類

按照記帳符號、記帳規則、試算平衡的不同,復式記帳法可分為借貸記帳法、收付記帳法和增減記帳法。中國《企業會計準則》明確規定,企業會計核算必須採用借貸記帳法。

知識鏈接

《企業會計準則》明確規定,企業應當採用借貸記帳法記帳。

[例4-2] 中國《企業會計準則》規定,(　　)為企業唯一的記帳方法。

A. 單式記帳法 　　　　　　B. 收付記帳法
C. 借貸記帳法 　　　　　　D. 增減記帳法

【解析】選C。中國《企業會計準則》規定，企業應當採用借貸記帳法記帳。

第二節　借貸記帳法

一、借貸記帳法的概念

借貸記帳法是指以「借」「貸」為記帳符號，對每一筆經濟業務都要在兩個或兩個以上相互聯繫的帳戶中以借貸相等的金額進行登記的一種復式記帳方法，其依據的記帳原理就是「資產＝負債＋所有者權益」。

初學者千萬不要從字面上去理解「借」就是「我借別人的」，「貸」就是「別人借我的」，或者相反。借貸記帳法的「借」和「貸」僅僅作為記帳符號，用來標明記帳方向，分別作為帳戶的左方和右方。

知識鏈接

「借」和「貸」的由來

借貸記帳法是歷史的產物，在中世紀它最先應用在義大利的金融業中，那時，借貸資本家按債權和債務關係開設戶頭。當貨幣商取得貨幣時，記在按債權人姓名開設的帳戶「貸主」名下，稱為「貸」，表示「欠人事項」；當貨幣商出借貨幣時，記在按債務人姓名開設的帳戶「借主」名下，稱為「借」，表示「人欠事項」。但「借」和「貸」的本來含義並沒有流行多久。隨著社會經濟的不斷發展，借貸記帳法不僅應用於金融業，而且應用於工商業以及行政事業等各個單位，此時，「借」和「貸」兩字的本來含義已越來越不能適應商品經濟發展的需要，所以它逐漸脫離了原有的含義，變成了純粹的記帳符號。

[例4-3]　「借」「貸」作為記帳符號所表示的含義是(　　)。

A. 記帳方向 　　　　　　B. 借款和貸款
C. 債權和債務 　　　　　D. 平行關係

【解析】選A。借貸記帳法的「借」和「貸」僅僅作為記帳符號，用來標明記帳方向。

[例 4-4] 借貸記帳法的理論依據是( )。
A.復式記帳法　　　　　　　　B.資產＝負債＋所有者權益
C.有借必有貸,借貸必相等　　　D.借貸平衡

【解析】選 B。借貸記帳法依據的記帳原理就是「資產＝負債＋所有者權益」。

二、借貸記帳法下帳戶的結構

(一)借貸記帳法下帳戶的基本結構

借貸記帳法下,帳戶的左方記為借方,帳戶的右方記為貸方,如圖 4-1 所示。所有帳戶的借方和貸方記錄增加數和減少數,即一方登記增加額,另一方登記減少額。至於「借」表示增加還是「貸」表示增加,取決於所記錄經濟業務和帳戶的性質,而餘額一般與該帳戶的增加額在同一個方向。

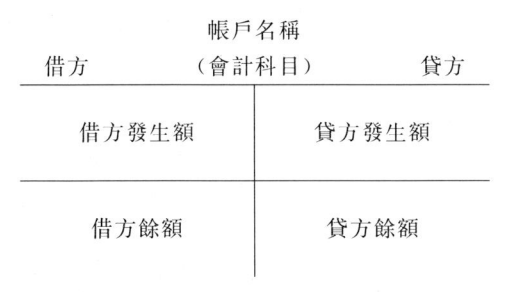

	帳戶名稱	
借方	(會計科目)	貸方
借方發生額		貸方發生額
借方餘額		貸方餘額

圖 4-1　借貸記帳法

在借貸記帳法下,一般「借」表示資產、成本、費用的增加和權益、收入的減少,「貸」表示資產、成本、費用的減少和權益、收入的增加,具體內容見表 4-1。

表 4-1　　　　　　　「借」和「貸」表示的增減含義

帳戶類別	借方	貸方
資產類帳戶	增加	減少
成本類帳戶	增加	減少
費用類帳戶	增加	減少
負債類帳戶	減少	增加
所有者權益類帳戶	減少	增加
收入類帳戶	減少	增加

[例 4-5] 借貸記帳法的特點是以「借」「貸」作為記帳符號,借方表示資產和費用的增加,貸方表示負債、所有者權益的增加。　　　　　　　　　　　　　( )

【解析】正確。在借貸記帳法下，借方表示資產、成本和費用的增加，貸方表示權益、收入的增加。

(二)資產和成本類帳戶的結構

1. 資產類帳戶的結構

資產類帳戶的借方記資產的增加數，貸方記資產的減少數，期初及期末餘額一般在借方，表示資產的結存數。其發生額與餘額之間的關係，可用下列公式表示：

期末借方餘額＝期初借方餘額＋本期借方發生額－本期貸方發生額

資產類帳戶結構如圖4-2所示。

借方	資產類帳戶名稱	貸方
期初餘額		
本期增加發生額		本期減少發生額
本期借方發生額合計		本期貸方發生額合計
期末餘額		

圖 4-2　資產類帳戶結構

資產類備抵帳戶的結構與所調整帳戶的結構正好相反。例如，累計折舊帳戶是固定資產帳戶的備抵帳戶，則累計折舊帳戶的貸方表示增加，借方表示減少。

[例4-6]　下列各項中，本期增加發生額登記在貸方的是(　　)。

　　A.原材料　　　　　　　　B.銀行存款
　　C.生產成本　　　　　　　D.累計折舊

【解析】選D。原材料、銀行存款是資產類帳戶，生產成本是成本類帳戶。資產類及成本類帳戶的借方登記增加額，貸方登記減少額。累計折舊帳戶是固定資產的備抵帳戶，其借方表示減少，貸方表示增加。

2. 成本類帳戶的結構

成本類帳戶的結構與資產類帳戶的結構基本相同，借方記成本的增加數，貸方記成本的減少數以及轉銷額，期末結轉後無餘額，若有餘額一般在借方，表示未完工在產品的成本。其發生額與餘額之間的關係，可用下列公式表示：

期末借方餘額＝期初借方餘額＋本期借方發生額－本期貸方發生額

成本類帳戶結構如圖 4-3 所示。

借方	成本類帳戶名稱	貸方
期初餘額		
本期增加發生額	本期減少發生額或結轉發生額	
本期借方發生額合計	本期貸方發生額合計	
期末餘額		

圖 4-3　成本類帳戶結構

(三)負債和所有者權益類帳戶的結構

權益類帳戶包括負債類帳戶和所有者權益類帳戶,故負債類帳戶和所有者權益類帳戶的結構相同。在借貸記帳法下,權益類帳戶的借方登記減少數,貸方登記增加數,期末餘額一般在貸方。其發生額與餘額之間的關係,可用下列公式表示：

期末貸方餘額＝期初貸方餘額＋本期貸方發生額－本期借方發生額

權益類帳戶結構如圖 4-4 所示。

借方	權益類帳戶名稱	貸方
		期初餘額
本期減少發生額		本期增加發生額
本期借方發生額合計		本期貸方發生額合計
		期末餘額

圖 4-4　權益類帳戶結構

[例 4-7]「預收帳款」帳戶期初貸方餘額為 35 400 元,本期貸方發生額為 26 300 元,本期借方發生額為 17 900 元,該帳戶期末餘額為(　　)。

　　A.借方 27 000 元　　　　　　　　B.貸方 43 800 元

　　C.借方 43 800 元　　　　　　　　D.貸方 27 000 元

【解析】選 B。預收帳款屬於負債類帳戶,貸方表示增加,借方表示減少,餘額在貸方。期末貸方餘額＝35 400＋26 300－17 900＝43 800(元)。

(四)損益類帳戶的結構

損益類帳戶主要包括收入類帳戶和費用類帳戶。

1.收入類帳戶的結構

收入類帳戶的結構與權益類帳戶的結構基本相同,借方登記收入的減少數以

及期末結轉入「本年利潤」帳戶的數額,貸方登記收入的增加數,期末結轉後無餘額。收入類帳戶結構如圖 4-5 所示。

借方	收入類帳戶名稱	貸方
本期收入減少額或結轉發生額		本期收入增加發生額
本期借方發生額合計		本期貸方發生額合計
		(一般期末無餘額)

圖 4-5　收入類帳戶結構

2.費用類帳戶的結構

費用類帳戶的結構與資產類的結構基本相同,借方登記費用的增加數,貸方登記費用的減少數以及期末結轉入「本年利潤」帳戶的數額,期末結轉後無餘額。費用類帳戶結構如圖 4-6 所示。

借方	費用類帳戶名稱	貸方
本期費用增加發生額		本期費用減少額或結轉發生額
本期借方發生額合計		本期貸方發生額合計
(一般期末無餘額)		

圖 4-6　費用類帳戶結構

[例 4-8] 損益類帳戶的貸方登記(　　)。

　　A.收入的增加額　　　　　　B.收入的減少額

　　C.費用的增加額　　　　　　D.費用的減少額

【解析】選 AD。收入類帳戶借方登記減少額,貸方登記增加額;費用類帳戶借方登記增加額,貸方登記減少額。

三、借貸記帳法的記帳規則

記帳規則是指用特定記帳方法在帳戶上記錄經濟業務增減變化的規律。根據復式記帳原理,對於每筆經濟業務,都要在記入一個帳戶借方的同時,記入另一個或幾個帳戶的貸方或記入一個帳戶貸方的同時,記入另一個或幾個帳戶的借方。同時記入借方的金額必須等於記入貸方的金額。借貸記帳法的記帳規則就是「有借必有貸,借貸必相等」。

無論企業經濟業務多麼複雜,均可概括為以下四種類型:一是資產與權益同時增加,總額增加;二是資產與權益同時減少,總額減少;三是資產內部有增有減,總額不變;四是權益內部有增有減,總額不變。

[例 4-9] 下列有關借貸記帳法的記帳規則,正確的有( )。

A. 以「有借必有貸,借貸必相等」作為記帳規則

B. 記入一個帳戶的借方,必須同時記入另一個或幾個帳戶的貸方

C. 記入一個帳戶的貸方,必須同時記入另一個或幾個帳戶的借方

D. 記入幾個帳戶的借方,必須同時記入另幾個科目的借方

【解析】選 ABC。借貸記帳法的記帳規則就是「有借必有貸,借貸必相等」。「有借必有貸」是指對於每筆經濟業務,都要在記入一個帳戶借方的同時,記入另一個或幾個帳戶的貸方;或者記入一個帳戶貸方的同時,記入另一個或幾個帳戶的借方。「借貸必相等」是指每一項經濟業務發生後,記在帳戶借方的金額和記在帳戶貸方的金額必須相等。

四、借貸記帳法下的帳戶對應關係與會計分錄

(一)帳戶的對應關係

每項經濟業務發生後所登記的帳戶之間,存在著相互依存的關係,有時是一個帳戶的借方對應著另一個帳戶的貸方,有時是一個帳戶的借方(貸方)對應著幾個帳戶的貸方(借方)。帳戶間的這種相互依存的關係,稱為帳戶的對應關係。同樣,存在對應關係的帳戶,稱為對應帳戶。例如,用 1 萬元購買原材料,那麼在「原材料」帳戶的借方和「銀行存款」的貸方進行登記。這樣在「原材料」和「銀行存款」帳戶就發生了對應關係,這兩個帳戶也就彼此成了對應帳戶。

通過帳戶間的這種對應關係,可以掌握經濟業務的來龍去脈,檢查經濟業務的會計處理是否合理、合法。

(二)會計分錄

1. 會計分錄的含義

會計分錄簡稱分錄,是指對每項經濟業務應借、應貸帳戶的名稱及其金額的一種記錄。會計分錄由帳戶的名稱、記帳方向和應記金額三個要素構成。它是構成記帳憑證的基本內容。換言之,會計分錄的格式化就是記帳憑證。

2. 會計分錄的分類

按照經濟業務的繁簡程度和設置帳戶的多少,會計分錄分為簡單分錄和複合分錄兩類。簡單分錄是指只涉及一個帳戶借方和另一個帳戶貸方的會計分錄,即一借一貸的會計分錄。複合分錄是指由兩個以上(不含兩個)對應帳戶所組成的會計分錄,即一借多貸、一貸多借或多借多貸的會計分錄。

需要注意的是,多借多貸會計分錄只有在某一筆經濟業務比較複雜,確實需要時才可以編製,一般不允許多借多貸會計分錄,因為該種會計分錄不便於體現帳戶

與帳戶之間的對應關係。

[例4-10] 從銀行提取現金2 000元。

【解析】 該筆經濟業務的發生使銀行存款和庫存現金一增一減。「銀行存款」和「庫存現金」都屬於資產類帳戶，一項資產增加，另一項資產減少。庫存現金的增加記在借方，銀行存款的減少記在貸方。借貸金額相等。編製會計分錄如下：

  借：庫存現金   2 000
    貸：銀行存款   2 000

[例4-11] 公司購進一批原材料，價款為30 000元，其中20 000元用銀行存款支付，餘款暫欠（假定不考慮增值稅因素）。

【解析】 該筆經濟業務的發生使原材料增加、銀行存款減少和應付帳款增加。「原材料」和「銀行存款」都屬於資產類帳戶，一項資產增加，另一項資產減少；「應付帳款」屬於負債類帳戶，一項負債增加。原材料的增加記在借方，銀行存款的減少記在貸方，應付帳款的增加記在貸方。借貸金額相等。編製會計分錄如下：

  借：原材料   30 000
    貸：銀行存款   20 000
      應付帳款   10 000

3. 會計分錄的編製步驟

編製會計分錄，要按以下步驟進行：

(1) 分析經濟業務涉及哪些帳戶，即帳戶名稱。

(2) 確定經濟業務涉及的帳戶是增還是減，即記帳方向。

(3) 確定經濟業務涉及帳戶的增減金額是多少，借貸方金額是否相等，即應記金額。

小提示 編製會計分錄時，要注意書寫格式：上借下貸，左右錯開，金額相等。

新聯公司在2014年12月發生下列經濟業務：

[例4-12] 2日，從銀行借入6個月期限的借款30 000元，存入銀行帳戶。

【解析】 該筆經濟業務使銀行存款增加了30 000元，短期借款增加了30 000元。銀行存款屬於資產類帳戶，增加記在借方；短期借款屬於負債類帳戶，增加記在貸方。按「有借必有貸，借貸必相等」的記帳規則，應編製會計分錄如下：

借方	短期借款	貸方		借方	銀行存款	貸方
		30 000	↔	30 000		

借:銀行存款　　　　　　　　　　　　　　　　　　　　　　　　30 000
　　貸:短期借款　　　　　　　　　　　　　　　　　　　　　　　30 000

［例4-13］　5日,新聯公司收到A公司投入資金200 000元,款項已存入銀行。

【解析】該筆經濟業務使銀行存款增加了200 000元,實收資本增加了200 000元。銀行存款屬於資產類帳戶,增加記在借方;實收資本屬於所有者權益類帳戶,增加記在貸方。按「有借必有貸,借貸必相等」的記帳規則,應編製會計分錄如下:

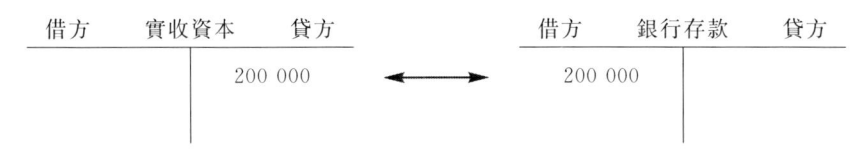

借方	實收資本	貸方		借方	銀行存款	貸方
	200 000		←→		200 000	

借:銀行存款　　　　　　　　　　　　　　　　　　　　　　　　200 000
　　貸:實收資本　　　　　　　　　　　　　　　　　　　　　　　200 000

［例4-14］　8日,新聯公司用銀行存款償還上月所欠B公司貨款30 000元。

【解析】該筆經濟業務使銀行存款減少了30 000元,應付帳款減少了30 000元。銀行存款屬於資產類帳戶,減少記在貸方;應付帳款屬於負債類帳戶,減少記在借方。按「有借必有貸,借貸必相等」的記帳規則,應編製會計分錄如下:

借方	銀行存款	貸方		借方	應付帳款	貸方
		30 000	←→	30 000		

借:應付帳款　　　　　　　　　　　　　　　　　　　　　　　　30 000
　　貸:銀行存款　　　　　　　　　　　　　　　　　　　　　　　30 000

［例4-15］　13日,新聯公司因縮小經營規模,經批准減少註冊資本60 000元,並以銀行存款發還給投資者。

【解析】該筆經濟業務使銀行存款減少了60 000元,實收資本減少了60 000元。銀行存款屬於資產類帳戶,減少記在貸方;實收資本屬於所有者權益類帳戶,減少記在借方。按「有借必有貸,借貸必相等」的記帳規則,應編製會計分錄如下:

借方	銀行存款	貸方		借方	實收資本	貸方
		60 000	←→	60 000		

借:實收資本　　　　　　　　　　　　　　　　　　　　　　60 000
　　貸:銀行存款　　　　　　　　　　　　　　　　　　　　　　60 000

[例 4-16]　17 日,從銀行提取現金 30 000 元。

【解析】該筆經濟業務使庫存現金增加了 30 000 元,銀行存款減少了 30 000 元。庫存現金屬於資產類帳戶,增加記在借方;銀行存款屬於資產類帳戶,減少記在貸方。按「有借必有貸,借貸必相等」的記帳規則,應編製會計分錄如下:

借方	銀行存款	貸方		借方	庫存現金	貸方
	30 000		⟷		30 000	

借:庫存現金　　　　　　　　　　　　　　　　　　　　　　30 000
　　貸:銀行存款　　　　　　　　　　　　　　　　　　　　　　30 000

[例 4-17]　21 日,新聯公司經過與銀行協商,延緩償還公司所欠的 6 個月的借款 30 000 元,期限為 14 個月。

【解析】該筆經濟業務使長期借款增加了 30 000 元,短期借款減少了 30 000 元。長期借款屬於負債類帳戶,增加記在貸方;短期借款屬於負債類帳戶,減少記在借方。按「有借必有貸,借貸必相等」的記帳規則,應編製會計分錄如下:

借方	長期借款	貸方		借方	短期借款	貸方
	30 000		⟷		30 000	

借:短期借款　　　　　　　　　　　　　　　　　　　　　　30 000
　　貸:長期借款　　　　　　　　　　　　　　　　　　　　　　30 000

[例 4-18]　27 日,經批准新聯公司將盈餘公積 90 000 元轉增資本。

【解析】該筆經濟業務使實收資本增加了 90 000 元,盈餘公積減少了 90 000 元。實收資本屬於所有者權益類帳戶,增加記在貸方;盈餘公積屬於所有者權益類帳戶,減少記在借方。按「有借必有貸,借貸必相等」的記帳規則,應編製會計分錄如下:

借方	實收資本	貸方		借方	盈餘公積	貸方
	90 000		⟷		90 000	

借:盈餘公積　　　　　　　　　　　　　　　　　　　　　　　　90 000
　　貸:實收資本　　　　　　　　　　　　　　　　　　　　　　　90 000

[例4-19] 28日,經與債權人協商並經有關部門批准,新聯公司將所欠40 000元應付帳款轉為資本。

【解析】該筆經濟業務使實收資本增加了40 000元,應付帳款減少了40 000元。實收資本屬於所有者權益類帳戶,增加記在貸方;應付帳款屬於負債類帳戶,減少記在借方。按「有借必有貸,借貸必相等」的記帳規則,應編製會計分錄如下:

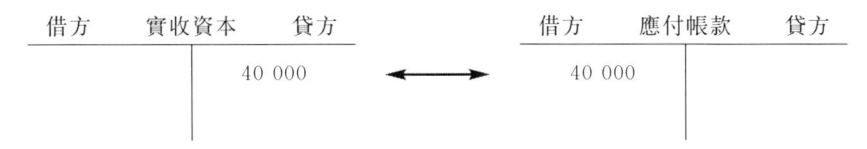

借方	實收資本	貸方		借方	應付帳款	貸方
		40 000	←→	40 000		

借:應付帳款　　　　　　　　　　　　　　　　　　　　　　　　40 000
　　貸:實收資本　　　　　　　　　　　　　　　　　　　　　　　40 000

[例4-20] 29日,經研究決定,新聯公司向投資者分配利潤50 000元。

【解析】該筆經濟業務使應付股利增加了50 000元,利潤分配減少了50 000元。應付股利屬於負債類帳戶,增加記在貸方;利潤分配屬於所有者權益類帳戶,減少記在借方。按「有借必有貸,借貸必相等」的記帳規則,應編製會計分錄如下:

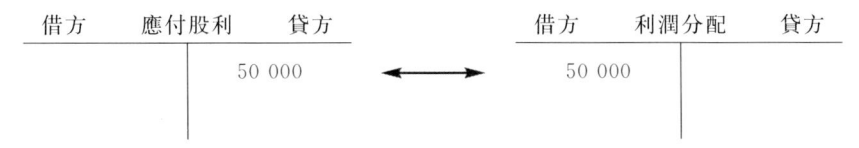

借方	應付股利	貸方		借方	利潤分配	貸方
		50 000	←→	50 000		

借:利潤分配　　　　　　　　　　　　　　　　　　　　　　　　50 000
　　貸:應付股利　　　　　　　　　　　　　　　　　　　　　　　50 000

[例4-21] 29日,新聯公司收到債務人開出的商業承兌匯票50 000元,銀行轉帳支票10 000元,清償前欠本企業貨款,支票當即存入銀行。

【解析】該筆經濟業務使應收票據增加了50 000元,銀行存款增加了10 000元,應收帳款減少了60 000元。應收票據屬於資產類帳戶,增加記在借方;銀行存款屬於資產類帳戶,增加記在借方;應收帳款屬於資產類帳戶,減少記在貸方。按「有借必有貸,借貸必相等」的記帳規則,應編製會計分錄如下:

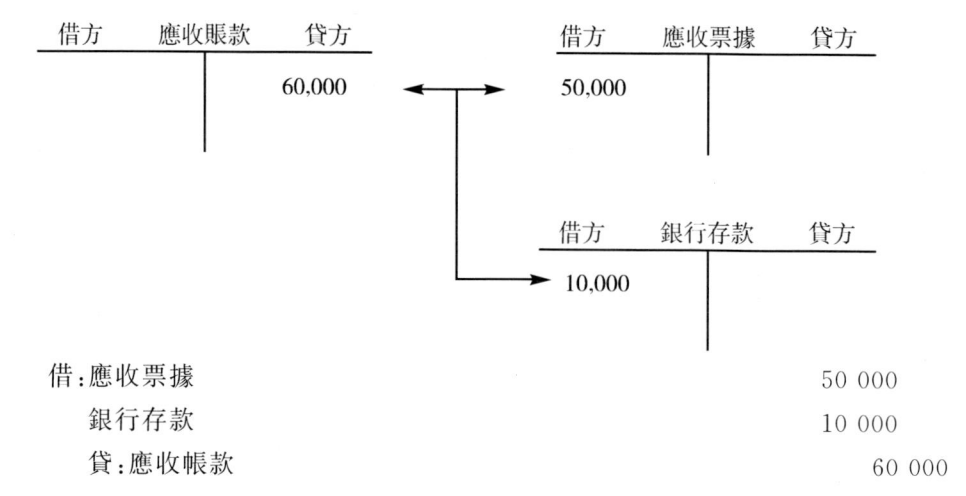

```
借方    應收賬款    貸方              借方    應收票據    貸方
         60,000                              50,000


                                    借方    銀行存款    貸方
                                            10,000
```

借：應收票據　　　　　　　　　　　　　　　　　　　　　　50 000
　　銀行存款　　　　　　　　　　　　　　　　　　　　　　10 000
　貸：應收帳款　　　　　　　　　　　　　　　　　　　　　　　60 000

五、借貸記帳法下的試算平衡

(一)試算平衡的含義

試算平衡，是指在借貸記帳法下，利用借貸發生額和期末餘額（期初餘額）的平衡原理，檢查帳戶記錄是否正確的一種方法。

(二)試算平衡的分類

試算平衡包括發生額試算平衡和餘額試算平衡兩種。

1. 發生額試算平衡

發生額試算平衡是指一定時期全部帳戶借方發生額合計等於該時期內全部帳戶貸方發生額合計。理論依據是「有借必有貸，借貸必相等」的記帳規則。對於某個會計期間內發生的每一項經濟業務，在記入一個帳戶借方或貸方的同時必然記入另一個帳戶的貸方或借方，借貸雙方的金額必然相等，即：

全部帳戶本期借方發生額合計＝全部帳戶本期貸方發生額合計

實際工作中，發生額試算平衡是通過編製發生額試算平衡表進行的，格式如表 4-2 所示。

表 4-2　　　　　　　　　　**本期發生額試算平衡表**

年　　月　　　　　　　　　　　　　　　　　　　　　單位：元

會計科目	借方發生額	貸方發生額
合計		

2.餘額試算平衡

餘額試算平衡是指根據本期所有帳戶借方餘額合計與貸方餘額合計是否恒等,檢驗本期帳戶記錄是否正確的方法。

根據餘額時間的不同,又分為期初餘額平衡和期末餘額平衡兩類。期初餘額平衡是指期初所有帳戶借方餘額合計與貸方餘額合計相等;期末餘額平衡是指期末所有帳戶借方餘額合計與貸方餘額合計相等。這是由「資產＝負債＋所有者權益」的恒等式決定的。公式為:

全部帳戶本期借方期初餘額合計＝全部帳戶本期貸方期初餘額合計

全部帳戶本期借方期末餘額合計＝全部帳戶本期貸方期末餘額合計

實際工作中,餘額試算平衡是通過編製餘額試算平衡表進行的,格式如表4-3所示。

表 4-3　　　　　　　　　　　　餘額試算平衡表

年　　月　　　　　　　　　　　　　　　單位:元

會計科目	期初餘額		本期發生額		期末餘額	
	借方	貸方	借方	貸方	借方	貸方
合計						

[例 4-22]　下列等式中,正確地反應試算平衡關係的有(　　)。

　A.全部帳戶本期借方餘額合計＝全部帳戶本期貸方餘額合計

　B.全部帳戶本期借方發生額合計＝全部帳戶本期貸方發生額合計

　C.資產類帳戶借方發生額合計＝資產類帳戶貸方發生額合計

　D.所有者權益類帳戶借方發生額合計＝所有者權益類帳戶貸方發生額合計

【解析】選 AB。發生額試算平衡公式為:全部帳戶本期借方發生額合計＝全部帳戶本期貸方發生額合計。餘額試算平衡公式為:全部帳戶本期借方期初(末)餘額合計＝全部帳戶本期貸方期初(末)餘額合計。

(三)試算平衡表的編製

試算平衡是通過編製試算平衡表進行的。在編製試算平衡表時,應注意以下幾點:

(1)必須保證所有帳戶的餘額計算正確,並均已記入試算平衡表。因為會計等

式是就六項會計要素整體而言的,缺少任何一個帳戶的餘額,都會造成不平衡。

(2)如果試算不平衡,肯定是帳戶記錄有錯誤,應認真查找,直到借貸餘額實現平衡為止。

(3)即便期初餘額、本期發生額、期末餘額都實現了平衡,也不能說明帳戶記錄絕對正確。因為有些錯誤並不會影響借貸雙方的平衡關係。例如:①漏記、重記某項經濟業務,會使本期借貸雙方的發生額等額減少、虛增,借貸仍然平衡;②某項經濟業務在帳戶記錄中顛倒了記帳方向,借貸仍然平衡;③某項經濟業務記錯有關帳戶,借貸仍然平衡;④借方或貸方發生額中,偶然發生多記或少記並相互抵消,借貸仍然平衡。

因此,在編製試算平衡表之前,應認真核對有關帳戶記錄,避免不必要的麻煩。

[例4-23] 新聯公司2014年11月底有關總分類帳戶的期初餘額如表4-4所示。

表4-4　　　　　　　　　　總分類帳戶期初餘額表

資　產	期初餘額	負債及所有者權益	期初餘額
庫存現金	399 000	短期借款	10 000
銀行存款	2 240 000	長期借款	45 000
原材料	375 000	應付帳款	70 000
應收帳款	60 000	應付股利	
應收票據	70 000	實收資本	2 700 000
		盈餘公積	319 000
		利潤分配	
合　計	3 144 000	合　計	3 144 000

第一,將新聯公司12月份發生的經濟業務([例4-12]至[例4-21])的會計分錄登記總分類帳戶,結算出各總分類帳戶的借、貸方本期發生額及期末餘額。具體如下:

資產類帳戶

借方	庫存現金	貸方		借方	銀行存款	貸方
期初餘額	399 000			期初餘額	2 240 000	
(16)	30 000			(12)	30 000	(14)	30 000
				(13)	200 000	(15)	60 000
				(21)	10 000	(16)	30 000
本期發生額	30 000	本期發生額	0	本期發生額	240 000	本期發生額	120 000
期末餘額	429 000			期末餘額	2 360 000		

借方	原材料	貸方		借方	應收帳款	貸方	
期初餘額	375 000			期初餘額	60 000		
						(21)	60 000
本期發生額	0	本期發生額	0	本期發生額	0	本期發生額	60 000
期末餘額	375 000			期末餘額	0		

借方	應收票據	貸方	
期初餘額	70 000		
(21)	50 000		
本期發生額	50 000	本期發生額	0
期末餘額	120 000		

負債類帳戶

借方	短期借款	貸方		借方	長期借款	貸方	
		期初餘額	10 000			期初餘額	45 000
(17)	30 000	(12)	30 000	(17)	30 000		
						(17)	30 000
本期發生額	30 000	本期發生額	30 000	本期發生額	0	本期發生額	30 000
		期末餘額	10 000			期末餘額	75 000

借方	應付帳款	貸方		借方	應付股利	貸方	
		期初餘額	70 000			期初餘額	
(14)	30 000					(20)	50 000
(19)	40 000						
本期發生額	70 000	本期發生額	0	本期發生額	0	本期發生額	50 000
		期末餘額	0			期末餘額	50 000

所有者權益類帳戶

借方	實收資本	貸方		借方	盈餘公積	貸方	
		期初餘額	2 700 000			期初餘額	319 000
(15)	60 000	(13)	200 000	(18)	90 000		
		(18)	90 000				
		(19)	40 000				
本期發生額	60 000	本期發生額	330 000	本期發生額	90 000	本期發生額	0
		期末餘額	2 970 000			期末餘額	229 000

借方	利潤分配		貸方
	期初餘額		
(20) 50 000			
本期發生額 50 000	本期發生額		0
期末餘額 50 000			

第二，根據帳戶記錄進行試算平衡，編製總分類帳戶本期發生額及餘額試算平衡表，如表 4-5 所示。

表 4-5　　　　　　　　總分類帳戶本期發生額及餘額試算平衡表

2014 年 12 月　　　　　　　　　　　　　　　　　單位：元

帳戶名稱	期初餘額		本期發生額		期末餘額	
	借方	貸方	借方	貸方	借方	貸方
庫存現金	399 000		30 000		429 000	
銀行存款	2 240 000		240 000	120 000	2 360 000	
原材料	375 000				375 000	
應收帳款	60 000			60 000		
應收票據	70 000		50 000		120 000	
短期借款		10 000	30 000	30 000		10 000
長期借款		45 000		30 000		75 000
應付帳款		70 000	70 000			
應付股利				50 000		50 000
實收資本		2 700 000	60 000	330 000		2 970 000
盈餘公積		319 000	90 000			229 000
利潤分配			50 000	50 000		
合計	3 144 000	3 144 000	620 000	620 000	3 334 000	3 334 000

綜上所述，借貸記帳法是以「資產＝負債＋所有者權益」為理論依據，用「借」和「貸」作為記帳符號，按照「有借必有貸，借貸必相等」的記帳規則，對發生的每一筆經濟業務，都必須以相等的金額，在兩個或兩個以上相互聯繫的帳戶中進行全面記錄的一種復式記帳方法。

自 測 題

一、單項選擇題

1. 借貸記帳法下的發生額試算平衡是按照（　　）進行的。
   A.「有借必有貸，借貸必相等」的規則
   B.「資產＝負債＋所有者權益」的等式
   C. 平行登記
   D. 帳戶的結構

2. 本期的期末餘額結轉為下期，即為下期的（　　）。
   A. 增加額　　　　　　　　　B. 減少額
   C. 借方發生額　　　　　　　D. 期初餘額

3. 以銀行存款繳納所得稅，所引起的變化是（　　）。
   A. 一項資產減少，一項資產增加　　B. 一項資產減少，一項負債減少
   C. 一項負債減少，一項資產增加　　D. 一項資產減少，一項所有者權益減少

4. 應收帳款帳戶的期初餘額為借方 2 000 元，本期借方發生額為 8 000 元，本期貸方發生額為 7 000 元，則該帳戶的期末餘額為（　　）元。
   A. 借方 3 000　　　　　　　B. 貸方 8 000
   C. 借方 5 000　　　　　　　D. 貸方 5 000

5. 某帳戶的期初餘額為 1 200 元，本期減少額為 2 000 元，期末餘額為 1 300 元，則該帳戶本期增加額為（　　）元。
   A. 2 500　　　　　　　　　B. 3 300
   C. 3 200　　　　　　　　　D. 2 100

二、多項選擇題

1. 試算平衡表中，試算平衡的公式有（　　）。
   A. 借方科目金額＝貸方科目金額
   B. 借方期末餘額＝借方期初餘額＋本期借方發生額－本期貸方發生額
   C. 全部帳戶本期借方發生額合計＝全部帳戶本期貸方發生額合計
   D. 全部帳戶本期借方餘額合計＝全部帳戶本期貸方餘額合計

2. 某企業月末編製試算平衡表時，因漏算一個帳戶，計算的月末借方餘額合計為 300 000 元，月末貸方餘額合計為 360 000 元，則漏算的帳戶（　　）。
   A. 為借方餘額　　　　　　　B. 為貸方餘額
   C. 餘額為 660 000 元　　　　D. 餘額為 60 000 元

3.（　　）帳戶期末一般沒有餘額。

　　A.累計折舊　　　　　　　　B.投資收益

　　C.生產成本　　　　　　　　D.主營業務成本

4.企業償還應付帳款 23 200 元，其中，以現金償還 200 元，以銀行存款償還 23 000元。該業務涉及的會計科目及金額有（　　）。

　　A.應付帳款 23 000 元　　　　B.庫存現金 200 元

　　C.銀行存款 23 000 元　　　　D.應付帳款 23 200 元

5.甲公司收到某企業投入的設備一臺，編製會計分錄時，涉及的帳戶及方向有（　　）。

　　A.借：銀行存款　　　　　　B.借：固定資產

　　C.貸：實收資本　　　　　　D.貸：盈餘公積

三、判斷題

1.運用借貸記帳法時，每一個帳戶的借方發生額必然等於貸方發生額。
　　　　　　　　　　　　　　　　　　　　　　　　　　　　（　　）

2.所有帳戶期末借方餘額合計數一定等於期末貸方餘額合計數。（　　）

3.「銷售費用」和「原材料」帳戶的期末餘額均在借方。　　　（　　）

4.帳戶的對應關係是指採用借貸記帳法對每筆交易或事項進行記錄時，相關帳戶之間形成的應借、應貸的相互關係。存在對應關係的帳戶稱為對應帳戶。
　　　　　　　　　　　　　　　　　　　　　　　　　　　　（　　）

5.記帳時，將借貸方向記錯，會影響借貸雙方的平衡關係。　　（　　）

四、計算分析題

（一）

甲公司 2014 年 12 月份結帳後，有關帳戶的部分資料如下表所示（單位：元）：

帳戶	期初餘額 借方	期初餘額 貸方	本期發生額 借方	本期發生額 貸方	期末餘額 借方	期末餘額 貸方
固定資產	E		5 000	16 000	70 000	
交易性金融資產	18 000		F	45 000	15 000	
庫存現金	100 000		G	60 000	H	
主營業務成本			I	J		
實收資本		500 000		K		560 000

要求：根據上述資料，完成下列問題。

1.字母 E 的金額為(　　)元。

　　A. 81 000　　　　　　　　　　B. 59 000

　　C. 85 000　　　　　　　　　　D. 42 000

2.字母 F 的金額為(　　)元。

　　A. 15 000　　　　　　　　　　B. 42 000

　　C. 18 000　　　　　　　　　　D. 45 000

3.字母 G 和 H 的金額分別為(　　)元。

　　A. 30 000 和 130 000　　　　　B. 40 000 和 120 000

　　C. 80 000 和 80 000　　　　　 D. 45 000 和 85 000

4.字母 I 和 J 的金額分別為(　　)元。

　　A. 45 000 和 60 000　　　　　 B. 45 000 和 45 000

　　C. 60 000 和 60 000　　　　　 D. 85 000 和 85 000

5.字母 K 的金額為(　　)元。

　　A. 30 000　　　　　　　　　　B. 50 000

　　C. 60 000　　　　　　　　　　D. 80 000

(二)

2014 年 6 月末,某企業資產總額為 1 080 000 元,負債總額為 780 000 元。7 月份發生如下經濟業務:

(1)接受投資者投入 20 000 元,存入銀行。

(2)以銀行存款 500 000 元,歸還到期的銀行短期借款。

(3)開出商業匯票 180 000 元,購進一臺設備。

(4)預收利華公司購貨款 20 000 元,已存入銀行。

(5)以現金 50 000 元支付上月職工工資。

要求:根據上述資料,完成下列問題。

1.業務(2)的會計分錄為(　　)。

　　A. 借:短期借款　　　　　　　　　　　　　　　　500 000

　　　　貸:銀行存款　　　　　　　　　　　　　　　　　　500 000

　　B. 借:銀行存款　　　　　　　　　　　　　　　　500 000

　　　　貸:短期借款　　　　　　　　　　　　　　　　　　500 000

　　C. 借:短期借款　　　　　　　　　　　　　　　　500 000

　　　　貸:庫存現金　　　　　　　　　　　　　　　　　　500 000

　　D. 借:庫存現金　　　　　　　　　　　　　　　　500 000

　　　　貸:短期借款　　　　　　　　　　　　　　　　　　500 000

2. 7月末,資產總額為(　　)元。

　　A. 520 000　　　　　　　　　　B. 750 000

　　C. 450 000　　　　　　　　　　D. 360 000

3. 7月末,負債總額為(　　)元。

　　A. 470 000　　　　　　　　　　B. 430 000

　　C. 450 000　　　　　　　　　　D. 440 000

4. 7月末,所有者權益總額為(　　)元。

　　A. 430 000　　　　　　　　　　B. 460 000

　　C. 320 000　　　　　　　　　　D. 270 000

5. 業務(4)的會計分錄為(　　)。

　　A. 借:銀行存款　　　　　　　　　　　　　　　　20 000

　　　　貸:庫存現金　　　　　　　　　　　　　　　　　　　20 000

　　B. 借:預付帳款　　　　　　　　　　　　　　　　20 000

　　　　貸:銀行存款　　　　　　　　　　　　　　　　　　　20 000

　　C. 借:銀行存款　　　　　　　　　　　　　　　　20 000

　　　　貸:預收帳款　　　　　　　　　　　　　　　　　　　20 000

　　D. 借:預收帳款　　　　　　　　　　　　　　　　20 000

　　　　貸:銀行存款　　　　　　　　　　　　　　　　　　　20 000

第五章　借貸記帳法下主要經濟業務的帳務處理

學習目標

1. 熟悉工業企業資金的循環與週轉過程。
2. 熟悉工業企業主要經濟業務核算用帳戶的結構、用途。
3. 掌握工業企業主要經濟業務的帳務處理。
4. 掌握工業企業材料物資採購成本、產品生產成本和產品銷售成本的內容和基本計算方法。
5. 掌握工業企業利潤的計算和利潤的分配。

第一節　工業企業主要經濟業務概述

　　企業是依法設立、自主經營、獨立核算、具有法人資格的營利性經濟組織,主要從事生產、流通、服務等經濟業務,以生產或服務滿足社會的需要。不同企業的經濟業務各有特點,其生產經營業務流程也不盡相同。本章以工業企業的主要經濟業務為例,介紹借貸記帳法在實際工作中的具體應用。

　　工業企業的生產經營活動分為供應、生產和銷售三個過程,伴隨著生產經營活動的經營資金也依次經過供應、生產和銷售三個過程,不斷地改變形態,周而復始地循環週轉。其主要經濟業務從資金籌集業務開始,經過生產準備業務、產品生產業務、產品銷售業務、財務成果的計算與分配,最後部分資金退出企業。具體地包括以下幾個方面:

　　1. 資金籌集業務

　　工業企業的會計核算從資金籌集開始。企業的資金籌集主要包括投資者向企業投入資金和企業向銀行等金融機構借款兩種形式。這一階段取得的資金主要表現為貨幣資金、實物資產和無形資產等。

2.生產準備業務

企業完成資金籌集之後,就進入生產準備階段。在這一階段,企業使用貨幣資金建造或購買廠房、機器設備等固定資產,採購各種材料物資,貨幣資金轉化為固定資金和儲備資金。

3.產品生產業務

產品生產業務是形成產品實體的過程,在這個過程中,會發生人工、材料、機器設備和水電等的耗費,各種耗費發生的過程也是產品生產成本形成的過程。相應地,資金形態由儲備資金轉化為生產資金,再由生產資金轉化為成品資金。

4.產品銷售業務

在產品銷售業務中,企業將產品銷售出去,收回貨幣資金,在貨幣資金流入的同時,產品實體流出企業,成品資金轉化為貨幣資金,並且在轉化過程中實現增值。在這一過程中,企業為了銷售產品,會發生銷售費用和營業稅金等期間費用。

5.財務成果的計算與分配業務

企業在生產經營過程中獲得的收入補償成本費用後,就是企業的財務成果。企業盈利後,應按照國家的規定計算繳納企業所得稅、提取盈餘公積、分配利潤給投資者等,一部分資金退出企業,一部分資金要重新投入生產週轉。

針對工業企業在生產經營過程中發生的上述經濟業務,帳務處理的主要內容有:①資金籌集業務的帳務處理;②固定資產業務的帳務處理;③材料採購業務的帳務處理;④生產業務的帳務處理;⑤銷售業務的帳務處理;⑥期間費用的帳務處理;⑦利潤形成與分配業務的帳務處理。

第二節　資金籌集業務的帳務處理

企業的資金籌集業務按其資金來源通常分為所有者權益籌資和負債籌資。所有者權益籌資形成所有者的權益(通常稱為權益資本),包括投資者的投資及其增值,這部分資本的所有者既享有企業的經營收益,也承擔企業的經營風險;負債籌資形成債權人的權益(通常稱為債務資本),主要包括企業向債權人借入的資金和結算形成的負債資金等,這部分資本的所有者享有按約收回本金和利息的權利。

一、所有者權益籌資業務

(一)所有者投入資本的構成

所有者(也稱為投資者)投入資本金設立企業,需要在工商管理部門登記註冊,

登記註冊時認繳的資本金,稱為註冊資本。中國實行法定註冊資本制,要求投資者設立企業必須具備國家規定的與其生產經營和服務規模相適應的資金,投資人按其投資額占註冊資本的比例享有對企業的相關權利,同時也承擔相應的義務。所有者投入資本按照投資主體的不同可以分為國家資本金、法人資本金、個人資本金和外商資本金等。按投資方式分類,投資者投入的資本可以是貨幣資金、材料物資、固定資產、無形資產等,針對不同的投資,入帳時確定其實際投資金額的方法也有所不同。貨幣資金投資直接以實際收到的價款作為入帳金額;實物資產和無形資產投資,應以公允價值為基礎進行評估,以投資雙方確認的評估價作為入帳金額。

小提示 投資者投入的資本,除依法轉讓外,未經董事會同意,不得以任何形式抽逃。

所有者投入的資本主要包括實收資本(或股本)和資本公積。

實收資本(或股本)是指企業的投資者按照企業章程、合同或協議的約定,實際投入企業的資本金以及按照有關規定由資本公積、盈餘公積等轉增資本的資金。

資本公積是企業收到投資者投入的超出其在企業註冊資本(或股本)中所占份額的投資,以及直接計入所有者權益的利得和損失等。資本公積作為企業所有者權益的重要組成部分,主要用於轉增資本。

(二)帳戶設置

企業通常設置以下帳戶對所有者權益籌資業務進行核算:

1.「實收資本(或股本)」帳戶

該帳戶(股份有限公司一般設置「股本」帳戶)屬於所有者權益類帳戶,用以核算企業接受投資者投入的實收資本。貸方登記所有者投入企業資本金的增加額,借方登記所有者投入企業資本金的減少額。期末餘額在貸方,反應企業期末實收資本(或股本)總額。該帳戶可以根據投資者的不同設置明細帳戶,進行明細核算。

借方	實收資本	貸方
所有者投入資本的減少額		所有者投入資本的增加額;資本公積、盈餘公積轉增的註冊資本
		期末餘額;期末所有者投資的實有數額

2.「資本公積」帳戶

該帳戶屬於所有者權益類帳戶,用以核算企業收到投資者出資額超出其在註冊資本或股本中所占份額的部分,以及直接計入所有者權益的利得和損失等。借方登記資本公積的減少額,貸方登記資本公積的增加額。期末餘額在貸方,反應企業期末資本公積的結餘數額。該帳戶可按資本公積的來源不同,分設「資本溢價(或股本溢價)」「其他資本公積」進行明細核算。

借方	資本公積	貸方
資本公積的減少數額		資本公積的增加數額
		期末餘額:期末資本公積的結餘數額

3.「銀行存款」帳戶

該帳戶屬於資產類帳戶,用以核算企業存入銀行或其他金融機構的各種款項。借方登記存入的款項,貸方登記提取或支出的款項。期末餘額在借方,反應企業存在銀行或其他金融機構的各種款項。該帳戶應當按照開戶銀行、存款種類等分別進行明細核算。

借方	銀行存款	貸方
銀行存款的增加額		銀行存款的減少額
期末餘額:期末結存的銀行存款數額		

> **小提示** 銀行匯票存款、銀行本票存款、信用卡存款、信用證保證金存款、存出投資款、外埠存款等,通過「其他貨幣資金」帳戶核算。

(三)帳務處理

企業接受投資者投入的資本,借記「銀行存款」「固定資產」「無形資產」「長期股權投資」等科目,按其在註冊資本或股本中所占份額,貸記「實收資本(或股本)」科目,按其差額,貸記「資本公積——資本溢價(或股本溢價)」科目。

[例5-1] 3月1日,新泰公司收到安宇公司投資款100 000元,存入銀行。

【解析】該項經濟業務的發生,引起企業銀行存款和實收資本同時增加100 000元。編製會計分錄如下:

借:銀行存款　　　　　　　　　　　　　　　　　　　　　　　　100 000
　　貸:實收資本——安宇公司　　　　　　　　　　　　　　　　　　100 000

[例5-2] 3月5日,新泰公司收到龍星公司投入甲材料一批,價款為150 000元,增值稅稅額為25 500元,材料已驗收入庫。

【解析】該項經濟業務的發生,一方面引起企業的原材料增加150 000元,同時,可以抵扣的進項稅額增加了25 500元,另一方面使龍星公司對企業的投資增加了175 500元。編製會計分錄如下:

借:原材料——甲材料　　　　　　　　　　　　　　　　　　　150 000
　　應交稅費——應交增值稅(進項稅額)　　　　　　　　　　　　25 500
　　貸:實收資本——龍星公司　　　　　　　　　　　　　　　　　175 500

[例5-3] 3月10日,新泰公司收到瑞華公司投入的不需安裝的全新機器設備一臺,雙方協商約定該設備價值為234 000元(含稅價格,增值稅稅率為17%,增值稅可以抵扣)。

【解析】由於企業接受機器設備的價值包含有增值稅,增值稅可以抵扣,需要將該設備的含稅價格調整為不含稅價格。

機器設備不含稅價格=234 000÷(1+17%)=200 000(元)

編製會計分錄如下:

借:固定資產　　　　　　　　　　　　　　　　　　　　　　　200 000
　　應交稅費——應交增值稅(進項稅額)　　　　　　　　　　　　34 000
　　貸:實收資本——瑞華公司　　　　　　　　　　　　　　　　　234 000

[例5-4] 華源有限責任公司由甲、乙、丙三家公司出資設立,註冊資本為2 000 000元,其中,甲公司以現金1 200 000元出資,已存入開戶行;乙公司以價值500 000元的機器設備出資;丙公司以一項價值300 000元的非專利技術出資。甲、乙、丙持股比例分別為60%、25%和15%。

【解析】該項經濟業務的發生,引起企業銀行存款、固定資產、無形資產和實收資本同時增加。編製會計分錄如下:

借:銀行存款　　　　　　　　　　　　　　　　　　　　　　1 200 000
　　固定資產　　　　　　　　　　　　　　　　　　　　　　　500 000
　　無形資產　　　　　　　　　　　　　　　　　　　　　　　300 000
　　貸:實收資本——甲公司　　　　　　　　　　　　　　　　1 200 000
　　　　　　——乙公司　　　　　　　　　　　　　　　　　　500 000
　　　　　　——丙公司　　　　　　　　　　　　　　　　　　300 000

[例5-5] 承前例,該公司經過幾年的經營,企業穩步發展。現有投資者丁公司要加入該企業,經過協商,甲、乙、丙、丁達成協議,丁出資2 900 000元現金,已存

入開戶行,其中2 000 000元用於將註冊資本增加至4 000 000元。增資後,丁公司享有華源公司50％的股權。

【解析】該項經濟業務的發生,一方面引起企業銀行存款增加2 900 000元,另一方面引起企業實收資本和資本公積分別增加2 000 000元和900 000元。增資後甲、乙、丙、丁享有華源公司的股權分別為30％、12.5％、7.5％和50％。編製會計分錄如下:

借:銀行存款　　　　　　　　　　　　　　　　　　　　　　2 900 000
　　貸:實收資本——丁公司　　　　　　　　　　　　　　　　2 000 000
　　　　資本公積——資本溢價　　　　　　　　　　　　　　　　900 000

二、負債籌資業務

(一)負債籌資的構成

負債籌資主要包括短期借款、長期借款以及結算形成的負債等。

短期借款是指企業為了滿足其生產經營對資金的臨時性需要而向銀行或其他金融機構等借入的償還期限在一年以內(含一年)的各種借款。

長期借款是指企業向銀行或其他金融機構等借入的償還期限在一年以上(不含一年)的各種借款。

結算形成的負債主要有應付帳款、應付職工薪酬、應交稅費等。

(二)帳戶設置

企業通常設置以下帳戶對負債籌資業務進行會計核算:

1.「短期借款」帳戶

該帳戶屬於負債類帳戶,用以核算企業的短期借款。貸方登記短期借款本金的增加額,借方登記短期借款本金的減少額。期末餘額在貸方,反應企業期末尚未歸還的短期借款。該帳戶可按借款種類、貸款人和幣種進行明細核算。

借方	短期借款	貸方
到期償還的短期借款		借入的短期借款
		期末餘額:期末尚未償還的短期借款

2.「長期借款」帳戶

該帳戶屬於負債類帳戶,用以核算企業的長期借款。貸方登記企業借入的長期借款本金,借方登記歸還的長期借款本金和利息。期末餘額在貸方,反應企業期末尚未償還的長期借款。該帳戶可按貸款單位和貸款種類,分別按「本金」「利息調整」「應計利息」等進行明細核算。

借方	長期借款	貸方
到期償還的長期借款本金和利息	借入的長期借款本金及應付利息	
	期末餘額:期末尚未償還的長期借款	

3.「應付利息」帳戶

該帳戶屬於負債類帳戶,用以核算企業按照合同約定應支付的利息,包括吸收存款、分期付息到期還本的長期借款、企業債券等應支付的利息。貸方登記企業按合同利率計算確定的應付未付利息,借方登記實際償還的應付借款利息。期末餘額在貸方,反應企業應付未付的利息。該帳戶可按存款人或債權人進行明細核算。

借方	應付利息	貸方
實際償還的應付借款利息	按合同利率計算確定的應付未付利息	
	期末餘額:應付未付的利息數	

4.「財務費用」帳戶

該帳戶屬於損益類帳戶,用以核算企業為籌集生產經營所需資金等而發生的籌資費用,包括利息支出(減利息收入)、匯兌損益以及相關的手續費、企業發生的現金折扣或收到的現金折扣等。借方登記手續費、利息費用等的增加額,貸方登記應衝減財務費用的利息收入等和期末轉入「本年利潤」帳戶的財務費用。期末結轉後,該帳戶無餘額。該帳戶可按費用項目進行明細核算。

借方	財務費用	貸方
本期發生的各項財務費用	應衝減財務費用的利息收入等;期末轉入「本年利潤」帳戶的財務費用	
期末結轉後無餘額		

小提示 為購建或生產滿足資本化條件的資產發生的應予以資本化的借款費用,通過「在建工程」「製造費用」等帳戶核算。

(三)帳務處理

1.短期借款的帳務處理

企業借入各種短期借款時,借記「銀行存款」科目,貸記「短期借款」科目;歸還

借款時,做相反的會計分錄。資產負債表日,應按計算確定的短期借款利息費用,借記「財務費用」科目,貸記「銀行存款」「應付利息」等科目。

[例5-6] 昊華公司於2014年4月1日取得銀行借款36 000元,期限3個月,年利率為7.2%,該借款到期後按期如數償還,利息分月預提,按季支付。

要求:編製借款取得、預提利息、支付利息以及到期還本的分錄。

【解析】銀行借款除了償還本金外,還要支付利息,銀行借款利息的結算方式一般是按月預提,按季支付。編製會計分錄如下:

(1) 4月1日取得借款時

借:銀行存款　　　　　　　　　　　　　　　　　　　　36 000
　　貸:短期借款　　　　　　　　　　　　　　　　　　　36 000

(2) 4月末、5月末計提當月借款利息時

借:財務費用(36 000×7.2%÷12)　　　　　　　　　　216
　　貸:應付利息　　　　　　　　　　　　　　　　　　　216

(3) 6月末支付本季度借款利息時

借:財務費用　　　　　　　　　　　　　　　　　　　　216
　　應付利息　　　　　　　　　　　　　　　　　　　　432
　　貸:銀行存款　　　　　　　　　　　　　　　　　　　648

(4) 歸還本金時

借:短期借款　　　　　　　　　　　　　　　　　　　　36 000
　　貸:銀行存款　　　　　　　　　　　　　　　　　　　36 000

以上昊華公司短期借款業務核算結果如圖5-1所示。

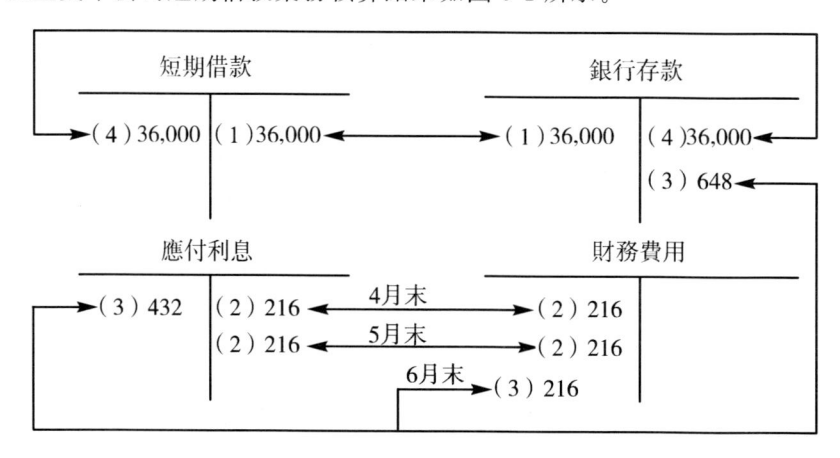

圖5-1　短期借款業務核算的帳戶對應關係

[例5-7] 上例中,若不預提利息,到期一次性還本付息,則編製會計分錄如下:

(1)4月1日取得借款時

借:銀行存款　　　　　　　　　　　　　　　　　　　　36 000
　貸:短期借款　　　　　　　　　　　　　　　　　　　　　　36 000

(2)到期一次性還本付息時

借:短期借款　　　　　　　　　　　　　　　　　　　　36 000
　財務費用　　　　　　　　　　　　　　　　　　　　　　　648
　貸:銀行存款　　　　　　　　　　　　　　　　　　　　　　36 648

小提示

銀行借款利息的支付,可以是一個月一次,或一個季度一次,或一年一次,具體如何支付,按照銀行結算辦法和貸款合同的約定。為準確反應各月的損益情況,對於已經發生而未支付的借款利息,應採用分月預提的形式計提各月的利息費用,分別計入「財務費用」帳戶和「應付利息」帳戶。

2.長期借款的帳務處理

(1)取得借款時

企業借入長期借款,應按實際收到的金額借記「銀行存款」科目,按借款本金貸記「長期借款——本金」科目。若取得的借款與合同約定的數額不一致時,也即是借款的實際利率與合同利率不一致,就會存在差額。若存在差額,還應借記「長期借款——利息調整」科目。

小提示

在會計基礎學習階段,長期借款的核算,暫不涉及利息調整的內容。

(2)期末計息時

長期借款利息費用的計算確定,應當按以下原則計入有關成本、費用:屬於籌建期間的,計入「管理費用」;屬於生產經營期間的,計入「財務費用」;如果長期借款用於購建固定資產等符合資本化條件的資產,在資產尚未達到預定可使用狀態前,所發生的利息支出應當資本化,計入「在建工程」等相關成本,資產達到預定可使用狀態後發生的利息支出以及按規定不能資本化的利息支出,計入「財務費用」。

資產負債表日,應按確定的長期借款的利息費用,借記「在建工程」「製造費用」「財務費用」「研發支出」等科目,按確定的應付未付利息,貸記「應付利息」科目,按

91

其差額,貸記「長期借款——利息調整」等科目。

(3)到期償還本金時

到期日償還本金時,應借記「長期借款——本金」科目,貸記「銀行存款」科目,同時轉銷利息調整、應計利息金額。

[例5-8] 迅達公司於2011年1月1日從銀行借入期限為3年的借款4 000 000元,年利率為6%。每月末計提長期借款利息,每年末付息。2014年1月1日借款到期,按期償還借款本息。

【解析】銀行借款除了償還本金外,還要支付利息,銀行借款利息的結算按月預提,按年支付。編製會計分錄如下:

(1)2011年1月1日借入時

借:銀行存款　　　　　　　　　　　　　　　　　　　　4 000 000
　　貸:長期借款——本金　　　　　　　　　　　　　　　　4 000 000

(2)2011年1月31日計提利息時

借:財務費用(4 000 000×6%÷12)　　　　　　　　　　　20 000
　　貸:應付利息　　　　　　　　　　　　　　　　　　　　20 000

2011年2月至2011年12月每月末分錄同上。

(3)2011年年末付息時

借:財務費用　　　　　　　　　　　　　　　　　　　　　20 000
　　應付利息　　　　　　　　　　　　　　　　　　　　　220 000
　　貸:銀行存款　　　　　　　　　　　　　　　　　　　　240 000

2012、2013年每月末計提利息的會計處理同(2);2012、2013年年末付息的會計處理同(3)。

(4)2014年1月1日,償還該筆借款時

借:長期借款——本金　　　　　　　　　　　　　　　　　4 000 000
　　貸:銀行存款　　　　　　　　　　　　　　　　　　　　4 000 000

[例5-9] 上例中,若付息方式為一次還本付息,核算時應將「應付利息」調整為「長期借款——應計利息」。分錄如下:

(1)2011年1月1日借入時

借:銀行存款　　　　　　　　　　　　　　　　　　　　4 000 000
　　貸:長期借款——本金　　　　　　　　　　　　　　　　4 000 000

(2)2011年1月31日計提利息時

借:財務費用　　　　　　　　　　　　　　　　　　　　　20 000
　　貸:長期借款——應計利息　　　　　　　　　　　　　　20 000

(3)2011年2月至2013年12月每月末分錄同(2)。

(4)2014年1月1日,還本付息時

借:長期借款——本金　　　　　　　　　　　　　　　　4 000 000

　　　　　——應計利息　　　　　　　　　　　　　　　　720 000

　貸:銀行存款　　　　　　　　　　　　　　　　　　　4 720 000

第三節　固定資產業務的帳務處理

一、固定資產的概念與特徵

固定資產是指為生產商品、提供勞務、出租或者經營管理而持有、使用壽命超過一個會計年度的有形資產。

從固定資產的定義來看,固定資產具有以下特徵:①屬於一種有形資產,這一特徵將固定資產與無形資產區分開來;②為生產商品、提供勞務、出租或者經營管理而持有,即企業擁有的固定資產是企業的生產工具或手段,而不是用於出售的產品;③使用壽命超過一個會計年度。固定資產的使用壽命是指企業使用固定資產的預計期間,或者是該固定資產所能生產的產品或提供勞務的數量。固定資產是非流動資產,其價值將隨著使用和磨損逐步轉移到其受益對象中去。

二、固定資產的成本

固定資產的成本是指企業購建某項固定資產,使其達到預定可使用狀態前所發生的一切合理、必要的支出。

在企業實際營運過程中,固定資產取得的方式多種多樣,包括外購、自行建造、投資者投入、非貨幣性資產交換、債務重組、企業合併和融資租賃等。在不同取得方式下,固定資產成本的具體構成內容及其確定方法也不盡相同。

固定資產取得的成本,概括地說,應包括企業為購建某項固定資產,使其達到預定可使用狀態前所發生的可歸屬於該項資產的實際支出。如外購固定資產的成本,應包括購買價款、相關稅費以及使固定資產達到預定可使用狀態前所發生的可歸屬於該項資產的運輸費、裝卸費、安裝費和專業人員服務費等。2009年1月1日起增值稅改革後,企業購建(包括購進、接受捐贈、實物投資、自制、改擴建和安裝)生產用固定資產發生的增值稅進項稅額可以從銷項稅額中抵扣。

三、帳戶設置

企業通常設置以下帳戶對固定資產業務進行會計核算:

1.「在建工程」帳戶

該帳戶屬於資產類帳戶,用以核算企業基建、更新改造等在建工程發生的支出。借方登記企業各項在建工程的實際支出,貸方登記工程達到預定可使用狀態時轉出的成本等。期末餘額在借方,反應企業期末尚未達到預定可使用狀態的在建工程的成本。該帳戶可分「建築工程」「安裝工程」「在安裝設備」「待攤支出」等進行明細核算。

借方	在建工程	貸方
在建工程的實際支出數	工程完工時轉出的成本	
期末餘額:期末尚未達到預定可使用狀態的在建工程的成本		

2.「工程物資」帳戶

該帳戶屬於資產類帳戶,用以核算企業為在建工程準備的各種物資的成本,包括工程用材料、尚未安裝的設備以及為生產準備的工器具等。借方登記企業購入工程物資的成本,貸方登記領用工程物資的成本。期末餘額在借方,反應企業期末為在建工程準備的各種物資的成本。該帳戶可分「專用材料」「專用設備」「工器具」等進行明細核算。

借方	工程物資	貸方
購入工程物資的支出數	工程物資的領用數	
期末餘額:期末結存的工程物資的成本		

3.「固定資產」帳戶

該帳戶屬於資產類帳戶,用以核算企業持有的固定資產原值的增減變動及其結存情況。借方登記固定資產原值的增加,貸方登記固定資產原值的減少。期末餘額在借方,反應企業期末固定資產的原值。該帳戶可按固定資產類別和項目進行明細核算。

借方	固定資產	貸方
增加固定資產的原始價值	減少固定資產的原始價值	
期末餘額:期末固定資產的原始價值		

4.「累計折舊」帳戶

該帳戶屬於資產類備抵帳戶,用以核算企業固定資產計提的累計折舊。貸方

登記按月提取的折舊額,即累計折舊的增加額,借方登記因減少固定資產而轉出的累計折舊。期末餘額在貸方,反應期末固定資產的累計折舊額。該帳戶可按固定資產的類別或項目進行明細核算。

借方	累計折舊	貸方
因減少固定資產而轉出的累計折舊		計提的固定資產折舊額
		期末餘額:期末固定資產的累計折舊額

四、帳務處理

(一)固定資產的購入

企業購入不需要安裝的固定資產,按應計入固定資產成本的金額,借記「固定資產」「應交稅費——應交增值稅(進項稅額)」科目,貸記「銀行存款」等科目。

[例 5-10] 新泰公司 2014 年 5 月 1 日以銀行存款購入一臺不需安裝的設備,價款為 300 000 元,增值稅專用發票寫明稅款為 51 000 元,設備運費(不含稅)為 6 500 元,根據相關規定,允許按 11% 的稅率進行增值稅的抵扣。計算該設備的入帳價值並編製會計分錄。

【解析】2009 年 1 月 1 日增值稅轉型改革後,企業購建(包括購進、接受捐贈、實物投資、自制、改擴建和安裝)生產用固定資產發生的增值稅進項稅額可以從銷項稅額中抵扣。同時根據相關規定,企業購入設備負擔的運費,允許按 11% 的稅率進行增值稅的抵扣。

該設備的入帳價值＝300 000＋6 500＝306 500(元)

可以抵扣的增值稅進項稅額＝51 000＋6 500×11%＝51 715(元)

編製會計分錄如下:

借:固定資產　　　　　　　　　　　　　　　　　　　　　　306 500
　　應交稅費——應交增值稅(進項稅額)　　　　　　　　　　51 715
　　貸:銀行存款　　　　　　　　　　　　　　　　　　　　　358 215

[例 5-11] 假定上例中購入的設備需要安裝,除上述費用外,還需要支付安裝費 2 500 元,款項以銀行存款支付。

【解析】購入需要安裝的機器設備,應先通過「在建工程」帳戶核算,安裝完畢交付使用時,再從「在建工程」帳戶轉到「固定資產」帳戶。編製會計分錄如下:

(1)支付價稅款及運費時

借:在建工程   306 500

  應交稅費——應交增值稅(進項稅額)   51 715

  貸:銀行存款   358 215

(2)支付安裝費時

借:在建工程   2 500

  貸:銀行存款   2 500

(3)安裝完畢交付使用時

借:固定資產   309 000

  貸:在建工程   309 000

以上新泰公司購置需要安裝的固定資產的核算結果如圖5-2所示。

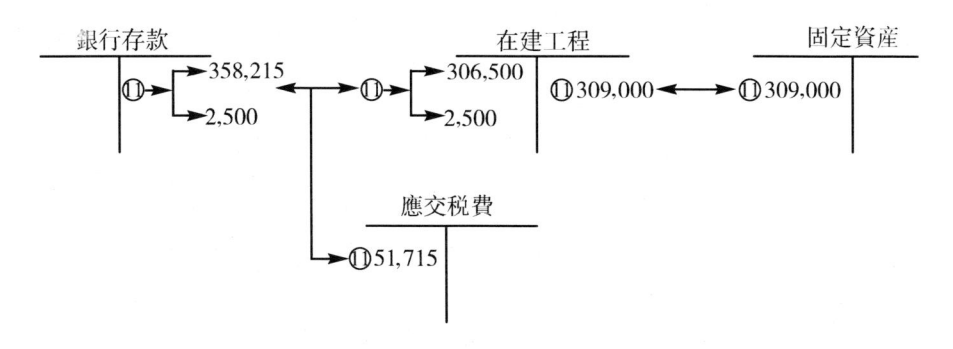

圖5-2 固定資產購建核算的帳戶對應關係

(二)固定資產的折舊

固定資產折舊是指在固定資產使用壽命內,按照確定的方法對應計折舊額進行的系統分攤。其中,應計折舊額是指應當計提折舊的固定資產的原價扣除其預計淨殘值後的金額。已計提減值準備的固定資產,還應當扣除已計提的固定資產減值準備累計金額。

1.影響固定資產折舊的主要因素

(1)固定資產的原始價值。是指固定資產的初始計量成本。

(2)預計淨殘值,是指假定固定資產的預計使用壽命已滿並處於使用壽命終了時的預期狀態,企業目前從該項資產的處置中獲得的扣除預計處置費用後的金額。預計淨殘值率是指固定資產預計淨殘值額占其原價的比率。企業應當根據固定資產的性質和使用情況,合理確定固定資產的預計淨殘值。預計淨殘值一經確定,不

得隨意變更。

(3)固定資產的使用壽命。企業在確定固定資產的使用壽命時應考慮以下幾個因素:①該資產的預計生產能力或實物數量;②該資產的有形損耗和無形損耗;③有關資產使用的法律或類似的限制。

小提示

影響固定資產折舊的因素有:固定資產原值、預計淨殘值、固定資產減值準備、固定資產的預計使用壽命等。其中,月折舊額與固定資產原值呈正向變化關係,與預計淨殘值、固定資產減值準備、固定資產的預計使用壽命呈反向變化關係。還應當注意,不同的固定資產折舊方法,會影響固定資產使用壽命期間內不同時期的折舊費用。

2. 計提固定資產折舊的範圍

企業應當按月對所有的固定資產計提折舊,但是,已提足折舊仍繼續使用的固定資產、單獨計價入帳的土地和持有待售的固定資產除外。提足折舊是指已經提足該項固定資產的應計折舊額。當月增加的固定資產,當月不計提折舊,從下月起計提折舊;當月減少的固定資產,當月仍計提折舊,從下月起不計提折舊。提前報廢的固定資產,不再補提折舊。已達到預定可使用狀態但尚未辦理竣工結算的固定資產,應當按照估計價值確定其成本,並計提折舊;待辦理竣工決算後,再按實際成本調整原來的暫估成本,但不需要調整原已計提的折舊額。

3. 固定資產折舊的計算方法

取得固定資產後,企業應根據固定資產的性質和使用方式,合理地估計固定資產的使用壽命和預計淨殘值,選擇適當的折舊方法計算各會計期間的折舊額,並將折舊額計入各期相關成本費用中去。根據會計準則的規定,企業可選用的折舊方法有年限平均法、工作量法、雙倍餘額遞減法和年數總和法等。本教材重點介紹年限平均法和工作量法。

(1)年限平均法。年限平均法又稱直線法,是指將固定資產的應計折舊額均勻地分攤到固定資產預計使用壽命內的一種方法。各月應計提折舊額的計算公式如下:

$$年折舊率 = \frac{1-預計淨殘值率}{預計使用壽命(年限)} \times 100\%$$

其中:月折舊率＝年折舊率÷12

月折舊額＝固定資產原價×月折舊率

或者,

$$年折舊率 = \frac{1}{預計使用壽命(年)} \times 100\%$$

其中:月折舊率＝年折舊率÷12

月折舊額＝(固定資產原價－預計淨殘值)×月折舊率

[例5-12] 新泰公司有一臺機器設備,原始價值為150 000元,預計可使用8年,預計淨殘值率為2％,按年限平均法計提折舊。計算該設備的折舊率和折舊額。

年折舊率＝(1－2％)÷8×100％＝12.25％

月折舊率＝12.25％÷12＝1.02％

月折舊額＝150 000×1.02％＝1 530(元)

(2)工作量法。是指根據實際工作量計算每期應提折舊額的一種方法。計算公式如下:

$$單位工作量折舊額 = \frac{固定資產原價 \times (1 - 預計淨殘值率)}{預計總工作量}$$

該項固定資產月折舊額＝該項固定資產當月工作量×單位工作量折舊額

[例5-13] 新泰公司有一輛運貨汽車,原始價值為100 000元,預計可行駛50萬千米,預計淨殘值率為5％,本月行駛5 000千米。計算該車的月折舊額。

$$單位工作量折舊額 = \frac{100\ 000 \times (1 - 5\%)}{500\ 000} = 0.19(元／千米)$$

該車本月折舊額＝5 000×0.19＝950(元)

應當注意的是,不同的固定資產折舊方法,將影響固定資產使用壽命期間不同時期的折舊費用。企業應當根據與固定資產有關的經濟利益的預期實現方式合理選擇折舊方法,固定資產的折舊方法一經確定,不得隨意變更。

在固定資產其使用過程中,因所處經濟環境、技術環境以及其他環境均有可能發生很大變化,企業至少應當於每年年度終了,對固定資產的使用壽命、預計淨殘值和折舊方法進行復核。固定資產使用壽命、預計淨殘值和折舊方法的改變,應當作為會計估計變更。

小提示 固定資產的折舊方法一經確定,不得隨意變更。

4.固定資產折舊的核算

企業按月計提的固定資產折舊,根據固定資產的用途計入相關資產的成本或者當期損益,借記「製造費用」「銷售費用」「管理費用」「研發支出」「其他業務成本」等科目,貸記「累計折舊」科目。

[例5-14] 迅達公司12月31日根據固定資產明細帳和上月固定資產折舊計算表編製「固定資產折舊計算表」(如表5-1所示)，並據此計提折舊。

表 5-1　　　　　　　　　　　　固定資產折舊計算表

單位:元

使用部門		上月計提折舊額①	上月增加固定資產應提折舊②	上月減少固定資產應提折舊③	本月應計折舊額④=①+②-③
生產車間	生產用	15 000	3 000	1 000	17 000
	管理用	2 500	500		3 000
	小計	17 500	3 500	1 000	20 000
行政管理部門用		5 500	800	300	6 000
出租		2 000			2 000
合計		25 000	4 300	1 300	28 000

【解析】企業按月計提的固定資產折舊，根據固定資產的用途計入相關資產的成本或者當期損益。生產經營用的固定資產，其折舊計入「製造費用」；管理部門所使用的固定資產，其折舊計入「管理費用」；以經營租賃方式出租的固定資產，其折舊計入「其他業務成本」。編製會計分錄如下：

借：製造費用　　　　　　　　　　　　　　　　　　　　　　20 000
　　管理費用　　　　　　　　　　　　　　　　　　　　　　 6 000
　　其他業務成本　　　　　　　　　　　　　　　　　　　　 2 000
　貸：累計折舊　　　　　　　　　　　　　　　　　　　　　 28 000

第四節　材料採購業務的帳務處理

材料是工業企業產品生產不可缺少的物質要素。企業的材料一般包括原料及主要材料、外購半成品(外購件)、輔助材料、燃料、修理用備件及包裝材料等。在採購材料過程中，一方面企業從供應單位購進各種材料，要計算購進材料的採購成本；另一方面企業要按照合同約定的貨款結算辦法支付購買材料的價款和各種採購費用。

一、材料的採購成本

材料的採購成本是指企業從採購材料到入庫前所發生的全部支出，包括購買價款、相關稅費、運輸費、裝卸費、保險費以及其他可歸屬於採購成本的費用。其中：材料的購買價款是指企業購入的材料或商品的發票帳單上列明的價款，但不包

括按規定可以抵扣的增值稅稅額；相關稅費是指購買材料發生的進口關稅、消費稅、資源稅和不能抵扣的增值稅進項稅額，以及相應的教育費附加等應計入存貨成本的稅費；其他可歸屬於採購成本的費用是指採購成本中除上述各項以外的可歸屬於採購成本的費用，如在材料採購過程中發生的倉儲費、包裝費，運輸途中的合理損耗，入庫前的挑選整理費用等。

小提示

材料採購成本＝材料買價＋採購費用。其中：材料買價＝材料採購數量×採購單價；採購費用包括相關稅費、運輸費、裝卸費、保險費以及其他可歸屬於採購成本的費用。

在歸集材料採購費用時應注意分清採購費用的負擔對象。能分清負擔對象的，應當直接計入所歸屬的原材料的採購成本；不能分清負擔對象的，應當選擇合理的分配方法，分配計入有關材料的採購成本。在實務中，企業也可以將發生的運輸費、裝卸費、保險費以及其他可歸屬於採購成本的費用等先進行歸集，期末按照所購材料的存銷情況進行分攤。對於企業同時採購兩種以上材料共同發生的採購費用，應根據採購材料的重量或採購價格，合理地分配到各種材料的採購成本中去。分配時，先計算出採購費用的分配率，再根據分配率計算各種材料應分配的採購費用。

$$採購費用分配率 = \frac{共同發生的採購費用}{各種材料重量（體積或買價）之和}$$

某種材料應分配的採購費用＝該種材料的重量（體積或買價）×採購費用分配率

應當注意，企業供應部門或倉庫所發生的經常性費用、採購人員的差旅費以及市內零星運雜費等不計入材料採購成本，應直接計入管理費用。

二、帳戶設置

企業通常設置以下帳戶對材料採購業務進行會計核算：

1.「原材料」帳戶

該帳戶屬於資產類帳戶，用以核算企業庫存的各種材料，包括原料及主要材料、輔助材料、外購半成品（外購件）、修理用備件（備品備件）、包裝材料、燃料等的計劃成本或實際成本。企業收到來料加工裝配業務的原料、零件等，應當設置備查簿進行登記。借方登記已驗收入庫材料的成本，貸方登記發出材料的成本。期末餘額在借方，反應企業庫存材料的計劃成本或實際成本。該帳戶可按材料的保管地點（倉庫）、材料的類別、品種和規格等進行明細核算。

借方	原材料	貸方
驗收入庫材料的成本	發出材料的成本	
期末餘額：庫存材料的計劃成本或實際成本		

2.「材料採購」帳戶

該帳戶屬於資產類帳戶，用以核算企業採用計劃成本進行材料日常核算而購入材料的採購成本。借方登記企業採用計劃成本進行核算時，採購材料的實際成本以及材料入庫時結轉的節約差異，貸方登記入庫材料的計劃成本以及材料入庫時結轉的超支差異。期末餘額在借方，反應企業在途材料的採購成本。該帳戶可按供應單位和材料品種進行明細核算。

借方	材料採購	貸方
採購材料的實際成本和材料入庫時結轉的節約差異	驗收入庫材料的計劃成本和材料入庫時結轉的超支差異	
期末餘額：在途材料的採購成本		

3.「材料成本差異」帳戶

該帳戶屬於資產類帳戶，用以核算企業採用計劃成本進行日常核算的材料計劃成本與實際成本的差額。借方登記入庫材料形成的超支差異以及轉出的發出材料應負擔的節約差異，貸方登記入庫材料形成的節約差異以及轉出的發出材料應負擔的超支差異。期末餘額在借方，反應企業庫存材料等的實際成本大於計劃成本的差異；期末餘額在貸方，反應企業庫存材料等的實際成本小於計劃成本的差異。該帳戶可以分設「原材料」「週轉材料」等，按照類別或品種進行明細核算。

借方	材料成本差異	貸方
入庫材料形成的超支差異以及轉出的發出材料應負擔的節約差異	入庫材料形成的節約差異以及轉出的發出材料應負擔的超支差異	
期末餘額：庫存材料應負擔的超支差異	期末餘額：庫存材料應負擔的節約差異	

4.「在途物資」帳戶

該帳戶屬於資產類帳戶，用以核算企業採用實際成本（或進價）進行材料與商品等物資的日常核算的、貨款已付尚未驗收入庫的在途物資的採購成本。借方登

記購入材料、商品等物資的買價和採購費用(採購實際成本),貸方登記已驗收入庫材料、商品等物資應結轉的實際採購成本。期末餘額在借方,反應企業期末在途材料、商品等物資的採購成本。該帳戶可按供應單位和物資品種進行明細核算。

借方	在途物資	貸方
購入材料物資的買價和採購費用		驗收入庫材料物資的實際採購成本
期末餘額:尚未驗收入庫的在途物資的採購成本		

5.「應付帳款」帳戶

該帳戶屬於負債類帳戶,用以核算企業因購買材料、商品和接受勞務等應支付的款項。貸方登記企業因購入材料、商品和接受勞務等尚未支付的款項,借方登記償還的應付帳款。期末餘額一般在貸方,反應企業期末尚未支付的應付帳款餘額;如果在借方,反應企業期末預付帳款餘額。該帳戶可按債權人進行明細核算。

借方	應付帳款	貸方
實際支付的款項		應支付的款項
		期末餘額:期末尚未支付的款項

6.「應付票據」帳戶

該帳戶屬於負債類帳戶,用以核算企業購買材料、商品和接受勞務等開出、承兌的商業匯票,包括銀行承兌匯票和商業承兌匯票。貸方登記企業開出、承兌的商業匯票,借方登記企業已經支付或者到期無力支付的商業匯票。期末餘額在貸方,反應企業尚未到期的商業匯票的票面金額。該帳戶可按債權人進行明細核算。

借方	應付票據	貸方
到期償還的或到期無力支付的匯票金額		開出承兌的匯票金額
		期末餘額:尚未到期的匯票金額

7.「預付帳款」帳戶

該帳戶屬於資產類帳戶,用以核算企業按照合同規定預付的款項。預付款項情況不多的,也可以不設置該帳戶,將預付的款項直接記入「應付帳款」帳戶。借方登記企業因購貨等業務預付的款項,貸方登記企業收到貨物後應支付的款項等。

期末餘額在借方,反應企業預付的款項;期末餘額在貸方,反應企業尚需補付的款項。該帳戶可按供貨單位進行明細核算。

借方	預付帳款	貸方
因購貨等業務預付的款項	收到貨物後應支付的款項	
期末餘額:預付的款項	期末餘額:需補付的款項	

8.「應交稅費」帳戶

該帳戶屬於負債類帳戶,用以核算企業按照稅法等規定計算應繳納的各種稅費,包括增值稅、消費稅、所得稅、資源稅、土地增值稅、城市維護建設稅、房產稅、土地使用稅、車船使用稅、教育費附加、礦產資源補償費等,企業代扣代繳的個人所得稅等,也通過本帳戶核算。貸方登記各種應繳未繳稅費的增加額,借方登記實際繳納的各種稅費。期末餘額在貸方,反應企業尚未繳納的稅費;期末餘額在借方,反應企業多繳或尚未抵扣的稅費。該帳戶可按應繳的稅費項目進行明細核算。

借方	應交稅費	貸方
已繳納的稅費	應繳納的稅費	
期末餘額:多繳或尚未抵扣的稅費	期末餘額:尚未繳納的稅費	

借方	應交稅費——應交增值稅	貸方
購進貨物、接受應稅勞務或購進服務、無形資產、不動產向供應單位支付的進項稅額以及實際已繳納的增值稅	銷售貨物、提供應稅勞務或銷售服務、無形資產、不動產向購貨單位收取的銷項稅額	
期末餘額:多繳或尚未抵扣的稅費	期末餘額:尚未繳納的稅費	

知識鏈接

(1)增值稅的概念

增值稅是指以商品(含應稅勞務、應稅服務、無形資產、不動產)在流轉過程中

產生的增值額作為計稅依據而徵收的一種流轉稅。從計稅原理來說,增值稅是對商品生產、流通、勞務服務中多個環節的新增價值或商品的附加值徵收的一種流轉稅。其實行價外稅,也就是由消費者負擔,有增值才徵稅,沒增值不徵稅。

(2)增值稅納稅人

中華人民共和國境內銷售貨物,提供加工、修理修配勞務,進口貨物,銷售服務、無形資產、不動產的單位和個人,為增值稅的納稅人。納稅人分為一般納稅人和小規模納稅人。一般納稅人的認定標準為:①工業企業年應稅銷售額在50萬元以上(商業企業年應稅銷售額在80萬元以上);②會計核算制度健全。

(3)增值稅的稅率

一般納稅人適用的稅率為17%(基本稅率)、13%(糧食、食用植物油;自來水、暖氣、冷氣、熱水、煤氣、石油液化氣、天然氣、沼氣、居民用煤炭製品;圖書、報紙、雜誌;飼料、化肥、農藥、農機、農膜;國務院規定的其他貨物)、11%(提供交通運輸、郵政、基礎電信、建築、不動產租賃服務,銷售不動產,轉讓土地使用權)、6%(提供增值電信服務、金融服務、生活服務等)和零稅率(納稅人出口貨物、境內的單位和個人銷售國際運輸服務、航天運輸服務,國務院另有規定的除外)。

(4)增值稅的計算

應交增值稅＝增值額×增值稅稅率

當期應交增值稅＝當期銷項稅額－當期進項稅額

其中:銷項稅額＝銷售額×增值稅稅率;進項稅額＝買價×增值稅稅率

小規模納稅人應交增值稅＝銷售額×增值稅徵收率

三、帳務處理

材料的日常收發結存可以採用實際成本核算,也可以採用計劃成本核算。

(一)實際成本法核算的帳務處理

在實際成本法下,一般通過「原材料」和「在途物資」等科目進行核算。企業外購材料時,按材料是否驗收入庫分為以下兩種情況:

1. 材料已驗收入庫

(1)票已到,款已付

如果貨款已經支付,發票帳單已到,材料已驗收入庫,則按支付的實際金額,借記「原材料」「應交稅費——應交增值稅(進項稅額)」等科目,貸記「銀行存款」「預付帳款」等科目。

(2)票已到，款未付

如果貨款尚未支付，材料已經驗收入庫，則按相關發票憑證上應付的金額，借記「原材料」「應交稅費——應交增值稅（進項稅額）」等科目，貸記「應付帳款」「應付票據」等科目。

(3)票未到，款未付

如果貨款尚未支付，材料已經驗收入庫，但月末仍未收到相關發票憑證，則按照暫估價入帳，即借記「原材料」科目，貸記「應付帳款」等科目。下月初編製相反分錄予以衝回，收到相關發票帳單後再編製會計分錄。

2. 材料尚未驗收入庫

如果貨款已經支付，發票帳單已到，但材料尚未驗收入庫，則按支付的金額，借記「在途物資」「應交稅費——應交增值稅（進項稅額）」等科目，貸記「銀行存款」等科目。待驗收入庫時再編製後續分錄。

對於可以抵扣的增值稅進項稅額，一般納稅人企業應根據收到的增值稅專用發票上註明的增值稅額，借記「應交稅費——應交增值稅（進項稅額）」科目。

[例 5-15]　6 月 6 日，新聯公司從祥瑞公司購入 A 材料 600 千克，單價 50 元/千克，共計 30 000 元，應負擔的進項稅額為 5 100 元，運雜費為 200 元，價稅款連同運雜費一併以銀行存款支付，材料到達入庫。

【解析】該項經濟業務中發票帳單已到，貨款已經支付，材料已驗收入庫，而且購入的是一種材料，發生的運雜費直接計入該種材料的採購成本。編製會計分錄如下：

借：原材料——A 材料　　　　　　　　　　　　　　　　30 200
　　應交稅費——應交增值稅（進項稅額）　　　　　　　 5 100
　貸：銀行存款　　　　　　　　　　　　　　　　　　　35 300

[例 5-16]　6 月 10 日，新聯公司從永昌公司採購 B 材料 1 000 千克，買價為 50 000 元，應負擔的進項稅額為 8 500 元，價稅款以銀行存款支付，材料尚未到達。

【解析】該項經濟業務中發票帳單已到，貨款已經支付，材料尚未到達，先通過「在途物資」科目進行核算。編製會計分錄如下：

借：在途物資——B 材料　　　　　　　　　　　　　　　50 000
　　應交稅費——應交增值稅（進項稅額）　　　　　　　 8 500
　貸：銀行存款　　　　　　　　　　　　　　　　　　　58 500

[例 5-17] 接上例，15 日，以現金支付 B 材料的運雜費 500 元。

【解析】發生的運雜費先通過「在途物資」科目進行歸集，編製會計分錄如下：

借：在途物資——B 材料　　　　　　　　　　　　　500
　貸：庫存現金　　　　　　　　　　　　　　　　　　　500

[例 5-18] 接上例，20 日，新聯公司從永昌公司購入的 1 000 千克 B 材料到達，驗收入庫，結轉其採購成本。

【解析】材料到達驗收入庫時，將「在途物資」帳戶轉入「原材料」帳戶。編製會計分錄如下：

借：原材料——B 材料　　　　　　　　　　　　　50 500
　貸：在途物資——B 材料　　　　　　　　　　　　　50 500

小提示

在實際成本法下，企業購入材料尚未入庫的，先通過「在途物資」帳戶核算，材料到達驗收入庫時，將「在途物資」帳戶轉入「原材料」帳戶。

[例 5-19] 6 月 12 日，新聯公司從信聯公司購入 A 材料 2 000 千克，單價 100 元／千克，C 材料 4 000 千克，單價 30 元／千克，增值稅稅率為 17％，運雜費為 3 600 元。新聯公司簽發商業匯票支付價稅款，同時以銀行存款支付運雜費，材料到達，驗收入庫（運雜費按材料重量分攤）。

【解析】該項經濟業務中發票帳單已到，簽發商業匯票承付貨款，材料已驗收入庫。由於給出的是增值稅稅率，需要計算購入材料負擔的進項稅額。同時一次性購入的是兩種材料，對於共同發生的運雜費，還需要按材料重量進行分配。

應負擔的增值稅進項稅額＝(2 000×100＋4 000×30)×17％＝54 400(元)

採購費用分配率＝3 600÷(2 000＋4 000)＝0.6(元／千克)

A 材料應分配的採購費用＝2 000×0.6＝1 200(元)

C 材料應分配的採購費用＝4 000×0.6＝2 400(元)

編製會計分錄如下：

借：原材料——A 材料　　　　　　　　　　　　201 200
　　　　——C 材料　　　　　　　　　　　　122 400
　　應交稅費——應交增值稅(進項稅額)　　　　　54 400
　貸：應付票據　　　　　　　　　　　　　　　　374 400
　　　銀行存款　　　　　　　　　　　　　　　　　3 600

以上新聯公司原材料採購業務的核算結果如圖5-3所示。

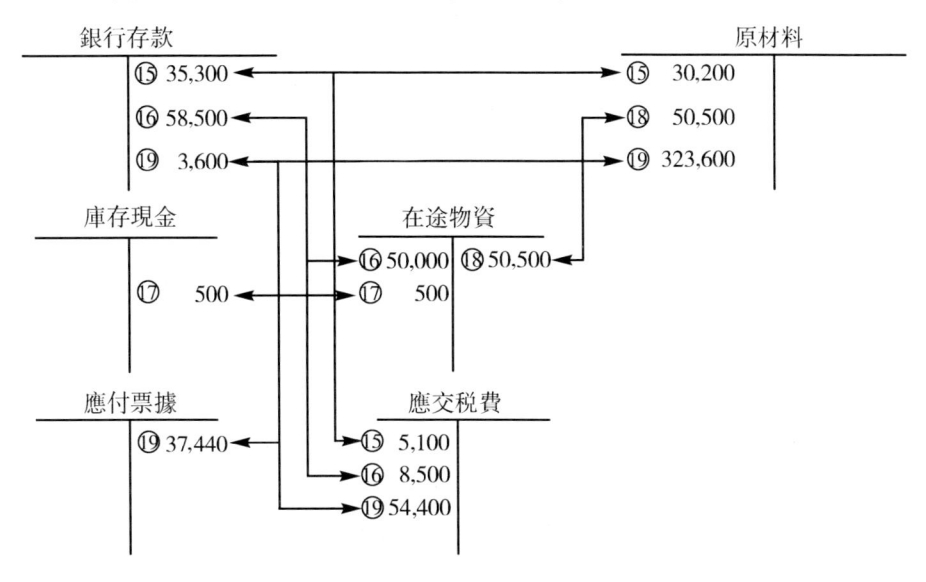

```
銀行存款                              原材料
⑮ 35,300 ←──────────────→ ⑮ 30,200
⑯ 58,500 ←──────────────→ ⑱ 50,500
⑲  3,600 ←──────────────→ ⑲ 323,600

庫存現金              在途物資
                    → ⑯ 50,000  ⑱ 50,500 ←
⑰    500 ←────────→ ⑰    500

應付票據              應交稅費
                    → ⑮  5,100
        ⑲ 37,440 ─→ ⑯  8,500
                    → ⑲ 54,400
```

圖 5-3 原材料採購業務核算流程

(二)計劃成本法核算的帳務處理

在計劃成本法下,一般通過「材料採購」「原材料」「材料成本差異」等科目進行核算。企業外購材料時,按材料是否驗收入庫分為以下兩種情況:

1. 材料已驗收入庫

(1)票已到,款已付

如果貨款已經支付,發票帳單已到,材料已驗收入庫,則按支付的實際金額,借記「材料採購」科目,貸記「銀行存款」科目;按計劃成本金額,借記「原材料」科目,貸記「材料採購」科目;按計劃成本與實際成本之間的差額,借記(或貸記)「材料成本差異」科目。

(2)票已到,款未付

如果貨款尚未支付,材料已經驗收入庫,則按相關發票憑證上應付的金額,借記「材料採購」科目,貸記「應付帳款」「應付票據」等科目;按計劃成本金額,借記「原材料」科目,貸記「材料採購」科目;按計劃成本與實際成本之間的差額,借記(或貸記)「材料成本差異」科目。

(3)票未到,款未付

如果材料已經驗收入庫,貨款尚未支付,月末仍未收到相關發票憑證,則按照計劃成本暫估入帳,即借記「原材料」科目,貸記「應付帳款」等科目。下月初編製相反分錄予以衝回,收到帳單後再編製會計分錄。

2.材料尚未驗收入庫

如果相關發票憑證已到,但材料尚未驗收入庫,則按支付或應付的實際金額,借記「材料採購」科目,貸記「銀行存款」「應付帳款」等科目;待驗收入庫時再編製後續分錄。對於可以抵扣的增值稅進項稅額,一般納稅人企業應根據收到的增值稅專用發票上註明的增值稅額,借記「應交稅費——應交增值稅(進項稅額)」科目。

[例5-20] 安宇公司為增值稅一般納稅人,材料存貨採用計劃成本核算。5月1日從本地購入甲材料2 500千克,單價21元/千克,共52 500元,應負擔的增值稅進項稅額為8 925元,價稅款以銀行存款支付,材料到達,驗收入庫。甲材料的單位計劃成本為25元。

【解析】安宇公司採用計劃成本對材料進行核算,購入材料的實際成本與材料的計劃成本之間的差異通過「材料成本差異」科目核算,實際成本小於計劃成本,為節約差異,應計入「材料成本差異」科目的貸方。編製會計分錄如下:

(1)購入材料時

借:材料採購——甲材料　　　　　　　　　　　　　　　　52 500
　　應交稅費——應交增值稅(進項稅額)　　　　　　　　　8 925
　　貸:銀行存款　　　　　　　　　　　　　　　　　　　　61 425

(2)材料驗收入庫時

借:原材料——甲材料　　　　　　　　　　　　　　　　　62 500
　　貸:材料成本差異　　　　　　　　　　　　　　　　　　10 000
　　　　材料採購——甲材料　　　　　　　　　　　　　　　52 500

[例5-21] 上例中甲材料的單位計劃成本為18元,其他條件不變。

【解析】購入材料的實際成本大於材料的計劃成本,為超支差異,應計入「材料成本差異」科目的借方。編製會計分錄如下:

(1)購入材料時

借:材料採購——甲材料　　　　　　　　　　　　　　　　52 500
　　應交稅費——應交增值稅(進項稅額)　　　　　　　　　8 925
　　貸:銀行存款　　　　　　　　　　　　　　　　　　　　61 425

(2)材料驗收入庫時

借:原材料——甲材料　　　　　　　　　　　　　　　　　45 000
　　材料成本差異　　　　　　　　　　　　　　　　　　　 7 500
　　貸:材料採購——甲材料　　　　　　　　　　　　　　　52 500

小提示

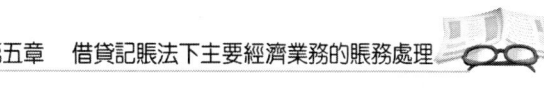

在計劃成本法下,若企業購入的材料的實際成本大於材料的計劃成本,則為超支差異;若材料的計劃成本大於材料的實際成本,則為節約差異。

第五節　生產業務的帳務處理

企業產品的生產過程同時也是生產資料的耗費過程。企業在生產過程中發生的各項生產費用,是企業為獲得收入而預先墊支並需要得到補償的資金耗費。這些費用最終都要被歸集、分配給特定的產品,形成產品的成本。

產品成本的核算是指把一定時期內企業生產過程中所發生的費用,按其性質和發生地點,分類歸集、匯總、核算,計算出該時期內生產費用發生總額,並按適當的方法分別計算出各種產品的實際成本和單位成本等。

一、生產費用的構成

生產費用是指與企業日常生產經營活動有關的費用,按其經濟用途可分為直接材料、直接人工和製造費用。

1. 直接材料

直接材料是指構成產品實體的原材料以及有助於產品形成的主要材料和輔助材料。

2. 直接人工

直接人工是指直接從事產品生產的工人的職工薪酬。

3. 製造費用

製造費用是指企業為生產產品和提供勞務而發生的各項間接費用。

知識鏈接

1. 產品生產成本的內容

計入產品生產成本的費用是指一定時期內企業為生產產品而發生的、構成產品成本的各項費用。包括:

(1)直接材料。是指直接用於產品生產的材料、燃料等。

(2)直接人工。是指直接參加產品生產的工人薪酬。

(3)製造費用。是指企業的生產車間為組織和管理生產而發生的各項間接費

用。包括生產車間管理人員的薪酬、固定資產折舊費、修理費、辦公費、水電費、差旅費、機物料消耗等。

2.產品生產成本的計算

(1)直接材料、直接人工費用是直接為生產某種產品發生的生產費用,發生時直接計入該種產品的生產成本。

(2)對於製造費用,發生時先按車間進行歸集,期末按一定標準(如生產工人工資、產品生產工時等)分配轉出,計入各種產品的生產成本。

二、帳戶設置

企業通常設置以下帳戶對生產費用業務進行會計核算:

1.「生產成本」帳戶

該帳戶屬於成本類帳戶,用以核算企業生產各種產品(產成品、自制半成品等)、自制材料、自制工具、自制設備等發生的各項生產成本。借方登記應計入產品生產成本的各項費用,包括直接計入產品生產成本的直接材料費、直接人工費和其他直接支出,以及期末按照一定的方法分配計入產品生產成本的製造費用;貸方登記完工入庫產成品應結轉的生產成本。期末餘額在借方,反應企業期末尚未加工完成的在產品成本。該帳戶可按基本生產成本和輔助生產成本進行明細分類核算。基本生產成本應當分別按照基本生產車間和成本核算對象(如產品的品種、類別、訂單、批別、生產階段等)設置明細帳(或成本計算單),並按照規定的成本項目設置專欄。

借方	生產成本	貸方
生產產品直接耗用的材料費、人工費和其他直接支出;月末分配轉入產品生產成本的製造費用		月末轉出的完工入庫產品的生產成本
期末餘額:期末尚未加工完成的在產品成本		

2.「製造費用」帳戶

該帳戶屬於成本類帳戶,用以核算企業生產車間(部門)為生產產品和提供勞務而發生的各項間接費用。借方登記實際發生的各項製造費用,貸方登記期末按照一定標準分配轉入「生產成本」帳戶借方的應計入產品成本的製造費用。期末結轉後,該帳戶一般無餘額。該帳戶可按不同的生產車間、部門和費用項目進行明細核算。

借方	製造費用	貸方
實際發生的各項間接費用	月末分配轉入「生產成本」帳戶的應計入產品成本的間接費用	
結轉後無餘額		

3.「庫存商品」帳戶

該帳戶屬於資產類帳戶,用以核算企業庫存的各種商品,包括庫存產成品、外購商品、存放在門市部準備出售的商品、發出展覽的商品以及寄存在外的商品等的實際成本(或進價)或計劃成本(或售價)。借方登記驗收入庫的庫存商品成本,貸方登記發出的庫存商品成本。期末餘額在借方,反應企業期末庫存商品的實際成本(或進價)或計劃成本(或售價)。該帳戶可按庫存商品的種類、品種和規格等進行明細核算。

借方	庫存商品	貸方
驗收入庫的庫存商品成本	發生的庫存商品成本	
期末餘額:期末庫存商品的實際成本或計劃成本		

4.「應付職工薪酬」帳戶

該帳戶屬於負債類帳戶,用以核算企業根據有關規定應付給職工的各種薪酬。借方登記本月實際支付的職工薪酬數額;貸方登記本月計算的應付職工薪酬總額,包括各種工資、獎金、津貼和福利費等。期末餘額在貸方,反應企業應付未付的職工薪酬。該帳戶可按「工資」「職工福利」「社會保險費」「住房公積金」「工會經費」「職工教育經費」「非貨幣性福利」「辭退福利」「股份支付」等進行明細核算。

借方	應付職工薪酬	貸方
實際支付的職工薪酬	企業應付給職工的各種薪酬	
	期末餘額:應付未付的職工薪酬	

三、帳務處理

(一)材料費用的歸集與分配

在確定材料費用時,應根據領料憑證區分車間、部門和不同用途後,按照確定

的結果借記「生產成本」「製造費用」「管理費用」等科目,貸記「原材料」等科目。

對於直接用於某種產品生產的材料費用,應直接計入該產品生產成本明細帳中的直接材料費用項目;對於由多種產品共同耗用、應由這些產品共同負擔的材料費用,應選擇適當的標準在這些產品之間進行分配,按分擔的金額計入相應的成本計算對象(生產產品的品種、類別等);對於為提供生產條件等間接消耗的各種材料費用,應先通過「製造費用」科目進行歸集,期末再同其他間接費用一起按照一定的標準分配計入有關產品成本;對於行政管理部門領用的材料費用,應記入「管理費用」科目。

原材料採用計劃成本核算的,發出材料時,根據領用部門和具體用途,按發出材料的計劃成本,借記「生產成本」「製造費用」「管理費用」等科目,貸記「原材料」等科目。月份終了,將材料成本差異總額在發出材料和期末庫存材料之間進行分攤。根據發出材料應承擔的材料成本差異額,按照材料用途,分別調整「生產成本」「製造費用」「管理費用」等科目。如分攤前「材料成本差異」科目借方有餘額(超支差異),則分攤時應借記「生產成本」「製造費用」「管理費用」等科目,貸記「材料成本差異」科目;如分攤前「材料成本差異」科目貸方有餘額(節約差異),則做相反分錄。

發出材料應負擔的成本差異應當按期(月)分攤,不得在季末或年末一次計算,並且分攤時要按當月的成本差異率計算。計算公式如下:

$$本月材料成本差異率 = \frac{月初結存材料的成本差異 + 本月入庫材料的成本差異}{月初結存材料的計劃成本 + 本月入庫材料的計劃成本} \times 100\%$$

各領用對象發出材料應負擔的成本差異 = 該領用對象發出材料的計劃成本 × 材料成本差異率

[例5-22] 6月30日,新聯公司各部門從倉庫領用原材料,根據「領料單」匯總編製「發出材料匯總表」,見表5-2。

表5-2　　　　　　　　　　發出材料匯總表

單位:元

領用部門及用途	材料種類及金額	A材料 金額	B材料 金額	C材料 金額	合計
生產車間	生產甲產品	14 040	37 440	23 180	74 660
	生產乙產品	7 020	37 140	70 200	114 360
	車間一般性耗用	14 040			14 040
行政管理部門			18 720		18 720
合計		35 100	93 300	93 380	221 780

【解析】根據各部門領用材料的具體用途,分別計入相關的成本費用中。編製會計分錄如下:

借:生產成本——甲產品　　　　　　　　　　　　　　　74 660
　　　　　　——乙產品　　　　　　　　　　　　　　　114 360
　　製造費用　　　　　　　　　　　　　　　　　　　　14 040
　　管理費用　　　　　　　　　　　　　　　　　　　　18 720
　貸:原材料——A 材料　　　　　　　　　　　　　　　 35 100
　　　　　　——B 材料　　　　　　　　　　　　　　　 93 300
　　　　　　——C 材料　　　　　　　　　　　　　　　 93 380

[例 5-23]　某企業生產車間生產 A 產品領用甲材料一批,其計劃成本為 50 000元,本月材料成本差異率為2%,編製領料及結轉差異額的會計分錄,並計算發出材料的實際成本。

【解析】本月材料成本差異率為正差異,也即超支差異,結轉差異額時應從「材料成本差異」帳戶的貸方轉出。編製會計分錄如下:

(1)領料時

借:生產成本——A 產品　　　　　　　　　　　　　　　50 000
　貸:原材料——甲材料　　　　　　　　　　　　　　　 50 000

(2)計算發出材料應負擔的差異額:50 000×2%=1 000(元)

借:生產成本——A 產品　　　　　　　　　　　　　　　 1 000
　貸:材料成本差異　　　　　　　　　　　　　　　　　 1 000

則發出甲材料的實際成本=50 000+1 000=51 000(元)

(二)職工薪酬的歸集與分配

職工薪酬是指企業為獲得職工提供的服務或解除與職工的勞動關係而給予的各種形式的報酬或補償,具體包括短期薪酬、離職後福利、辭退福利和其他長期職工福利。企業提供給職工配偶、子女、受贍養人,已故員工遺屬及其他受益人等的福利,也屬於職工薪酬。

知識鏈接

《企業會計準則第9號——職工薪酬》(2014年)第二條規定,職工薪酬包括短期薪酬、離職後福利、辭退福利和其他長期職工福利。企業提供給職工配偶、子女、受贍養人,已故員工遺屬及其他受益人等的福利,也屬於職工薪酬。其中,短期薪酬是指企業在職工提供相關服務的年度報告期間結束後十二個月內需要全部予以

支付的職工薪酬,因解除與職工的勞動關係給予的補償除外。短期薪酬具體包括職工工資、獎金、津貼和補貼,職工福利費,醫療保險費、工傷保險費和生育保險費等社會保險費,住房公積金,工會經費和職工教育經費,短期帶薪缺勤,短期利潤分享計劃,非貨幣性福利以及其他短期薪酬。

對於短期職工薪酬,企業應當在職工為其提供服務的會計期間,按實際發生額確認為負債,並計入當期損益或相關資產成本。企業應當根據職工提供服務的受益對象,分別按下列情況處理:

(1)應由生產產品、提供勞務負擔的短期職工薪酬,計入產品成本或勞務成本。其中,生產工人的短期職工薪酬屬於產品成本,應借記「生產成本」科目,貸記「應付職工薪酬」科目;生產車間管理人員的短期職工薪酬屬於間接費用,應借記「製造費用」科目,貸記「應付職工薪酬」科目。

當企業採用計件工資制時,生產工人的短期職工薪酬屬於直接費用,應直接計入有關產品的成本。當企業採用計時工資制時,只生產一種產品的生產工人的短期職工薪酬也屬於直接費用,應直接計入產品成本;對於同時生產多種產品的生產工人的短期職工薪酬,則需採用一定的分配標準(實際生產工時或定額生產工時等)分配計入產品成本。

(2)應由在建工程、無形資產負擔的短期職工薪酬,計入建造固定資產或無形資產成本。

(3)除上述兩種情況之外的其他短期職工薪酬,應計入當期損益。如企業行政管理部門人員和專設銷售機構銷售人員的短期職工薪酬均屬於期間費用,應分別借記「管理費用」「銷售費用」等科目,貸記「應付職工薪酬」科目。

[例5-24] 6月30日,新聯公司分配本月的工資費用108 000元,其中:甲產品工人工資35 000元,乙產品工人工資42 000元,車間管理人員工資21 000元,行政管理人員工資10 000元。

【解析】對於短期職工薪酬,企業應當在職工為其提供服務的會計期間,按實際發生額確認為負債,同時根據職工提供服務的受益對象,計入當期損益或相關資產成本。編製會計分錄如下:

借:生產成本——甲產品   35 000
            ——乙產品   42 000
    製造費用   21 000
    管理費用   10 000
    貸:應付職工薪酬——工資   108 000

[例5-25] 6月30日,新聯公司按工資總額的10%和4%分別提取職工醫療保險費和住房公積金。

【解析】對於短期職工薪酬,企業應當在職工為其提供服務的會計期間,按實際發生額確認為負債,同時根據職工提供服務的受益對象,計入當期損益或相關資產成本。編製會計分錄如下:

借:生產成本——甲產品　　　　　　　　　　　　　　　　　　　　4 900
　　　　　　——乙產品　　　　　　　　　　　　　　　　　　　　5 880
　　製造費用　　　　　　　　　　　　　　　　　　　　　　　　　　2 940
　　管理費用　　　　　　　　　　　　　　　　　　　　　　　　　　1 400
　貸:應付職工薪酬——社會保險費　　　　　　　　　　　　　　　　10 800
　　　　　　　　——住房公積金　　　　　　　　　　　　　　　　　4 320

小提示

貨幣性職工薪酬,包括企業以貨幣形式支付給職工或為職工支付的工資、獎金、津貼和補貼、社會保險、住房公積金、工會經費以及職工教育經費等。對於貨幣性職工薪酬的計量,國家(或企業年金計劃)統一規定了計提基礎和計提比例的,應當按照國家規定的標準計提;國家(或企業年金計劃)沒有明確規定計提基礎和計提比例的,企業應當根據歷史經驗數據和自身實際情況,按照實際發生額計算確定應付職工薪酬金額。

(三)製造費用的歸集與分配

企業發生的製造費用,應當按照合理的分配標準按月分配計入各成本核算對象的生產成本。企業可以採取的分配標準包括機器工時、人工工時、計劃分配率等。製造費用的分配公式如下:

$$製造費用分配率 = \frac{製造費用總額}{分配標準之和(生產工時或生產工人工資總額)}$$

某種產品應分配的製造費用 = 該種產品的生產工時(或生產工人工資)×製造費用分配率

企業發生製造費用時,借記「製造費用」科目,貸記「累計折舊」「銀行存款」「應付職工薪酬」等科目;結轉或分攤時,借記「生產成本」等科目,貸記「製造費用」科目。

[例5-26] 6月30日,新聯公司計提本月固定資產折舊費,其中生產車間固定資產折舊費為6 420元,管理部門固定資產折舊費為3 180元。

【解析】固定資產折舊按受益對象（使用部門）計提，分別計入相關的成本費用中。編製會計分錄如下：

借：製造費用　　　　　　　　　　　　　　　　　　　　　　　　　6 420
　　管理費用　　　　　　　　　　　　　　　　　　　　　　　　　3 180
　　貸：累計折舊　　　　　　　　　　　　　　　　　　　　　　　9 600

[例 5-27]　6月30日，新聯公司將本月發生的製造費用44 400元，按照甲、乙產品生產工時的比例進行分配，甲、乙產品的生產工時分別為12 000小時和8 000小時。

【解析】車間發生的製造費用不能直接計入產品生產成本時，應先通過「製造費用」帳戶進行歸集，期末再按合理的標準分配計入不同的產品生產成本中。根據本題資料，編製「製造費用分配表」如表5-3所示。

表 5-3　　　　　　　　　　製造費用分配表

單位：元

產品品種	工時	分配率	分配金額
甲產品	12 000	2.22	26 640
乙產品	8 000	2.22	17 760
合　計	20 000	——	44 400

編製會計分錄如下：

借：生產成本——甲產品　　　　　　　　　　　　　　　　　　　26 640
　　　　　　——乙產品　　　　　　　　　　　　　　　　　　　17 760
　　貸：製造費用　　　　　　　　　　　　　　　　　　　　　　44 400

(四)完工產品生產成本的計算與結轉

產品生產成本計算是指將企業生產過程中為製造產品所發生的各種費用按照成本計算對象進行歸集和分配，以便計算各種產品的總成本和單位成本。有關產品成本信息是進行庫存商品計價和確定銷售成本的依據，產品生產成本計算是會計核算的一項重要內容。

企業應設置產品生產成本明細帳，用來歸集應計入各種產品的生產費用。通過對材料費用、職工薪酬和製造費用的歸集和分配，企業各月生產產品所發生的生產費用便記入「生產成本」科目中。

如果月末某種產品全部完工，則該種產品生產成本明細帳所歸集的費用總額，

就是該種完工產品的總成本,用完工產品總成本除以該種產品的完工總產量即可計算出該種產品的單位成本。如果月末某種產品全部未完工,該種產品生產成本明細帳所歸集的費用總額就是該種產品在產品的總成本。如果月末某種產品一部分完工,一部分未完工,這時歸集在產品成本明細帳中的費用總額需要採取適當的分配方法在完工產品和在產品之間分配,然後才能計算出完工產品的總成本和單位成本。完工產品成本的基本計算公式為:

完工產品生產成本＝期初在產品成本＋本期發生的生產費用－期末在產品成本

當產品生產完成並驗收入庫時,借記「庫存商品」科目,貸記「生產成本」科目。

[例5-28] 6月30日,新聯公司生產的甲產品400件、乙產品600件全部完工,並驗收入庫(假設甲、乙產品期初均無在產品)。

【解析】甲、乙產品期初均無在產品,本月投產且本月全部完工,本月甲、乙產品發生的生產費用就是甲、乙產品的完工生產成本。根據本月發生的各項生產費用,編製產品成本計算表如表5-4所示。

表5-4　　　　　　　　　　完工產品成本計算表

單位:元

項 目	甲產品(400件)		乙產品(600件)	
	總成本	單位成本	總成本	單位成本
直接材料	74 660	186.65	114 360	190.60
直接人工	39 900	99.75	47 880	79.80
製造費用	26 640	66.60	17 760	29.60
產品生產成本	141 200	353.00	180 000	300.00

編製會計分錄如下:

借:庫存商品——甲產品　　　　　　　　　　　　　　　　141 200
　　　　　　——乙產品　　　　　　　　　　　　　　　　180 000
　貸:生產成本——甲產品　　　　　　　　　　　　　　　　141 200
　　　　　　——乙產品　　　　　　　　　　　　　　　　180 000

以上新聯公司產品生產業務的核算結果如圖5-4所示。

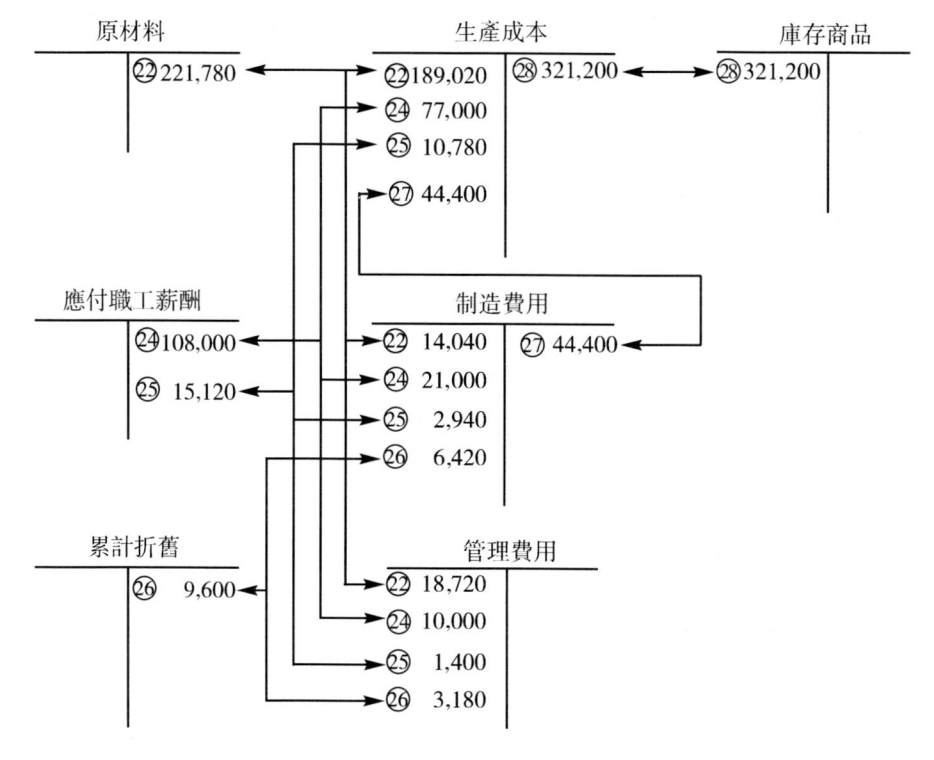

```
    原材料                  生產成本                     庫存商品
 ㉒ 221,780  ──→  ㉒ 189,020   ㉘ 321,200  ←──→  ㉘ 321,200
              ──→  ㉔  77,000
              ──→  ㉕  10,780
              ──→  ㉗  44,400

    應付職工薪酬              制造費用
 ㉔ 108,000  ←──  ㉒  14,040   ㉗ 44,400  ←──
 ㉕  15,120  ←──  ㉔  21,000
                  ㉕   2,940
                  ㉖   6,420

    累計折舊                  管理費用
 ㉖   9,600  ←──  ㉒  18,720
                  ㉔  10,000
                  ㉕   1,400
                  ㉖   3,180
```

圖 5-4　產品生產業務核算流程

第六節　銷售業務的帳務處理

企業只有將生產的產品銷售出去，收回貨款，將商品資金轉換為貨幣資金，才能維持再生產過程，實現盈利目標。因此，銷售業務核算的主要內容是確認售出產品所實現的銷售收入，與購貨單位辦理價款結算，支付各項銷售費用，結轉產品的銷售成本，計算應向國家繳納的銷售稅金及附加費，確定其銷售的業務成果。另外，企業還會發生一些其他銷售業務，如銷售材料、出租包裝物等，這些銷售業務取得的收入和發生的支出，也是企業經營性業務的內容，是企業營業利潤的構成部分。

一、商品銷售收入的確認與計量

企業銷售商品收入的確認，必須同時符合以下條件：①企業已將商品所有權上的主要風險和報酬轉移給購貨方；②企業既沒有保留通常與商品所有權相聯繫的繼續管理權，也沒有對已售出的商品實施控製；③收入的金額能夠可靠地計量；④相關的經濟利益很可能流入企業；⑤相關的已發生或將發生的成本能夠可靠地計量。

二、帳戶設置

企業通常設置以下帳戶對銷售業務進行會計核算:

1.「主營業務收入」帳戶

該帳戶屬於損益類帳戶,用以核算企業確認的銷售商品、提供勞務等主營業務的收入。貸方登記企業實現的主營業務收入,即主營業務收入的增加額;借方登記期末轉入「本年利潤」帳戶的主營業務收入(按淨額結轉),以及發生銷售退回和銷售折讓時應衝減的本期主營業務收入。期末結轉後,該帳戶無餘額。該帳戶應按照主營業務的種類設置明細帳戶,進行明細分類核算。

借方	主營業務收入	貸方
期末轉入「本年利潤」帳戶的主營業務收入(按淨額結轉),以及發生銷售退回和銷售折讓時應衝減的本期主營業務收入	確認實現的主營業務收入	
	期末結轉後無餘額	

2.「其他業務收入」帳戶

該帳戶屬於損益類帳戶,用以核算企業確認的除主營業務活動以外的其他經營活動實現的收入,包括出租固定資產、出租無形資產、出租包裝物、銷售材料等取得的收入。貸方登記企業實現的其他業務收入,即其他業務收入的增加額;借方登記期末轉入「本年利潤」帳戶的其他業務收入。期末結轉後,該帳戶無餘額。該帳戶可按其他業務的種類設置明細帳戶,進行明細分類核算。

借方	其他業務收入	貸方
期末轉入「本年利潤」帳戶的其他業務收入	確認實現的其他業務收入	
	期末結轉後無餘額	

3.「應收帳款」帳戶

該帳戶屬於資產類帳戶,用以核算企業因銷售商品、提供勞務等應收取的款項。借方登記由於銷售商品以及提供勞務等發生的應收帳款,包括應收取的價款、稅款和代墊款等;貸方登記已經收回的應收帳款。期末餘額通常在借方,反應企業尚未收回的應收帳款;期末餘額如果在貸方,反應企業預收的帳款。該帳戶應按不同的債務人進行明細分類核算。

借方	應收帳款	貸方
應收帳款的發生額(增加額)		收回的應收帳款和改用商業匯票結算及轉銷為壞帳的應收帳款
期末餘額:尚未收回的應收帳款		

4.「應收票據」帳戶

該帳戶屬於資產類帳戶,用以核算企業因銷售商品、提供勞務等而收到的商業匯票。借方登記企業收到的應收票據,貸方登記票據到期收回的應收票據;期末餘額在借方,反應企業持有的商業匯票的票面金額。該帳戶可按開出、承兌商業匯票的單位進行明細核算。

借方	應收票據	貸方
收到的商業匯票金額		匯票到期收回的商業匯票金額
期末餘額:期末尚未收回的商業匯票票面金額		

5.「預收帳款」帳戶

該帳戶屬於負債類帳戶,用以核算企業按照合同規定預收的款項。預收帳款情況不多的,也可以不設置本帳戶,將預收的款項直接記入「應收帳款」帳戶。貸方登記企業向購貨單位預收的款項等,借方登記銷售實現時按實現的收入轉銷的預收款項等。期末餘額在貸方,反應企業預收的款項;期末餘額在借方,反應企業已轉銷但尚未收取的款項。該帳戶可按購貨單位進行明細核算。

借方	預收帳款	貸方
收入實現時轉銷的預收款項		向購貨單位預收的款項
期末餘額:已轉銷但尚未收取的款項		期末餘額:企業預收的款項

6.「主營業務成本」帳戶

該帳戶屬於損益類帳戶,用以核算企業確認銷售商品、提供勞務等主營業務收入時應結轉的成本。借方登記主營業務發生的實際成本,貸方登記期末轉入「本年利潤」帳戶的主營業務成本。期末結轉後,該帳戶無餘額。該帳戶可按主營業務的種類設置明細帳戶,進行明細分類核算。

借方	主營業務成本	貸方
主營業務發生的實際成本	期末轉入「本年利潤」帳戶的主營業務成本	
期末結轉後無餘額		

7.「其他業務成本」帳戶

該帳戶屬於損益類帳戶，用以核算企業確認的除主營業務活動以外的其他經營活動所發生的支出，包括銷售材料的成本、出租固定資產的折舊額、出租無形資產的攤銷額、出租包裝物的成本或攤銷額等。借方登記其他業務的支出額，貸方登記期末轉入「本年利潤」帳戶的其他業務支出額。期末結轉後，該帳戶無餘額。該帳戶可按其他業務的種類設置明細帳戶，進行明細分類核算。

借方	其他業務成本	貸方
發生的其他業務成本	期末轉入「本年利潤」帳戶的其他業務成本	
期末結轉後無餘額		

8.「營業稅金及附加」帳戶

該帳戶屬於損益類帳戶，用以核算企業經營活動發生的消費稅、城市維護建設稅、資源稅和教育費附加等相關稅費。借方登記企業按規定計算確定的與經營活動相關的稅費，貸方登記期末轉入「本年利潤」帳戶的與經營活動相關的稅費。期末結轉後，該帳戶無餘額。

借方	營業稅金及附加	貸方
本期應負擔的營業稅金及附加	期末轉入「本年利潤」帳戶的營業稅金及附加	
期末結轉後無餘額		

需要注意的是，房產稅、車船使用稅、土地使用稅、印花稅通過「管理費用」帳戶核算，但與投資性房地產相關的房產稅、土地使用稅通過該帳戶核算。

三、帳務處理

(一)主營業務收入的帳務處理

對於企業銷售商品或提供勞務實現的收入，應按實際收到、應收或者預收的金額，借記「銀行存款」「應收帳款」「應收票據」「預收帳款」等科目，按確認的營業收

入,貸記「主營業務收入」科目。

對於增值稅銷項稅額,一般納稅人應貸記「應交稅費——應交增值稅(銷項稅額)」科目;小規模納稅人應貸記「應交稅費——應交增值稅」科目。

[例5-29] 6月15日,新聯公司銷售甲產品150件,每件售價700元,計105 000元,增值稅銷項稅額為17 850元;銷售乙產品200件,每件售價650元,計130 000元,增值稅銷項稅額為22 100元。價稅款收到,存入銀行。

【解析】對於企業銷售商品實現的收入,按實際收到的金額,借記「銀行存款」科目,按確認的營業收入,貸記「主營業務收入」科目。對於收取的增值稅銷項稅額,貸記「應交稅費——應交增值稅(銷項稅額)」科目。編製會計分錄如下:

借:銀行存款   274 950
　　貸:主營業務收入——甲產品   105 000
　　　　　　　　　　——乙產品   130 000
　　　　應交稅費——應交增值稅(銷項稅額)   39 950

[例5-30] 6月20日,新聯公司向迅達公司銷售甲產品100件,每件售價700元,計70 000元,增值稅銷項稅額為11 900元,產品已經發出,貨款尚未收到。

【解析】對於企業銷售商品實現的收入,一方面確認為營業收入,另一方面,貨款尚未收到,計入「應收帳款」科目。編製會計分錄如下:

借:應收帳款——迅達公司   81 900
　　貸:主營業務收入——甲產品   70 000
　　　　應交稅費——應交增值稅(銷項稅額)   11 900

[例5-31] 6月22日,新聯公司收到興泰公司預付購買乙產品的貨款100 000元,已存入銀行。6月26日,向興泰公司發出乙產品200件,每件售價650元,計130 000元,增值稅銷項稅額為22 100元,同時興泰公司補付剩餘款項。

【解析】該項經濟業務中採用預收帳款形式銷售產品,應通過「預收帳款」科目核算。編製會計分錄如下:

(1)收到預收款時

借:銀行存款   100 000
　　貸:預收帳款——興泰公司   100 000

(2)發出商品確認收入時

借:預收帳款——興泰公司   152 100
　　貸:主營業務收入——乙產品   130 000
　　　　應交稅費——應交增值稅(銷項稅額)   22 100

(3)補收剩餘款項時

借:銀行存款　　　　　　　　　　　　　　　　　　　　　　52 100

　　貸:預收帳款——興泰公司　　　　　　　　　　　　　　　　52 100

(二)主營業務成本的帳務處理

期(月)末,企業應根據本期(月)銷售各種商品、提供各種勞務等的實際成本,計算應結轉的主營業務成本,借記「主營業務成本」科目,貸記「庫存商品」「勞務成本」等科目。採用計劃成本或售價核算庫存商品的,平時的營業成本按計劃成本或售價結轉,月末,還應結轉本月銷售商品應分攤的產品成本差異或商品進銷差價。

[例5-32]　6月30日,新聯公司結轉本月銷售甲、乙產品的銷售成本。

【解析】企業銷售產品,在確認銷售收入實現的同時,應及時計算和結轉產品的銷售成本。結合[例5-28]、[例5-29]、[例5-30]、[例5-31]分別計算甲、乙產品的銷售成本。

甲產品銷售成本=(150+100)×353=88 250(元)

乙產品銷售成本=(200+200)×300=120 000(元)

編製會計分錄如下:

借:主營業務成本——甲產品　　　　　　　　　　　　　　88 250

　　　　　　　　——乙產品　　　　　　　　　　　　　　120 000

　　貸:庫存商品——甲產品　　　　　　　　　　　　　　　88 250

　　　　　　　——乙產品　　　　　　　　　　　　　　　120 000

小 提 示

產品銷售成本是指已經銷售產品的生產成本。產品銷售後,在確認銷售收入實現的同時,還要按照一定的方法計算確認所售產品的實際成本,也即產品銷售成本。產品銷售成本的計算公式如下:

產品銷售成本=產品銷售數量×產品單位生產成本

(三)其他業務收入與成本的帳務處理

主營業務和其他業務的劃分並不是絕對的,一個企業的主營業務可能是另一個企業的其他業務,即便在同一個企業,不同期間的主營業務和其他業務的內容也不是固定不變的。

當企業發生其他業務收入時,借記「銀行存款」「應收帳款」「應收票據」等科目,按確定的收入金額,貸記「其他業務收入」科目,同時確認有關稅金。在結轉其他業務收入的同一會計期間,企業應根據本期應結轉的其他業務成本金額,借記「其他業務成本」科目,貸記「原材料」「累計折舊」「應付職工薪酬」等科目。

[例5-33] 6月15日,新聯公司銷售多餘材料,價款共35 000元,增值稅銷項稅額為5 950元,款項收到,存入銀行。

【解析】企業銷售多餘材料屬於其他業務,應通過「其他業務收入」科目核算。編製會計分錄如下:

借:銀行存款　　　　　　　　　　　　　　　　　　　　　　　40 950
　　貸:其他業務收入　　　　　　　　　　　　　　　　　　　　35 000
　　　　應交稅費——應交增值稅(銷項稅額)　　　　　　　　　 5 950

[例5-34] 6月30日,結轉已銷材料的實際成本28 000元。

【解析】結轉已銷材料的成本,應通過「其他業務成本」科目核算。編製會計分錄如下:

借:其他業務成本　　　　　　　　　　　　　　　　　　　　　28 000
　　貸:原材料　　　　　　　　　　　　　　　　　　　　　　　28 000

(四)營業稅金及附加的帳務處理

營業稅金及附加是指企業銷售商品、提供勞務時,按稅法規定計算繳納的除增值稅以外的各種稅費,包括消費稅、城市維護建設稅、資源稅和教育費附加等相關稅費。

企業按規定計算確定的與經營活動相關的稅費時,借記「營業稅金及附加」科目,貸記「應交稅費」等科目。

[例5-35] 6月30日,按稅法規定計算本期應繳納的城市維護建設稅為833元,教育費附加為357元。

【解析】企業按規定計算確定的與經營活動相關的稅費,應通過「營業稅金及附加」科目核算。編製會計分錄如下:

借:營業稅金及附加　　　　　　　　　　　　　　　　　　　　 1 190
　　貸:應交稅費——應交城市維護建設稅　　　　　　　　　　　　833
　　　　　　　　——應交教育費附加　　　　　　　　　　　　　　357

以上新聯公司銷售業務的核算結果如圖5-5所示。

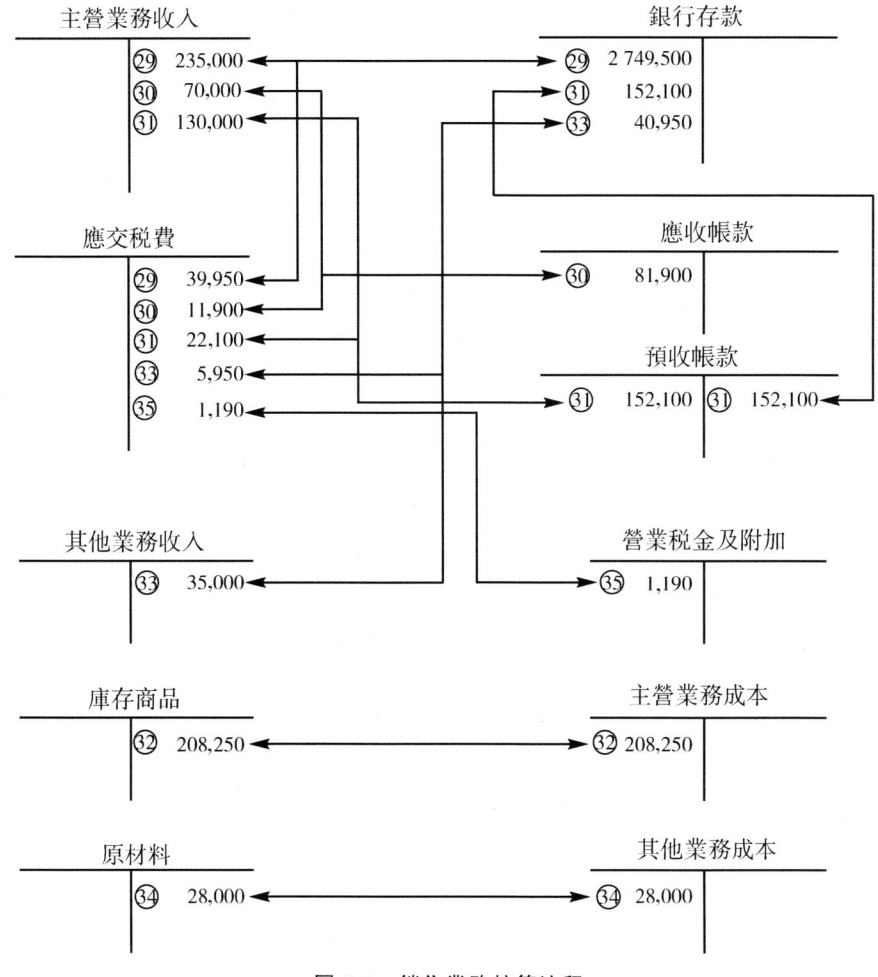

第五章　借貸記賬法下主要經濟業務的賬務處理

```
主營業務收入                          銀行存款
  ㉙  235,000  ←─────────→  ㉙  2 749,500
  ㉚   70,000  ←─────     ─→  ㉛    152,100
  ㉛  130,000  ←───   ┌─→  ㉝     40,950

應交稅費                              應收帳款
  ㉙   39,950  ←──────→  ㉚    81,900
  ㉚   11,900  ←──
  ㉛   22,100  ←──                   預收帳款
  ㉝    5,950  ←──         →  ㉛  152,100  ㉛  152,100  ←
  ㉟    1,190  ←──

其他業務收入                          營業稅金及附加
  ㉝   35,000  ←──────→  ㉟    1,190

庫存商品                              主營業務成本
  ㉜  208,250  ←──────→  ㉜  208,250

原材料                                其他業務成本
  ㉞   28,000  ←──────→  ㉞   28,000
```

圖 5-5　銷售業務核算流程

知識鏈接

消費稅的稅目與計稅方法

根據《消費稅暫行條例》規定，2014 年 12 月調整後，中國消費稅稅目共有 15 個，即菸、酒、化妝品、貴重首飾及珠寶玉石、鞭炮焰火、成品油、摩托車、小汽車、高爾夫球及球具、高檔手錶、遊艇、木制一次性筷子、實木地板、電池、塗料。

表 5-5 　　　　　　　　　　消費稅的計稅方法

計稅方法	計算公式	適用範圍
從量定額計稅	應交消費稅額＝應稅消費品數量×單位稅額(或定額稅率)	從量定額計稅適用於黃酒、啤酒、成品油等應稅消費品消費稅的計算。
從價定率計稅	應交消費稅額＝應稅消費品的銷售額×適用稅率(比例稅率)	實行從價定率計稅的消費品，其消費稅稅基和增值稅稅基是一致的，都是以含消費稅而不含增值稅的銷售額作為計稅基數。
複合計稅	應交消費稅額＝應稅消費品數量×單位稅額(或定額稅率)＋應稅消費品的銷售額×適用稅率(比例稅率)	複合計稅適用於卷菸、白酒應交消費稅的計算，對於這類應稅消費品實行從量定額和從價定率相結合的計稅辦法。

第七節　期間費用的帳務處理

期間費用是指企業日常活動中不能直接歸屬於某個特定成本核算對象的,在發生時應直接計入當期損益的各種費用。

一、期間費用的構成

期間費用包括管理費用、銷售費用和財務費用。

管理費用是指企業為組織和管理企業生產經營活動所發生的各種費用。

銷售費用是指企業在銷售商品和材料、提供勞務的過程中發生的各種費用。

財務費用是指企業為籌集生產經營所需資金等而發生的籌資費用。

二、帳戶設置

企業通常設置以下帳戶對期間費用業務進行會計核算：

1.「管理費用」帳戶

該帳戶屬於損益類帳戶,用以核算企業為組織和管理企業生產經營所發生的管理費用。借方登記發生的各項管理費用,貸方登記期末轉入「本年利潤」帳戶的管理費用。期末結轉後,該帳戶無餘額。該帳戶可按費用項目設置明細帳戶,進行明細分類核算。

借方	管理費用	貸方
本期發生的各項管理費用		期末轉入「本年利潤」帳戶的管理費用
期末結轉後無餘額		

2.「銷售費用」帳戶

該帳戶屬於損益類帳戶,用以核算企業發生的各項銷售費用。借方登記發生的各項銷售費用,貸方登記期末轉入「本年利潤」帳戶的銷售費用。期末結轉後,該帳戶無餘額。該帳戶可按費用項目設置明細帳戶,進行明細分類核算。

借方	銷售費用	貸方
本期發生的各項銷售費用		期末轉入「本年利潤」帳戶的銷售費用
期末結轉後無餘額		

3.「財務費用」帳戶

該帳戶屬於損益類帳戶,用以核算企業為籌集生產經營所需資金等而發生的籌資費用,包括利息支出(減利息收入)、匯兌損益以及相關的手續費、企業發生的現金折扣或收到的現金折扣等。為購建或生產滿足資本化條件的資產發生的應予資本化的借款費用,通過「在建工程」「製造費用」等帳戶核算。借方登記手續費、利息費用等的增加額,貸方登記應沖減財務費用的利息收入等。期末結轉後,該帳戶無餘額。該帳戶可按費用項目進行明細核算。(帳戶結構見本章第二節)

三、帳務處理

(一)管理費用的帳務處理

企業在籌建期間內發生的開辦費,包括人員工資、辦公費、培訓費、差旅費、印刷費、註冊登記費以及不計入固定資產成本的借款費用等在實際發生時,借記「管理費用」科目,貸記「應付利息」「銀行存款」等科目。

對於行政管理部門人員的職工薪酬,借記「管理費用」科目,貸記「應付職工薪酬」科目。

對於行政管理部門計提的固定資產折舊,借記「管理費用」科目,貸記「累計折舊」科目。

對於行政管理部門發生的辦公費、水電費、業務招待費、聘請仲介機構費、諮詢費、訴訟費、技術轉讓費、企業研究費用,借記「管理費用」科目,貸記「銀行存款」「研發支出」等科目。

[例5-36] 6月30日,新聯公司以銀行存款支付本月應負擔的業務招待費3 000元。

【解析】業務招待費應計入「管理費用」科目。編製會計分錄如下：

借：管理費用　　　　　　　　　　　　　　　　　　　　　　　　　　3 000
　　貸：銀行存款　　　　　　　　　　　　　　　　　　　　　　　　　　　3 000

(二)銷售費用的帳務處理

對於企業在銷售商品過程中發生的包裝費、保險費、展覽費和廣告費、運輸費、裝卸費等費用，借記「銷售費用」科目，貸記「庫存現金」「銀行存款」等科目。

對於企業發生的為銷售本企業商品而專設的銷售機構的職工薪酬、業務費等費用，借記「銷售費用」科目，貸記「應付職工薪酬」「銀行存款」「累計折舊」等科目。

［例5-37］　6月30日，新聯公司以銀行存款支付本月的產品廣告費5 000元。

【解析】產品廣告費應計入「銷售費用」科目。編製會計分錄如下：

借：銷售費用　　　　　　　　　　　　　　　　　　　　　　　　　　5 000
　　貸：銀行存款　　　　　　　　　　　　　　　　　　　　　　　　　　　5 000

［例5-38］　新聯公司銷售部6月份共發生費用50 000元。其中：銷售人員薪酬40 000元，銷售部專用辦公設備計提的折舊費4 000元，以銀行存款支付業務費6 000元。

【解析】企業發生的為銷售本企業商品而專設的銷售機構的職工薪酬、業務費等費用，應計入「銷售費用」科目。編製會計分錄如下：

借：銷售費用　　　　　　　　　　　　　　　　　　　　　　　　　　50 000
　　貸：應付職工薪酬　　　　　　　　　　　　　　　　　　　　　　　　40 000
　　　　累計折舊　　　　　　　　　　　　　　　　　　　　　　　　　　4 000
　　　　銀行存款　　　　　　　　　　　　　　　　　　　　　　　　　　6 000

(三)財務費用的帳務處理

對於企業發生的財務費用，借記「財務費用」科目，貸記「銀行存款」「應付利息」等科目。對於發生的應衝減財務費用的利息收入、匯兌損益、現金折扣，借記「銀行存款」「應付帳款」等科目，貸記「財務費用」科目。

［例5-39］　6月30日，支付本月應負擔的短期借款利息1 200元。

【解析】短期借款利息應計入「財務費用」科目。編製會計分錄如下：

借：財務費用　　　　　　　　　　　　　　　　　　　　　　　　　　1 200
　　貸：銀行存款　　　　　　　　　　　　　　　　　　　　　　　　　　　1 200

第八節　利潤形成與分配業務的帳務處理

企業在一定時期內生產經營活動的財務成果，表現為實現的利潤或發生的虧損。企業應該將一定期間的收入與費用進行配比，如果當期實現的收益大於相應的費用，則為實現的利潤，反之，則為虧損。

一、利潤形成的帳務處理

(一)利潤的形成

利潤是指企業在一定會計期間的經營成果，包括收入減去費用後的淨額、直接計入當期損益的利得和損失等。利潤由營業利潤、利潤總額和淨利潤三個層次構成。

1. 營業利潤

營業利潤這一指標能夠比較恰當地反應企業管理者的經營業績，其計算公式如下：

$$營業收入＝主營業務收入＋其他業務收入$$
$$營業成本＝主營業務成本＋其他業務成本$$

營業利潤＝營業收入－營業成本－營業稅金及附加－銷售費用－管理費用－財務費用－資產減值損失＋公允價值變動收益(－公允價值變動損失)＋投資收益(－投資損失)

資產減值損失是指企業計提各項資產減值準備所形成的損失。

公允價值變動收益(或損失)是指企業的交易性金融資產等資產因公允價值變動所形成的收益(或損失)。

投資淨收益是指企業對外投資所獲得的利潤、股利和利息等投資收入減去投資損失後的淨額。

2. 利潤總額

利潤總額，又稱稅前利潤，是指營業利潤加上營業外收入減去營業外支出後的金額，其計算公式如下：

$$利潤總額＝營業利潤＋營業外收入－營業外支出$$

其中，營業外收入是指企業發生的與其日常活動無直接關係的各項利得，即直接計入當期損益的利得，主要包括非流動資產處置利得、非貨幣性資產交換利得、債務重組利得、政府補助、盤盈利得、捐贈利得等。

營業外支出是指企業發生的與其日常活動無直接關係的各項損失,即直接計入當期損益的損失,包括非流動資產處置損失、非貨幣性資產交換損失、債務重組損失、公益性捐贈支出、非常損失、盤虧損失等。

3.淨利潤

淨利潤,又稱稅後利潤,是指利潤總額扣除所得稅費用後的淨額,其計算公式如下:

$$淨利潤＝利潤總額－所得稅費用$$

其中,所得稅費用是指企業按照《企業所得稅法》的規定,根據經營年度實現的應稅所得額,按照規定的稅率計算繳納的企業所得稅。計算公式為:

$$當期應交所得稅＝當期應納稅所得額×所得稅稅率$$

$$當期應納稅所得額＝當期利潤總額±調整項目$$

本教材暫不涉及利潤的調整問題,假定以企業利潤總額為基數直接計算企業應納稅所得額。

在會計核算中,並不是簡單地通過上述計算公式確定利潤的,而是通過將有關的損益類帳戶結轉到「本年利潤」帳戶進行對比來確認的。

小提示

應納稅所得額是企業所得稅的計稅依據,按照《企業所得稅法》的規定,應納稅所得額為企業每一個納稅年度的收入總額,減去不徵稅收入、免稅收入、各項扣除以及允許彌補的以前年度虧損後的餘額。應納稅所得額的正確計算直接關係到國家財政收入和企業的稅收負擔,並且同成本、費用核算之間的關係密切。

(二)帳戶設置

企業通常設置以下帳戶對利潤形成業務進行會計核算:

1.「本年利潤」帳戶

該帳戶屬於所有者權益類帳戶,用以核算企業當期實現的淨利潤(或發生的淨虧損)。企業期(月)末結轉利潤時,應將各損益類帳戶的金額轉入本帳戶,結平各損益類帳戶。貸方登記企業期(月)末轉入的主營業務收入、其他業務收入、營業外收入和投資收益等;借方登記企業期(月)末轉入的主營業務成本、營業稅金及附加、其他業務成本、管理費用、財務費用、銷售費用、營業外支出、投資損失和所得稅費用等。上述結轉完成後,餘額如在貸方,即為當期實現的淨利潤;餘額如在借方,即為當期發生的淨虧損。年度終了,應將本年收入和支出相抵後結出的本年實現的淨利潤(或發生的淨虧損),轉入「利潤分配——未分配利潤」帳戶貸方(或借方),

結轉後本帳戶無餘額。

借方	本年利潤	貸方
從損益類帳戶轉入的費用支出數		從損益類帳戶轉入的收入收益數
期末餘額:當期發生的淨虧損		期末餘額:當期實現的淨利潤

小提示　「本年利潤」帳戶核算利潤形成的過程。在具體分配利潤時,是通過「利潤分配」帳戶核算的。

2.「投資收益」帳戶

該帳戶屬於損益類帳戶,用以核算企業確認的投資收益或投資損失。貸方登記實現的投資收益和期末轉入「本年利潤」帳戶的投資淨損失;借方登記發生的投資損失和期末轉入「本年利潤」帳戶的投資淨收益。期末結轉後,該帳戶無餘額。該帳戶可按投資項目設置明細帳戶,進行明細分類核算。

借方	投資收益	貸方
發生的投資損失和期末轉入「本年利潤」帳戶的投資淨收益		實現的投資收益和期末轉入「本年利潤」帳戶的投資淨損失
		期末結轉後無餘額

3.「營業外收入」帳戶

該帳戶屬於損益類帳戶,用以核算企業發生的各項營業外收入。貸方登記實現的營業外收入,即營業外收入的增加額;借方登記會計期末轉入「本年利潤」帳戶的營業外收入額。期末結轉後,該帳戶無餘額。該帳戶可按營業外收入項目設置明細帳戶,進行明細分類核算。

借方	營業外收入	貸方
期末轉入「本年利潤」帳戶的營業外收入		實現的營業外收入
		期末結轉後無餘額

4.「營業外支出」帳戶

該帳戶屬於損益類帳戶,用以核算企業發生的各項營業外支出。借方登記發生的營業外支出,即營業外支出的增加額;貸方登記期末轉入「本年利潤」帳戶的營業外支出額。期末結轉後,該帳戶無餘額。該帳戶可按支出項目設置明細帳戶,進行明細分類核算。

借方	營業外支出	貸方
發生的各項營業外支出	期末轉入「本年利潤」帳戶的營業外支出	
期末結轉後無餘額		

小提示 營業外收入和營業外支出是企業非日常活動中產生的利得和損失,是一種偶發事件。

5.「所得稅費用」帳戶

該帳戶屬於損益類帳戶,用以核算企業確認的應從當期利潤總額中扣除的所得稅費用。借方登記企業應計入當期損益的所得稅費用;貸方登記企業期末轉入「本年利潤」帳戶的所得稅費用。期末結轉後,該帳戶無餘額。

借方	所得稅費用	貸方
企業本期應負擔的所得稅費用	期末轉入「本年利潤」帳戶的所得稅費用	
期末結轉後無餘額		

(三)帳務處理

會計期末(月末或年末)結轉各項收入時,借記「主營業務收入」「其他業務收入」「營業外收入」等科目,貸記「本年利潤」科目;結轉各項支出時,借記「本年利潤」科目,貸記「主營業務成本」「營業稅金及附加」「其他業務成本」「管理費用」「財務費用」「銷售費用」「資產減值損失」「營業外支出」「所得稅費用」等科目。

[例5-40] 6月20日,新聯公司因對外投資收到被投資單位分來的利潤5 000元,存入銀行。

【解析】收到被投資單位分來的利潤,應通過「投資收益」科目核算。編製會計分錄如下:

借：銀行存款　　　　　　　　　　　　　　　　　　　　　　5 000
　　貸：投資收益　　　　　　　　　　　　　　　　　　　　　　　5 000

［例5-41］ 6月25日,新聯公司收到A公司的違約賠款利得10 000元,存入銀行。

【解析】收到違約賠款利得,應計入「營業外收入」科目。編製會計分錄如下：

借：銀行存款　　　　　　　　　　　　　　　　　　　　　　10 000
　　貸：營業外收入　　　　　　　　　　　　　　　　　　　　　10 000

［例5-42］ 6月30日,新聯公司向災區捐款50 000元,以銀行存款支付。

【解析】公益性捐款支出,應計入「營業外支出」科目。編製會計分錄如下：

借：營業外支出　　　　　　　　　　　　　　　　　　　　　50 000
　　貸：銀行存款　　　　　　　　　　　　　　　　　　　　　　50 000

［例5-43］ 6月30日,新聯公司將本月發生的各項收入、費用轉入「本年利潤」帳戶,其中：主營業務收入435 000元,其他業務收入35 000元,營業外收入10 000元,投資收益5 000元；主營業務成本208 250元,其他業務成本28 000元,營業稅金及附加1 190元,銷售費用55 000元,管理費用36 300元,財務費用1 200元,營業外支出50 000元。

【解析】會計期末(月末或年末)結轉各項收入收益時,從相關收入收益帳戶的借方轉入「本年利潤」帳戶的貸方；結轉各項費用支出時,從相關費用支出帳戶的貸方轉入「本年利潤」帳戶的借方。編製會計分錄如下：

(1)結轉各項收入收益時

借：主營業務收入　　　　　　　　　　　　　　　　　　　435 000
　　其他業務收入　　　　　　　　　　　　　　　　　　　　35 000
　　投資收益　　　　　　　　　　　　　　　　　　　　　　　5 000
　　營業外收入　　　　　　　　　　　　　　　　　　　　　10 000
　　貸：本年利潤　　　　　　　　　　　　　　　　　　　　485 000

(2)結轉各項費用支出時

借：本年利潤　　　　　　　　　　　　　　　　　　　　　379 940
　　貸：主營業務成本　　　　　　　　　　　　　　　　　　208 250
　　　　其他業務成本　　　　　　　　　　　　　　　　　　 28 000
　　　　營業稅金及附加　　　　　　　　　　　　　　　　　　1 190
　　　　銷售費用　　　　　　　　　　　　　　　　　　　　 55 000
　　　　管理費用　　　　　　　　　　　　　　　　　　　　 36 300
　　　　財務費用　　　　　　　　　　　　　　　　　　　　　1 200
　　　　營業外支出　　　　　　　　　　　　　　　　　　　 50 000

通過結轉,將本月發生的全部收入收益與全部費用支出匯集於「本年利潤」帳戶,即可計算出本月實現的利潤總額為 105 060(485 000－379 940)元。

以上新聯公司損益結轉結果如圖 5-6 所示。

```
主營業務成本              本年利潤                主營業務收入
  208,250   ←⑬→  379,940 | 485,000  ←⑬→   435,000
                          105,600

其他業務成本                                    其他業務收入
   28,000   ←                              →   35,000

營業稅金及附加                                   投資收益
    1,190   ←                              →    5,000

銷售費用                                        營業外收入
   55,000   ←                              →   10,000

管理費用
   36,300   ←

財務費用
    1,200   ←

營業外支出
   50,000   ←
```

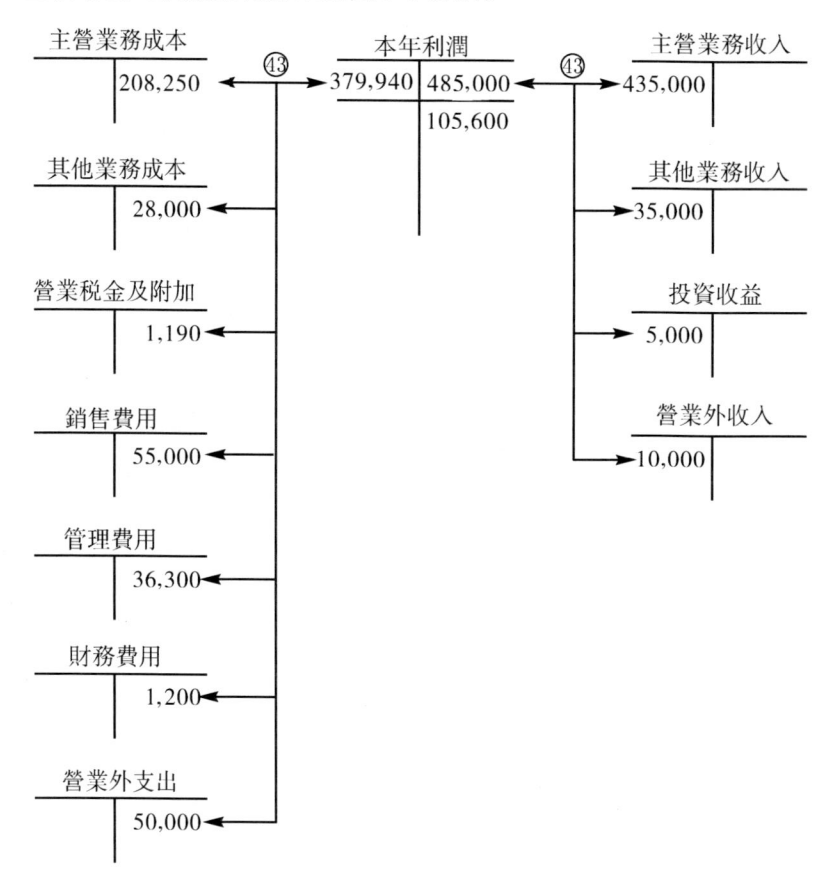

圖 5-6　利潤核算流程

[例 5-44]　6 月 30 日,新聯公司根據本月實現的利潤總額計提本月的所得稅費用(所得稅稅率為 25%)。

【解析】企業的所得稅在未繳納之前,是企業的一項負債,應計入「應交稅費——應交所得稅」科目。同時所得稅費用作為企業的一項費用,應結轉到「本年利潤」科目。

應交所得稅＝105 060×25％＝26 265(元)

編製會計分錄如下:

借:所得稅費用　　　　　　　　　　　　　　　　　　　　　　26 265
　　貸:應交稅費——應交所得稅　　　　　　　　　　　　　　　　26 265

同時,結轉所得稅費用:
借:本年利潤　　　　　　　　　　　　　　　　　　　　　　26 265
　　貸:所得稅費用　　　　　　　　　　　　　　　　　　　　　　26 265
以上新聯公司所得稅業務的核算結果如圖5-7所示。

```
應交稅費——應交所得稅      所得稅費用              本年利潤
        ⑭ 26,265 ← ⑭ 26,265                  ⑬ 379,940 | ⑬ 485,000
                            ⑭ 26,265 ← ⑭ 26,265
                                                        78,795
```

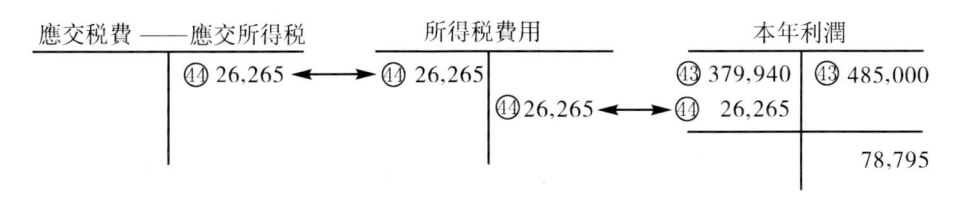

圖5-7　所得稅業務核算流程

二、利潤分配的帳務處理

利潤分配是指企業根據國家有關規定和企業章程、投資者協議等,給企業當年可供分配利潤指定其特定用途和將其分配給投資者的行為。利潤分配的過程和結果不僅關係到每個股東的合法權益是否得到保障,而且還關係到企業的未來發展。

(一)利潤分配的順序

企業向投資者分配利潤,應按一定的順序進行。按照中國《公司法》的有關規定,利潤分配應按下列順序進行:

1. 計算可供分配的利潤

企業在利潤分配前,應根據本年淨利潤(或虧損)與年初未分配利潤(或虧損)、其他轉入的金額(如盈餘公積彌補的虧損)等項目,計算可供分配的利潤,即:

$$可供分配的利潤 = 淨利潤(或虧損) + 年初未分配利潤 - 彌補以前年度的虧損 + 其他轉入的金額$$

如果可供分配的利潤為負數(即累計虧損),則不能進行後續分配;如果可供分配利潤為正數(即累計盈利),則可進行後續分配。

2. 提取法定盈餘公積

按照《公司法》的有關規定,公司應當按照當年淨利潤(抵減年初累計虧損後)的10%提取法定盈餘公積,當提取的法定盈餘公積累計額超過註冊資本50%以上時,可以不再提取。

3. 提取任意盈餘公積

公司提取法定盈餘公積後,經股東會或者股東大會決議,還可以從淨利潤中提

取任意盈餘公積。

4.向投資者分配利潤(或股利)

企業可供分配的利潤中扣除提取的盈餘公積後,形成可供投資者分配的利潤,即:

$$可供投資者分配的利潤＝可供分配的利潤－提取的盈餘公積$$

企業可採用現金股利、股票股利和財產股利等形式向投資者分配利潤(或股利)。

(二)帳戶設置

企業通常設置以下帳戶對利潤分配業務進行會計核算:

1.「利潤分配」帳戶

該帳戶屬於所有者權益類帳戶,用以核算企業利潤的分配(或虧損的彌補)和歷年分配(或彌補)後的餘額。借方登記實際分配的利潤額,包括提取的盈餘公積和分配給投資者的利潤,以及年末從「本年利潤」帳戶轉入的全年發生的淨虧損;貸方登記用盈餘公積彌補的虧損額等其他轉入數,以及年末從「本年利潤」帳戶轉入的全年實現的淨利潤。年末,應將「利潤分配」帳戶下的其他明細帳戶的餘額轉入「未分配利潤」明細帳戶,結轉後,除「未分配利潤」明細帳戶可能有餘額外,其他各個明細帳戶均無餘額。「未分配利潤」明細帳戶的貸方餘額為歷年累積的未分配利潤(即可供以後年度分配的利潤),借方餘額為歷年累積的未彌補虧損(即留待以後年度彌補的虧損)。該帳戶應當分設「提取法定盈餘公積」「提取任意盈餘公積」「應付現金股利或利潤」「轉作股本的股利」「盈餘公積補虧」和「未分配利潤」等進行明細核算。

借方	利潤分配	貸方
年末從「本年利潤」帳戶轉入的全年發生的淨虧損;利潤的分配數		年末從「本年利潤」帳戶轉入的全年實現的淨利潤;用盈餘公積彌補的虧損額
年終餘額:歷年累計未彌補的虧損		年終餘額:歷年累計未分配的利潤

2.「盈餘公積」帳戶

該帳戶屬於所有者權益類帳戶,用以核算企業從淨利潤中提取的盈餘公積。貸方登記提取的盈餘公積,即盈餘公積的增加額;借方登記實際使用的盈餘公積,即盈餘公積的減少額。期末餘額在貸方,反應企業結餘的盈餘公積。該帳戶應當分設「法定盈餘公積」「任意盈餘公積」進行明細核算。

借方	盈餘公積	貸方
盈餘公積的減少數	提取的盈餘公積數	
	期末餘額:盈餘公積的結餘數	

3.「應付股利」帳戶

該帳戶屬於負債類帳戶,用以核算企業分配的現金股利或利潤。貸方登記應付給投資者的股利或利潤的增加額;借方登記實際支付給投資者的股利或利潤,即應付股利的減少額。期末餘額在貸方,反應企業應付未付的現金股利或利潤。該帳戶可按投資者類別進行明細核算。

借方	應付股利	貸方
實際支付給投資者的股利或利潤	應分配給投資者的股利或利潤	
	期末餘額:應付未付的現金股利或利潤	

(三)帳務處理

1.淨利潤轉入利潤分配

會計期末,企業應將當年實現的淨利潤轉入「利潤分配——未分配利潤」科目,即借記「本年利潤」科目,貸記「利潤分配——未分配利潤」科目;如為淨虧損,則編製相反會計分錄。

結轉前,如果「利潤分配——未分配利潤」明細科目的餘額在借方,上述結轉當年所實現淨利潤的分錄同時反應了當年實現的淨利潤自動彌補以前年度虧損的情況。因此,在用當年實現的淨利潤彌補以前年度虧損時,不需另行編製會計分錄。

[例5-45] 12月31日,新聯公司將全年實現的淨利潤850 000元轉入「利潤分配」帳戶。

【解析】會計期末,企業應將當年實現的淨利潤從「本年利潤」科目轉入「利潤分配——未分配利潤」科目。編製會計分錄如下:

借:本年利潤　　　　　　　　　　　　　　　　　　　　　　850 000
　　貸:利潤分配——未分配利潤　　　　　　　　　　　　　　　　850 000

2.提取盈餘公積

企業提取法定盈餘公積時,借記「利潤分配——提取法定盈餘公積」科目,貸記「盈餘公積——法定盈餘公積」科目;提取任意盈餘公積時,借記「利潤分配——提

取任意盈餘公積」科目,貸記「盈餘公積——任意盈餘公積」科目。

[例5-46] 12月31日,新聯公司按全年淨利潤的10%提取法定盈餘公積金85 000元,按全年淨利潤的5%提取任意盈餘公積金42 500元。

【解析】企業提取盈餘公積時,一方面使得可供分配的利潤減少,另一方面,使得盈餘公積增加。編製會計分錄如下:

借:利潤分配——提取法定盈餘公積　　　　　　　　　85 000
　　　　　——提取任意盈餘公積　　　　　　　　　　42 500
　　貸:盈餘公積——法定盈餘公積　　　　　　　　　　85 000
　　　　　　　　——任意盈餘公積　　　　　　　　　　42 500

3. 向投資者分配利潤或股利

企業根據股東大會或類似機構審議批准的利潤分配方案,按應支付的現金股利或利潤,借記「利潤分配——應付現金股利」科目,貸記「應付股利」等科目;按股票股利轉作股本的金額,借記「利潤分配——轉作股本股利」科目,貸記「股本」等科目。

對於董事會或類似機構通過的利潤分配方案中擬分配的現金股利或利潤,不做帳務處理,但應在附註中披露。

[例5-47] 12月31日,根據股東大會決議,新聯公司將全年淨利潤的30%分配給投資者。

【解析】企業將全年淨利潤的30%分配給投資者,即應分配給投資者的股利為255 000元(850 000×30%),使得可供分配的利潤減少,同時,企業在未向投資者支付股利之前,引起企業的一項負債——應付股利增加。編製會計分錄如下:

借:利潤分配——應付現金股利　　　　　　　　　　　255 000
　　貸:應付股利　　　　　　　　　　　　　　　　　　255 000

4. 盈餘公積補虧

對於企業發生的虧損,除用當年實現的淨利潤彌補外,還可以使用累積的盈餘公積彌補。以盈餘公積彌補虧損時,借記「盈餘公積」科目,貸記「利潤分配——盈餘公積補虧」科目。

5. 企業未分配利潤的形成

年度終了,企業應將「利潤分配」科目所屬的其他明細科目的餘額轉入「未分配利潤」明細科目,即借記「利潤分配——未分配利潤」「利潤分配——盈餘公積補虧」等科目,貸記「利潤分配——提取法定盈餘公積」「利潤分配——提取任意盈餘公積」「利潤分配——應付現金股利」「利潤分配——轉作股本股利」等科目。

結轉後,「利潤分配」科目中除「未分配利潤」明細科目外,所屬的其他明細科目

無餘額。「未分配利潤」明細科目的貸方餘額表示累積未分配的利潤,該科目如果出現借方餘額,則表示累積未彌補的虧損。

[例 5-48] 12月31日,新聯公司結轉利潤分配各明細帳戶。

【解析】企業利潤分配結束後,應將利潤分配的各明細科目結轉到「利潤分配——未分配利潤」科目的借方,結轉後,「利潤分配」科目中除「未分配利潤」明細科目外,所屬的其他明細科目無餘額。編製會計分錄如下:

借:利潤分配——未分配利潤　　　　　　　　　　　　　382 500
　　貸:利潤分配——提取法定盈餘公積　　　　　　　　　　85 000
　　　　　　　　——提取任意盈餘公積　　　　　　　　　　42 500
　　　　　　　　——應付股利　　　　　　　　　　　　　 255 000

以上新聯公司利潤分配業務的核算結果如圖 5-8 所示。

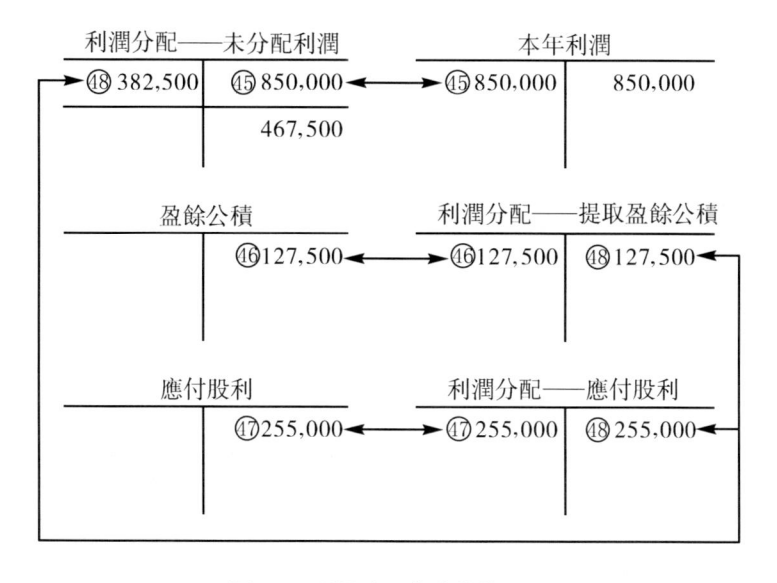

圖 5-8　利潤分配業務核算流程

自　測　題

一、單項選擇題

1. 企業收到投資者投入的資本時,應貸記(　　　)帳戶。
　　A. 投資收益　　　　　　　　　　B. 實收資本
　　C. 資本公積　　　　　　　　　　D. 盈餘公積

2.企業發生的短期借款利息一般應計入(　　)。
　　A.銷售費用　　　　　　　　B.財務費用
　　C.營業外支出　　　　　　　D.管理費用

3.企業購入需要安裝的設備一臺,買價為 20 000 元,增值稅為 3 400 元,運輸費為 500 元,安裝費為 1 000 元,現已安裝完工並交付使用,其轉入「固定資產」帳戶的原始價值應為(　　)元。
　　A.20 000　　　　　　　　　B.23 400
　　C.21 500　　　　　　　　　D.24 900

4.「在途物資」帳戶期末(　　)。
　　A.一定有餘額　　　　　　　B.一定沒有餘額
　　C.一定有貸方餘額　　　　　D.可能有借方餘額,也可能沒有餘額

5.企業賒購原材料一批,會計處理時,會計分錄的借方科目有(　　)。
　　A.在途物資　　　　　　　　B.在途物資和應交稅費
　　C.應付帳款　　　　　　　　D.應收帳款

6.下列各項支出中,應在「管理費用」中列支的是(　　)。
　　A.生產車間管理人員的工資　B.短期借款的利息支出
　　C.管理部門人員的工資　　　D.推銷產品的廣告費

7.計提生產車間固定資產折舊時,應貸記「累計折舊」帳戶,借記(　　)。
　　A.「管理費用」帳戶　　　　B.「財務費用」帳戶
　　C.「製造費用」帳戶　　　　D.「銷售費用」帳戶

8.下列各項收入中,屬於工業企業其他業務收入的是(　　)。
　　A.違約金收入　　　　　　　B.產品銷售收入
　　C.出售原材料收入　　　　　D.保險賠償收入

9.企業的淨利潤是指(　　)。
　　A.利潤總額減所得稅費用後的差額
　　B.利潤總額減已分配利潤後的差額
　　C.利潤總額減應付投資者利潤後的差額
　　D.利潤總額減法定盈餘公積後的差額

10.「所得稅費用」帳戶的借方登記(　　)。
　　A.轉入「本年利潤」帳戶的所得稅費用
　　B.實際繳納的所得稅
　　C.應由本企業負擔的所得稅費用
　　D.轉入「生產成本」帳戶的稅費

二、多項選擇題

1. 企業的資本金按其投資主體不同可以分為（　　）。
   A. 個體資本 B. 國家資本
   C. 法人資本 D. 外商資本

2. 企業購入材料的採購成本的構成包括（　　）。
   A. 材料買價 B. 增值稅進項稅額
   C. 採購費用 D. 採購人員差旅費

3. 應計入「製造費用」帳戶的費用有（　　）。
   A. 生產工人的工資 B. 車間管理人員的工資和福利費
   C. 廠部固定資產的修理費 D. 車間的辦公費、水電費

4. 下列項目中，應在「管理費用」帳戶核算的有（　　）。
   A. 印花稅 B. 採購人員的差旅費
   C. 業務招待費 D. 車間管理人員的工資

5. 下列項目中，應計入企業銷售費用的有（　　）。
   A. 專設銷售機構人員的工資 B. 專設銷售機構的設備折舊費
   C. 銷售產品的廣告費 D. 代買方墊付的運雜費

6. 下列收入中，應計入工業企業「其他業務收入」帳戶的有（　　）。
   A. 出租包裝物租金收入 B. 材料銷售收入
   C. 接受捐贈收入 D. 固定資產處置收入

7. 下列屬於營業外收入核算內容的有（　　）。
   A. 違約罰款收入 B. 確實無法支付的應付款項
   C. 出售材料取得的收入 D. 沒收外單位財產的收入

8. 關於「本年利潤」帳戶，下列說法中正確的有（　　）。
   A. 借方登記期末轉入的各項費用
   B. 貸方登記期末轉入的各項收入
   C. 貸方餘額為實現的累計淨利潤
   D. 借方餘額為實現的累計虧損額

9. 下列成本費用中，應計入工業企業「其他業務成本」帳戶的有（　　）。
   A. 固定資產報廢清理支出 B. 對外運輸業務支出
   C. 材料銷售成本 D. 違約金支出

10. 企業實現的利潤總額包括（　　）。
    A. 營業利潤 B. 投資收益
    C. 營業外收入 D. 營業外支出

三、判斷題

1. 採購人員的差旅費不計入材料物資採購成本。（　）

2. 企業長期借款的利息支出均應通過「財務費用」帳戶核算。（　）

3. 固定資產因損耗而減少的價值應計入「固定資產」帳戶的貸方。（　）

4. 對於預收貨款業務不多的企業，可以不單獨設置「預收帳款」帳戶，其發生的預收貨款通過「應收帳款」帳戶核算。（　）

5. 企業按稅後利潤的一定比例提取的盈餘公積金可以用來彌補虧損。（　）

6. 企業發生的工資和福利費，應根據人員的部門分別記入各有關的成本及損益帳戶。（　）

7. 所得稅費用應以營業利潤為基礎來計算。（　）

8. 企業提取的法定盈餘公積累計超過其註冊資本的50%時，可以不再提取。（　）

9. 產品銷售成本＝產品銷售數量×銷售單價。（　）

10. 投資收益在數量上表現為投資收益與投資損失的差額。（　）

四、實訓題

實訓一

目的：練習資金籌集的核算。

資料：信達公司2014年度發生下列有關資金籌集的經濟業務：

1. 2月1日，收到甲企業投資1 200 000元，其中銀行存款900 000元，設備300 000元。為對方確定的份額為1 200 000元。

2. 3月5日，收到乙企業投資2 000 000元，為對方確定的份額為1 800 000元。

3. 3月16日，經批准從建設銀行借入期限為2年、年利率5%的基建借款500萬元，存入銀行存款帳戶。

4. 3月20日，經批准從工商銀行借入期限為1個月、年利率3.6%的流動資金借款20萬元，存入銀行存款帳戶。

5. 4月20日，短期借款到期，本金和利息共200 600元，以銀行存款償還。

要求：根據上述經濟業務編製會計分錄。

實訓二

目的：練習工業企業材料採購業務的核算。

資料：信達公司2014年12月份發生下列經濟業務：

1. 1日，從明遠公司購入A材料1 000千克，單價18元，增值稅進項稅額為3 060元，運費為350元，全部款項均以銀行存款支付，材料驗收入庫。

2.4日,從南海公司購入B材料2 000千克,單價50元,增值稅進項稅額為17 000元,運雜費為580元,全部款項均以銀行存款支付,但材料尚在運輸途中。

3.5日,從中亞工廠購入甲材料5 000千克,單價20元,計100 000元;乙材料3 000千克,單價25元,計75 000元。兩種材料共付運雜費4 000元,支付的增值稅進項稅額共計29 750元。全部款項均以銀行存款支付,材料驗收入庫(材料的運雜費按材料的重量比例分攤)。

4.10日,以銀行存款歸還前欠東風工廠貨款20 000元。

5.15日,從天一公司購入甲材料3 000千克,單價20元,計60 000元,增值稅進項稅額為10 200元,款未付,材料尚在途中。

6.16日,從天一公司購入的甲材料驗收入庫,結轉甲材料的實際採購成本。

7.19日,以銀行存款歸還天一公司貨款70 200元。

8.20日,從宏達工廠購入乙材料1 000千克,單價25元,計25 000元,增值稅進項稅額為4 250元,運雜費350元,全部款項均以銀行存款支付,但材料尚在運輸途中。

9.20日,從南海公司購入的B材料到達公司,驗收入庫。

要求:根據上述經濟業務編製會計分錄。

實訓三

目的:練習工業企業生產過程的核算。

資料:信達公司2014年4月發生的有關經濟業務如下:

1.2日,倉庫發出A材料100 000元,其中80 000元用於M產品的生產,20 000元用於N產品的生產;發出B材料200 000元,其中M產品耗用60 000元,N產品耗用120 000元,車間一般耗用10 000元,管理部門耗用10 000元。

2.5日,以銀行存款發放本月工資36 000元。

3.8日,以現金支付車間辦公費300元。

4.9日,以銀行存款支付本月水電費5 000元,其中車間耗用3 000元,管理部門耗用2 000元。

5.16日,計提固定資產折舊費7 000元,其中車間3 000元,管理部門4 000元。

6.21日,以銀行存款支付本月電話費6 000元,其中車間2 000元,管理部門4 000元。

7.25日,分配本月工資:生產工人工資25 000元,其中,M產品10 000元,N產品15 000元;車間管理人員工資3 000元,行政管理人員工資8 000元。

8.26日,按職工工資總額的14%計提職工福利費。

9.28日,車間主任李強出差歸來,報銷差旅費700元,原借款為1 000元,餘額

交回。

10.30 日,按生產工人工資比例分配本月製造費用,計入 M、N 產品的生產成本。

11.30 日,M 產品 400 件全部完工,驗收入庫,按其實際成本入帳。

12.30 日,設 N 產品期初在產品成本為 8 000 元,期末在產品成本為 5 000 元,計算結轉完工 580 件 N 產品的總成本。

要求:

1. 根據上述經濟業務編製會計分錄。

2. 登記「製造費用」「生產成本——M 產品」「生產成本——N 產品」(N 產品期初在產品成本為 8 000 元)T 形帳戶。

實訓四

目的:練習工業企業銷售過程的核算。

資料:信達公司 2014 年 8 月份發生以下經濟業務:

1.5 日,銷售 A 產品 500 件,單價 300 元,增值稅為 25 500 元,款項全部收到存入銀行。

2.5 日,銷售 B 產品 800 件,單價 200 元,增值稅為 27 200 元,並以現金代墊運費 1 000 元,全部款項尚未收到。

3.8 日,以銀行存款 25 000 元支付銷售 A、B 產品的廣告費。

4.9 日,銷售甲產品 80 件,單價 1 000 元,貨款合計為 80 000 元,增值稅為 13 600元,款項全部收到存入銀行。

5.9 日,售給東方公司乙產品 50 件,單價 850 元,增值稅為 7 225 元,並以現金代墊運費 1 500 元,全部款項尚未收到。

6.12 日,以銀行存款 800 元支付甲、乙產品的參展費。

7.13 日,收到東方公司前欠貨款 51 225 元,存入銀行。

8.20 日,銷售原材料一批,該批材料的實際成本為 5 000 元,銷售價款為 8 000 元,增值稅為 1 360 元,貨款收到存入銀行。

9.31 日,結轉已售產品的銷售成本,其中 A 產品每件成本為 200 元,B 產品每件成本為 120 元。

10.31 日,結轉已售產品的銷售成本,其中甲產品每件成本為 700 元,乙產品每件成本為 500 元。

11.31 日,按規定計算銷售產品應繳納的城市維護建設稅 2 100 元、教育費附加 900 元。

要求:根據上述經濟業務編製會計分錄。

實訓五

目的:練習工業企業利潤形成和分配的核算。

資料:信達公司 2014 年 12 月份發生以下經濟業務:

1.5 日,通過希望工程以銀行存款向某小學捐贈修繕費 50 000 元。

2.7 日,企業收到供貨單位違約賠款 1 200 元存入銀行。

3.15 日,收到滯納金賠款 5 000 元存入銀行。

4.25 日,收到某聯營公司分來的利潤 60 000 元存入銀行。

5.31 日,將本月實現的主營業務收入 1 000 000 元、其他業務收入 3 500 元、營業外收入 6 200 元、投資收益 60 000 元結轉到「本年利潤」帳戶。

6.31 日,將本月發生的主營業務成本 550 000 元、營業稅金及附加 80 000 元、銷售費用 10 000 元、其他業務成本 3 000 元、營業外支出 9 500 元、管理費用 65 000 元、財務費用 4 800 元轉入「本年利潤」帳戶。

7.按利潤總額的 25% 計算本月應交所得稅。

8.月末將「所得稅費用」帳戶轉入「本年利潤」帳戶。

9.結轉全年實現的淨利潤。

10.按淨利潤的 10% 提取法定盈餘公積金。

11.按淨利潤的 30% 計算應付給投資者的利潤。

12.結轉「利潤分配」帳戶的相關明細帳戶。

要求:根據上述經濟業務編製會計分錄。

第六章 會計憑證

學習目標

1. 瞭解會計憑證的概念與作用。
2. 瞭解會計憑證的傳遞。
3. 熟悉原始憑證與記帳憑證的種類。
4. 熟悉會計憑證的保管。
5. 掌握原始憑證的填製。
6. 掌握記帳憑證的填製。
7. 掌握原始憑證與記帳憑證的審核。

第一節 會計憑證概述

會計運用復式記帳原理和借貸記帳法對企業發生的經濟業務進行核算時，必須要取得核算依據，這個依據就是會計憑證。在會計實務中，只有經過審核無誤的會計憑證才能作為核算依據。

一、會計憑證的概念和作用

(一)會計憑證的概念

會計憑證是指記錄經濟業務發生或者完成情況的書面證明，是登記帳簿的依據。

(二)會計憑證的作用

會計憑證能對所發生的經濟業務進行會計信息的初始反應，任何會計信息均起源於會計憑證。填製和審核會計憑證是會計核算的方法之一，也是會計核算工作的起點和基礎，在整個會計核算過程中起著重要作用。其作用主要體現在以下幾個方面：

1. 記錄經濟業務,提供記帳依據

填製和審核會計憑證,可以及時、正確地記錄經濟業務的發生和完成情況,從而為登記帳簿提供準確可靠的原始信息和依據,保證帳簿記錄的正確性。

2. 明確經濟責任,強化內部控製

所有會計憑證都應由經辦部門和人員簽章,這樣有利於明確經濟責任,加強崗位責任制,提高工作效率。遇到問題和糾紛時,也有利於分清經濟責任,妥善處理。

3. 監督經濟活動,控製經濟運行

通過會計憑證的審核,可以檢查經濟業務的發生是否符合有關的法令、制度,是否符合業務經營、財務收支的方針和計劃以及預算的規定,以確保經濟業務的合理性、合法性和有效性,監督經濟業務的發生、發展,控製經濟業務的有效實施。出現問題時,也能及時發現,從而積極採取措施予以糾正,對經濟活動進行事前、事中、事後控製,保證經濟活動健康運行,有效發揮會計的監督作用。

二、會計憑證的種類

會計憑證按其填製的程序和用途不同分為原始憑證和記帳憑證兩類。

(一)原始憑證

原始憑證,又稱單據,是指在經濟業務發生或完成時取得或填製的,用以記錄或證明經濟業務的發生或完成情況的原始憑證。原始憑證是進行會計核算的原始資料和重要依據,是會計資料中最具有法律效力的一種證明文件。如購貨發票、銷售發票、收料單、領料單等。

(二)記帳憑證

記帳憑證,又稱記帳憑單,是指會計人員根據審核無誤的原始憑證,按照經濟業務的內容加以歸類,並根據確定會計分錄後所填製的會計憑證,作為登記帳簿的直接依據。

原始憑證和記帳憑證都稱為會計憑證,但就其性質來講卻截然不同。原始憑證記錄的是經濟信息,它是編製記帳憑證的依據,是會計核算的基礎;而記帳憑證記錄的是會計信息,它是會計核算的起點。

第二節　原　始　憑　證

原始憑證在各單位的經濟活動中起著重要作用,它不僅記錄了經濟業務的發生和完成情況,還明確了經辦部門和人員的法律、經濟責任,為會計核算提供了最原始的資料,是編製記帳憑證和登記帳簿的原始依據。

知識鏈接

《中華人民共和國會計法》第十四條明確規定,辦理下列經濟業務事項,必須填製或者取得原始憑證並及時送交會計機構:

(1)款項和有價證券的收付。

(2)財物的收發、增減和使用。

(3)債權債務的發生和結算。

(4)資本、基金的增減。

(5)收入、支出、費用、成本的計算。

(6)財務成果的計算和處理。

(7)其他需要辦理會計手續、進行會計核算的事項。

會計機構、會計人員必須按照國家統一的會計制度的規定對原始憑證進行審核,並根據審核無誤的原始憑證填製記帳憑證。

一、原始憑證的種類

原始憑證可以按照不同的標準進行分類,主要的分類標準有取得的來源、格式、填製的手續和內容等。

(一)按取得的來源分類

原始憑證按照取得的來源不同分為自制原始憑證和外來原始憑證。

1. 自制原始憑證

自制原始憑證是指由本單位有關部門和人員,在執行或完成某項經濟業務時填製的,僅供本單位內部使用的原始憑證。如外購原材料時由倉儲部門填製的收料單(如表6-1)、車間領用原材料時填寫的領料單、職工出差預借款時由職工填寫的借款單、人力資源管理部門編製的工資發放明細表、財務部門編製的固定資產折舊計算表等。

表 6-1　　　　　　　　　　收　料　單

供貨單位:××公司　　　　　　　　　　　　　　憑證編號:

發票編號:×××××　　　2014 年 6 月 10 日　　　收料倉庫:×號倉庫

材料類別	材料編號	材料名稱	材料規格	單位	數量		金額(元)			
					應收	實收	單價	買價	運費	合計
原材料										
備註					合計					

保管員:×××　　　　　　　　　收料員:×××

2. 外來原始憑證

外來原始憑證是指在經濟業務發生或完成時，從其他單位或個人直接取得的原始憑證。如購買材料取得的增值稅專用發票（如表 6-2）、銀行轉來的各種結算憑證、對外支付款項時取得的收據、職工出差取得的飛機票、車船票等。

表 6-2　　　　　　　　　　　　增值稅專用發票

開票日期：　　　　　　　　　年　月　日

購貨單位	名稱： 納稅人識別號： 地址、電話： 開戶行及識別號：	密碼區	（略）				
貨物或應稅勞務名稱	型號規格	單位	數量	單價	金額	稅率	稅額
合計								
價稅合計 （大寫）					（小寫） ¥			
銷貨單位	名稱： 納稅人識別號： 地址、電話： 開戶行及識別號：	備註					

[例 6-1]　下列選項中，屬於外來原始憑證的是（　　　）。

A. 工資結算表　　　　　　　　B. 領料單

C. 購買材料取得的增值稅專用發票　D. 收到的電費發票

【解析】選 CD。選項 A、B 是企業內部發生經濟業務時填製的原始憑證，屬於自製原始憑證。

(二) 按照格式分類

原始憑證按照格式的不同分為通用憑證和專用憑證。

1. 通用憑證

通用憑證是指由有關部門統一印刷、在一定範圍內使用的具有統一格式和使用方法的原始憑證。常見的通用原始憑證有全國通用的增值稅專用發票、銀行轉帳結算憑證等。通用憑證的適用範圍，可以是某一地區、某一行業，也可以是全國通用。如全國統一的異地結算銀行憑證、部門統一的發票、地區統一的汽車票等。

2.專用憑證

專用憑證是指由單位自行印製、僅在本單位內部使用的原始憑證。如企業內部使用的收料單、領料單、工資費用分配表、折舊計算表等。

【例6-2】 下列選項中,屬於通用憑證的是(　　)。

　　A.入庫單　　　　　　　　　B.差旅費報銷單

　　C.折舊計算表　　　　　　　D.增值稅專用發票

【解析】選 D。通用憑證是指由有關部門統一印刷、在一定範圍內使用的具有統一格式和使用方法的原始憑證。四個選項中只有增值稅專用發票屬於通用憑證,其餘三個選項屬於專用憑證。

(三)按填製的手續和內容分類

原始憑證按照填製的手續和內容可分為一次憑證、累計憑證和匯總憑證。

1.一次憑證

一次憑證是指一次填製完成,只記錄一筆經濟業務且僅一次有效的原始憑證。我們平時所涉及的大部分原始憑證都是一次憑證,如發票、收據、支票存根、領料單(如表6-3)等。

表 6-3　　　　　　　　　　領　料　單

領料部門:一車間　　　　　　　　　　　　　　　　　憑證編號:

發票編號:×××××　　　　　年　月　日　　　　　材料倉庫:×號倉庫

材料類別	材料名稱	材料編號	單位	數量	單價(元)	金額(元)	材料用途
		合計					

審批:×××　　　　　保管員:×××　　　　　領料人:×××

2.累計憑證

累計憑證是指在一定時期內多次記錄發生的同類型經濟業務且多次有效的原始憑證。其特點是在一張憑證內可以連續登記相同性質的經濟業務,隨時結出累計數和結餘數,並按照費用限額進行費用控制,期末按實際發生額記帳。最具有代表性的累計憑證是「限額領料單」。限額領料單的具體格式如表6-4 所示。

表 6-4　　　　　　　　　　　　限額領料單

材料科目：　　　　　　　　　　　　　　　　　　　　　　材料類別：
領料車間(部門)：　　　　　　　　年　月　　　　　　　　編號：
用途：　　　　　　　　　　　　　　　　　　　　　　　　倉庫：

材料編號	材料名稱	規格	計量單位	領用限額	實際領用			備註
					數量	單價	金額	

日期	請領		實發			退回			限額結餘
	數量	領料單位	數量	發料人	領料人	數量	領料人	退料人	
合計									

供應部門負責人：　　　　　生產部門負責人：　　　　　倉庫負責人：

3. 匯總憑證

匯總憑證也稱原始憑證匯總表，是指對一定時期內反應經濟業務內容相同的若干張原始憑證，按照一定標準綜合填製的原始憑證。它合併了同類型經濟業務，簡化了會計核算工作。常見的匯總憑證有發出材料匯總表、工資結算匯總表、差旅費報銷單等。發出材料匯總表具體格式如表 6-5 所示。

表 6-5　　　　　　　　　　　**材料耗用匯總表**

附件　　張　　　　　　　　　　年　月　日　　　　　　　編號：

借方＼貸方		原料及主要材料	輔助材料	燃料	修理用配件	……	合計
生產成本	基本生產成本						
	輔助生產成本						
製造費用							
管理費用							
……							
合計							

151

小提示

原始憑證記載著大量的經濟信息,是證明經濟業務發生的初始文件,與記帳憑證相比較,具有較強的法律效力。需要注意的是,企業簽訂的經濟合同、材料請購單、生產通知單等文件,不能證明經濟業務的發生和完成,因此不屬於原始憑證,也不能作為會計核算的依據。此外,未經對方單位簽章,不具備法律效力的憑證,或不具備憑證基本內容的白條,也同樣不屬於原始憑證。

[例6-3] 差旅費報銷單是( )。

A. 外來原始憑證　　　　　B. 匯總原始憑證

C. 記帳憑證　　　　　　　D. 累計原始憑證

【解析】選B。差旅費報銷單屬於匯總原始憑證。

[例6-4] 下列單據中,不屬於原始憑證的有( )。

A. 折舊計算表　　　　　　B. 銷售合同

C. 領料單　　　　　　　　D. 生產計劃

【解析】選BD。選項B、D都不能證明經濟業務已經發生,不屬於原始憑證。

二、原始憑證的基本內容

原始憑證的格式和內容因經濟業務和經營管理的不同而有所差異,但原始憑證應當具備以下基本內容(也稱為原始憑證要素):

(1)憑證的名稱。

(2)填製憑證的日期。

(3)填製憑證單位名稱或者填製人姓名。

(4)經辦人員的簽名或者蓋章。

(5)接受憑證單位名稱。

(6)經濟業務內容。

(7)數量、單價和金額。

三、原始憑證的填製要求

(一)原始憑證填製的基本要求

原始憑證的填製必須符合下列要求:

1. 記錄真實

記錄真實,就是要實事求是地填寫經濟業務、原始憑證填製日期、業務內容、數量、金額等,使其填寫的內容與實際情況相一致。對於實物數量和金額的計算,要

精確無誤,不得匡算或估計,確保憑證所記錄的內容真實、可靠。

2. 內容完整

對於原始憑證的各項內容,必須詳盡地填寫齊全,不得遺漏,而且憑證填寫的手續必須完備,符合內部牽制原則。凡填有大寫和小寫金額的原始憑證,大寫與小寫金額必須相符。購買實物的原始憑證,必須有驗收證明。支付款項的原始憑證,必須有收款單位和收款人的收款證明。一式幾聯的原始憑證,應當註明各聯次的用途,只能以一聯作為報銷憑證。一次幾聯的發票和收據,必須用雙面復寫紙(發票和收據本身具備復寫紙功能的除外)套寫,並連續編號。原始憑證作廢時應當加蓋「作廢」戳記,將所有聯次一起保存,不得撕毀。發生銷貨退回時,除填製退貨發票外,還必須有退貨驗收證明;退款時,必須取得對方的收款收據或者匯款銀行的憑證,不得以退貨發票代替收據。職工因公出差的借款憑證,必須附在記帳憑證之後;收回借款時,應當另開收據或者退還借據副本,不得退還原借款收據。對於經上級有關部門批准的經濟業務,應當將批准文件作為原始憑證附件;如果批准文件需要單獨歸檔的,應當在憑證上註明批准機關名稱、日期和文件字號。

3. 手續完備

單位自制的原始憑證必須有經辦單位領導人或其他指定的人員簽名蓋章;對外開出的原始憑證必須加蓋本單位公章;從外部取得的原始憑證,必須蓋有填製單位的公章;從個人取得的原始憑證,必須有填製人員的簽名蓋章。

小提示 公章,是指具有法律效力和特定用途,能夠證明單位身分和性質的印鑒,包括業務公章、財務專用章、發票專用章、結算專用章等。

4. 書寫清楚、規範

填製原始憑證,字跡必須清晰、工整,並符合下列要求:

(1)阿拉伯數字應當逐個填寫,不得連筆寫。阿拉伯金額數字前面應當書寫貨幣幣種符號,如人民幣「￥」。幣種符號與阿拉伯金額數字之間不得留有空白。凡阿拉伯數字前寫有幣種符號的,數字後面不再寫貨幣單位。

(2)所有以元為單位(其他貨幣種類為貨幣基本單位)的阿拉伯數字,除表示單價等情況外,一律填寫到角、分;無角、無分的,角位和分位可寫成「00」,或者符號「—」;有角無分的,分位應當寫「0」,不得用符號「—」代替。

(3)漢字大寫數字金額如零、壹、貳、叁、肆、伍、陸、柒、捌、玖、拾、佰、仟、萬、億等,一律用正楷或者行書體書寫,不得用0、一、二、三、四、五、六、七、八、九、十等簡化字代替,不得任意自造簡化字。大寫金額數字到元或者角為止的,在「元」或者「角」字之後

應當寫「整」或者「正」字,如小寫金額為¥3 208.40,漢字大寫金額應寫成「人民幣叁仟貳佰零捌元肆角整」。大寫金額數字有分的,「分」字後面不寫「整」或者「正」字,如小寫金額為¥106.34,漢字大寫金額應寫成「人民幣壹佰零陸元叁角肆分」。

(4)大寫金額數字前未印有貨幣名稱的,應當加填貨幣名稱,貨幣名稱與大寫金額數字之間不得留有空白。

(5)阿拉伯金額數字中間有「0」時,漢字大寫金額要寫「零」字,如小寫金額為¥8 073.06,大寫金額應寫成「人民幣捌仟零柒拾叁元零陸分」。阿拉伯數字金額中間連續有幾個「0」時,漢字大寫金額中可以只寫一個「零」字,如小寫金額為¥1 005.00,大寫金額應寫成「人民幣壹仟零伍元整」。阿拉伯數字金額萬位或元位是「0」,或者數字中間連續有幾個「0」,萬位、元位也是「0」,但千位、角位不是「0」時,漢字大寫金額可以只寫一個「零」字,也可以不寫「零」字,如小寫金額為¥3 700.54,大寫金額可寫為「人民幣叁仟柒佰元零伍角肆分」,或者寫成「人民幣叁仟柒佰元伍角肆分」。

(6)凡填寫大寫和小寫金額的原始憑證,大寫和小寫的金額必須相符。

5. 連續編號

各種原始憑證要連續編號,以便查驗。如果憑證已預先印定編號,如發票、收據、支票,應按編號連續使用,在寫錯作廢時,應加蓋「作廢」戳記,與存根一起妥善保管,不得撕毀。

6. 不得塗改、刮擦、挖補

對各種憑證都不得隨意塗改、刮擦、挖補,若填寫錯誤,應採用規定的方法予以更正。原始憑證有錯誤的,應當由出具單位重開或更正,更正處應當加蓋出具單位印章。原始憑證金額有錯誤的,應當由出具單位重開,不得在原始憑證上更正。

7. 填製及時

一定要及時填寫各種原始憑證,並按規定的程序及時交送會計機構、會計人員進行審核。

知識鏈接

《會計基礎工作規範》第四十九條明確規定,原始憑證不得塗改、挖補。發現原始憑證有錯誤的,應當由開出單位重開或者更正,更正處應當加蓋開出單位的公章。

原始憑證金額有錯誤的,應當由出具單位重開,不得在原始憑證上更正,不得

隨意塗改、刮擦、挖補。事先編號的重要原始憑證填製錯誤時,應加蓋「作廢」戳記,連同存根一起保存。

[例 6-5] 對職工外出借款憑證的正確處理方法有(　　)。

A. 收回借款時退回原借款收據副本　　B. 收回借款時退回原借款收據

C. 收回借款時另開收據　　D. 必須附在記帳憑證之後

【解析】選 ACD。

(二)自制原始憑證的填製要求

不同的自制原始憑證,其填製要求也有所不同。

1. 一次憑證的填製

一次憑證應在經濟業務發生或完成時,由相關業務人員一次填製完成。該憑證往往只能反應一項經濟業務,或者同時反應若干項同一性質的經濟業務。

2. 累計憑證的填製

累計憑證應在每次經濟業務完成後,由相關人員在同一張憑證上重複填製完成。該憑證能在一定時期內不斷重複地反應同類經濟業務的完成情況。

3. 匯總憑證的填製

匯總憑證應由相關人員在匯總一定時期內反應同類經濟業務的原始憑證後填製完成。該憑證只能將類型相同的經濟業務進行匯總,不能匯總兩類或兩類以上的經濟業務。

(三)外來原始憑證的填製要求

外來原始憑證應在企業同外單位發生經濟業務時,由外單位的相關人員填製完成。外來原始憑證一般由稅務局等部門統一印刷,或經稅務部門批准由經營單位印製,在填製時加蓋出具憑證單位公章方為有效。對於一式多聯的原始憑證,必須用復寫紙套寫或打印機套打。

四、原始憑證的審核

為了如實反應經濟業務的發生和完成情況,充分發揮會計的監督職能,保證會計信息的真實、合法、完整和準確,會計人員必須對原始憑證進行嚴格審核。審核後的原始憑證,才能作為填製記帳憑證和記帳的依據。

審核的內容包括:

(1)審核原始憑證的真實性。真實性的審核包括憑證日期的真實性、業務內容的真實性、數據的真實性等。外來原始憑證,必須蓋有填製單位的公章或填製人員的簽名或者蓋章。自制原始憑證,必須有經辦單位領導人及經辦人員的簽名或蓋章。對於通用原始憑證,還應審核憑證本身的真實性,防止根據假冒的原始憑證記帳。

(2)審核原始憑證的合法性。審核原始憑證所記錄的經濟業務是否違反國家法律法規,是否符合有關的批准權限,是否履行了規定的憑證傳遞程序,是否有貪污挪用行為。

(3)審核原始憑證的合理性。審核原始憑證所記錄的經濟業務是否符合企業生產經營活動的需要,是否符合有關計劃和預算等。

(4)審核原始憑證的完整性。審核原始憑證各項基本要素是否填寫齊全,如日期是否完整、數字是否清晰、文字是否工整、有關簽名或蓋章是否齊全、憑證聯次是否正確,有無漏項。

(5)審核原始憑證的正確性。審核原始憑證的摘要和數字及其他項目填寫是否正確,數量、單價、金額、合計數的填寫是否正確,大小寫金額是否相符,是否符合規定的書寫規範等。

(6)審核原始憑證的及時性。原始憑證的及時性是保證會計信息及時性的基礎。為此,要在經濟業務發生或完成時及時填製有關原始憑證,及時進行憑證的傳遞。審核原始憑證時,應注意填製日期是否是經濟業務發生或完成時的日期,或者相近;涉及貨幣資金收付業務的原始憑證,是否有推遲收款或提前付款的記錄;各種票據是否過期等。

審核後應根據不同的情況進行處理,對於完全符合要求的原始憑證,應及時據以編製記帳憑證入帳;對於真實、合法、合理,但內容不夠完整、填寫有錯誤的原始憑證,應退給有關經辦人員,由其補充完整、更正錯誤或重開後,辦理正式會計手續;對於不真實、不合法的原始憑證,會計機構和會計人員有權不予接受,並向單位負責人報告。

[例6-6]　原始憑證,俗稱單據,是指在經濟業務發生或完成時由會計人員直接取得或填製的,用以記錄或證明經濟業務的發生或完成情況,明確經濟責任的書面證明,是記帳的原始依據,具有法律效力,是會計核算的重要資料。　　　(　)

【解析】錯誤。原始憑證是在經濟業務發生或完成時由經辦人直接取得或填製的,而非會計人員填製的。

[例6-7]　會計人員在審核原始憑證時發現有一張外來原始憑證金額出現錯誤,其正確的更正方法是(　　)。

　　A.由經辦人員更正,並報單位負責人批准

　　B.由出具單位更正,並在更正處加蓋公章

　　C.由審核人員更正,並報會計機構負責人審批

　　D.由出具單位重新開具

【解析】選D。原始憑證金額有錯誤的,應當由出具單位重開,不得在原始憑證

上更正。

第三節 記帳憑證

　　原始憑證是記錄經濟業務的原始的書面證明，其記載的內容詳細、繁雜，其格式也不盡相同，不便於將其直接登記到帳簿中，這就需要對原始憑證進行歸類、整理，確定相應的會計分錄並填製在記帳憑證中，通過記帳憑證，將經濟業務反應到有關帳簿中去。所以說，記帳憑證作為會計分錄的載體，是對經濟業務進行帳務處理的依據。

一、記帳憑證的種類

(一)按憑證的用途分類

1.專用記帳憑證

　　專用記帳憑證是指分類反應經濟業務、記錄某一特定種類經濟業務的記帳憑證。按其反應的經濟業務內容是否與現金、銀行存款收付有關，可分為收款憑證、付款憑證和轉帳憑證。

(1)收款憑證

收款憑證是指用於記錄現金和銀行存款收款業務的記帳憑證。

　　收款憑證根據有關庫存現金和銀行存款收入業務的原始憑證編製，據以登記庫存現金和銀行存款的有關帳簿。收款憑證又分為現金收款憑證和銀行存款收款憑證。現金收款憑證是指根據證明現金收入業務發生的原始憑證編製的收款憑證；銀行存款收款憑證是指根據證明銀行存款收入業務發生的原始憑證編製的收款憑證。具體格式如表 6-6 所示。

表 6-6　　　　　　　　　收　款　憑　證

借方科目：　　　　　　　年　月　日　　　　　　　字第　　號

摘　要	貸方總帳科目	明細科目	√	金　額
				千 百 十 萬 千 百 十 元 角 分
合　計				

財務主管：　　　記帳：　　　出納：　　　審核：　　　製單：

(2)付款憑證

付款憑證是指用於記錄庫存現金和銀行存款付款業務的記帳憑證。付款憑證是根據有關庫存現金和銀行存款支付業務的原始憑證編製的專用憑證,據以登記庫存現金和銀行存款的有關帳簿。付款憑證又分為庫存現金付款憑證和銀行存款付款憑證。庫存現金付款憑證是指根據證明庫存現金支付業務發生的原始憑證編製的付款憑證;銀行存款付款憑證是指根據證明銀行存款支付業務發生的原始憑證編製的付款憑證。具體格式如表6-7所示。

表6-7　　　　　　　　　付　款　憑　證

貸方科目：　　　　　　　　　年　月　日　　　　　　　　　字第　號

摘　要	借方總帳科目	明細科目	√	金　額								
				千	百	十	萬	千	百	十	元	角	分
合　計												

財務主管：　　　記帳：　　　出納：　　　審核：　　　製單：

(3)轉帳憑證

轉帳憑證是指用於記錄不涉及庫存現金和銀行存款業務的記帳憑證,是登記明細帳和總帳等有關帳簿的依據。它是根據證明轉帳業務(與庫存現金和銀行存款無關的經濟業務)發生的原始憑證填製的。具體格式如表6-8所示。

表6-8　　　　　　　　　轉　帳　憑　證

年　月　日　　　　　　　　　　　　　　　字　號

摘　要	總帳科目	明細科目	√	借方金額										貸方金額								
				千	百	十	萬	千	百	十	元	角	分	千	百	十	萬	千	百	十	元	角	分
合　計																							

財務主管：　　　記帳：　　　審核：　　　製單：

2.通用記帳憑證

通用記帳憑證是指用來反應所有經濟業務的記帳憑證,為各類經濟業務所共同使用,其格式與轉帳憑證基本相同。適用於規模小、業務量不多的單位。具體格式如表6-9所示。

表 6-9　　　　　　　　　　記　帳　憑　證
　　　　　　　　　　　　　　年　月　日　　　　　　　　　　　字　　號

摘要	總帳科目	明細科目	√	借方金額 千百十萬千百十元角分	貸方金額 千百十萬千百十元角分
合計					

財務主管：　　　　記帳：　　　　出納：　　　　審核：　　　　製單：

(二)按憑證的填列方式分類

1. 單式記帳憑證

單式記帳憑證是指只填列經濟業務所涉及的一個會計科目及其金額的記帳憑證。填列借方科目的稱為借項憑證，填列貸方科目的稱為貸項憑證。

單式憑證便於匯總計算每一會計科目的發生額，有利於會計的分工記帳。但是單式憑證的制證工作量大，且不能在一張憑證上反應經濟業務的全貌，內容分散，也不便於查帳。一般適用於業務量較大、會計部門內部分工較細的單位。單式記帳憑證的編製原理，仍然是借貸記帳法，屬於復式記帳法，而不是單式記帳法。只不過對於同一筆經濟業務，需要同時使用借式記帳憑證和貸式記帳憑證。

2. 復式記帳憑證

復式記帳憑證是指將每一筆經濟業務所涉及的全部科目及其發生額在同一張記帳憑證中反應的一種憑證。

復式憑證在實務中被普遍採用。復式憑證可以集中反應一項經濟業務的科目對應關係，便於瞭解有關經濟業務的全貌，減少憑證數量，節約紙張。但是，採用復式憑證不便於同時匯總計算每一個科目的發生額，也不利於會計的分工記帳。

二、記帳憑證的基本內容

在會計實務中，無論採用哪種格式的記帳憑證，都應包括以下基本內容：

(1)記帳憑證的名稱。如「收款憑證」「付款憑證」「轉帳憑證」或通用格式的「記帳憑證」。

(2)填製記帳憑證的日期。通常為填製憑證當天的日期，但在下月初編製上月末轉帳憑證時，應填上月最後一天的日期。

(3)記帳憑證的編號。記帳憑證應按經濟業務發生的先後順序編號，一般每月

一個順序號。

(4)經濟業務內容摘要。即對原始憑證所反應的經濟業務內容進行摘錄,簡明扼要地說明經濟業務的性質和主要內容。

(5)經濟業務所涉及的會計科目(包括一級科目、二級科目和明細科目)、記帳方向和金額。即將會計分錄格式化,這是記帳憑證最基本的內容。

(6)記帳標記。通常用「√」表示該帳戶已過帳完畢。

(7)所附原始憑證張數。除結帳和更正錯帳的記帳憑證外,其他記帳憑證必須附有原始憑證並註明張數。

(8)有關人員簽章。凡是與記帳憑證有關的人員都要在記帳憑證上簽章,以明確經濟責任,包括製單、審核、記帳、會計主管等。有關收款和付款的憑證,還要有出納人員的簽章。

以自制的原始憑證或者原始憑證匯總表代替記帳憑證的,也必須具備記帳憑證應有的項目。

三、記帳憑證的填製要求

記帳憑證根據審核無誤的原始憑證或原始憑證匯總表填製。記帳憑證填製正確與否,直接影響整個會計系統最終提供信息的質量。與原始憑證相同,記帳憑證的填製也有記錄真實、內容完整、手續齊全、填製及時等要求。

(一)記帳憑證填製的基本要求

1. 審核原始憑證

在對原始憑證審核無誤的基礎上才能編製記帳憑證。

2. 確定所使用的記帳憑證種類

根據企業管理需要和經濟業務的性質,確定使用哪種記帳憑證來記錄經濟業務。

3. 記帳憑證各項內容必須完整,書寫規範清楚

記帳憑證應包括的內容都要具備,書寫方面的要求同原始憑證。

4. 記帳憑證應連續編號

記帳憑證的編號方法有多種,專用記帳憑證可按收款、付款和轉帳業務三類分別編號,也可按庫存現金收款、庫存現金付款、銀行存款收款、銀行存款付款和轉帳業務五類分別編號;通用記帳憑證不分業務種類統一編號。無論採用哪一種編號方法,都應該按月順序編號,即每月都從1號編起,按自然數順序連續編號,一張記帳憑證編一個號,不得重號、跳號,順序編至月末。

在會計實務中,還可以在每月最後一張記帳憑證上註明「全」字,表示本月記帳憑證編製完畢。

知識鏈接

一筆經濟業務如果需要編製兩張或兩張以上記帳憑證,可以採用分數編號法,即在原順序編號後,以分數形式表示該筆經濟業務所編製的記帳憑證張數及該張的順序號。如 6 號經濟業務分錄需要編製 3 張記帳憑證,其編號應分別為 $6\frac{1}{3}$、$6\frac{2}{3}$、$6\frac{3}{3}$。

5. 記帳憑證附件應齊全

與記帳憑證經濟業務有關的原始憑證都應作為記帳憑證的附件。如果記帳憑證中附有匯總原始憑證,則應把所附的原始憑證和匯總原始憑證的張數一起計入附件的張數內。

一張原始憑證如涉及幾張記帳憑證,可以將該原始憑證附在一張主要的記帳憑證後面,在其他記帳憑證上註明該主要記帳憑證的編號,也可以在其他記帳憑證後附上該原始憑證的複印件。

對於經過上級批准的經濟業務,應將批准文件作為附件。

一張原始憑證上所列的支出需要由兩個以上單位共同負擔時,應當由保存該原始憑證的單位開給其他負擔單位原始憑證分割單。原始憑證分割單必須具備原始憑證的基本內容。

知識鏈接

如外來原始憑證遺失,應由原開出單位出具證明,註明原始憑證的號碼、內容、金額並加蓋出具單位公章,然後經接受單位會計機構負責人、會計主管人員和單位領導人批准後,才能代作原始憑證。對於確實無法取得的原始憑證,如火車、輪船、飛機票等,應由當事人寫出詳細情況,經辦單位會計機構負責人、會計主管人員和單位領導人批准後,代作原始憑證。

6. 記帳憑證使用要規範

記帳憑證編製完畢後如有空行,應當在自金額欄最後一筆數字下的空行處至合計數上的空行處畫斜線註銷。

7. 記帳憑證編製錯誤應正確處理

編製記帳憑證發生錯誤時,應當重新編製。

[例 6-8] 嚴格來講,填製記帳憑證的依據是(　　　)。

　　A. 匯總的原始憑證　　　　　　B. 自製原始憑證

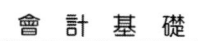

C.外來原始憑證   D.審核無誤的原始憑證

【解析】選D。記帳憑證是根據審核無誤的原始憑證填製的。

[例6-9] 一筆經濟業務需要編製多張記帳憑證時,可採用(　　)。

  A.分數編號法   B.雙重編號法

  C.字號編號法   D.單一編號法

【解析】選A。一筆經濟業務需要編製多張記帳憑證時,可採用分數編號法。

(二)收款憑證的填製要求

收款憑證的填製要求如下:

(1)借方科目。應填寫「庫存現金」或「銀行存款」科目。

(2)年、月、日。根據按記帳憑證的編製日期用阿拉伯數字填寫。

(3)字第號。填寫記帳憑證的順序編號,如「收字第×號」(專用記帳憑證有三類編號),或「現收第×號」「銀收第×號」(專用記帳憑證有五類編號)。

(4)摘要。填寫對經濟業務性質和內容的簡要說明。

(5)貸方會計科目和子目、細目。根據經濟業務內容,填寫與「借方科目」相對應的貸方一級科目及所屬的子目和細目名稱。

(6)金額。應填寫貸方一級科目及其所屬子目和細目的發生額。

(7)合計。應填寫該項經濟業務的總金額,即借方科目的總金額。

(8)「√」(或記帳)。填寫已記入帳簿的頁碼或用「√」表示過帳完畢。

(9)附件。填寫該張記帳憑證所附的原始憑證的張數。

(10)有關人員簽章。由與該張記帳憑證有關的人員簽章。

[例6-10] 2014年10月3日,收到通達工廠前欠款50 000元,存入銀行。根據此業務填製的收款憑證如表6-10所示。

表6-10   收 款 憑 證

借方科目:銀行存款   2014年10月03日   銀收字第001號

摘　　要	貸方總帳科目	明細科目	√	金　額							
				千	百	十	萬	千	百	十	元	角	分
收到前欠貨款	應收帳款	通達工廠					5	0	0	0	0	0	0
合　　計				¥			5	0	0	0	0	0	0

財務主管:　　　　記帳:　　　　出納:　　　　審核:　　　　製單:

(三)付款憑證的填製要求

付款憑證的填製要求是：

(1)貸方科目。應填寫「庫存現金」或「銀行存款」科目。

(2)字第號。填寫記帳憑證的順序編號，如「付字第×號」(專用記帳憑證有三類編號)，或「現付第×號」「銀付第×號」(專用記帳憑證有五類編號)。

(3)借方會計科目和子目、細目。根據經濟業務內容，填寫與「貸方科目」相對應的借方一級科目及所屬的子目和細目名稱。

(4)合計。應填寫該項經濟業務的總金額，即貸方科目的總金額。

其他項目的填列同「收款憑證」。

小提示

對於庫存現金和銀行存款之間相互劃轉的業務，一般只編製付款憑證，以免重複記帳。

出納人員在辦理收款或付款業務後，應在原始憑證上加蓋「收訖」或「付訖」的戳記，以免重收重付。

[例 6-11] 2014 年 11 月 2 日，開出轉帳支票一張，償還前欠昊華公司貨款 30 000元。

根據此業務填製的付款憑證如表 6-11 所示。

表 6-11　　　　　　　　　　付　款　憑　證

貸方科目：銀行存款　　　　2014 年 11 月 02 日　　　　銀付字第 001 號

摘　要	借方總帳科目	明細科目	✓	金額 千 百 十 萬 千 百 十 元 角 分
償還前欠貨款	應付帳款	昊華公司		3 0 0 0 0 0 0
合　計				￥ 3 0 0 0 0 0 0

財務主管：　　　　記帳：　　　　出納：　　　　審核：　　　　製單：

(四)轉帳憑證的填製要求

轉帳憑證通常是根據有關轉帳業務的原始憑證填製的。轉帳憑證中「總帳科目」和「明細科目」欄應填寫應借、應貸的總帳科目和明細科目，借方科目應記金額應在同一行的「借方金額」欄填列，貸方科目應記金額應在同一行的「貸方金額」欄

填列,「借方金額」欄合計數與「貸方金額」欄合計數應相等。

[例 6-12] 2014 年 11 月 18 日,接受運通公司設備投資 20 000 元,專利權投資 30 000 元,投資評估價格符合公允價值。

根據此業務填製的轉帳憑證如表 6-12 所示。

表 6-12

轉帳憑證

2014 年 11 月 18 日　　　　　　　　　　　　　　　　轉字 1 號

摘要	會計科目	明細科目	✓	借方金額 千百十萬千百十元角分	貸方金額 千百十萬千百十元角分
收到設備和專利權投資	固定資產	某設備		2 0 0 0 0 0 0	
	無形資產	專利權		3 0 0 0 0 0 0	
	實收資本	運通公司			5 0 0 0 0 0 0
合　計				¥ 5 0 0 0 0 0 0	¥ 5 0 0 0 0 0 0

財務主管:　　　　記帳:　　　　審核:　　　　製單:

此外,對於某些既涉及收款業務又涉及轉帳業務的綜合性業務,可分開填製不同類型的記帳憑證。如公司購進原材料一批,原材料已經驗收入庫,但是只用銀行存款結算了部分貨款,剩餘款項暫欠,就需要填製一張銀行存款的付款憑證和一張轉帳憑證。再如,出差歸來,報銷差旅費,原借款為 3 000 元,實際花費 2 800 元,多餘款項退回,需要填製一張庫存現金的收款憑證和一張轉帳憑證。

四、記帳憑證的審核

為了保證會計信息的質量,在記帳之前應由有關稽核人員對記帳憑證進行嚴格的審核,審核的內容主要包括:

(1)內容是否真實。審核記帳憑證記錄的內容與所附原始憑證反應的內容是否相符,是否真實。

(2)項目是否齊全。審核記帳憑證中有關項目的填列是否齊全,有關人員簽章是否完備。特別是收、付款業務辦理完成後,出納員是否在有關憑證上加蓋「現金收訖」「現金付訖」戳記。

(3)科目是否準確。審核記帳憑證記錄的經濟業務應借、應貸的科目是否正確,是否符合國家統一的規定,帳戶對應關係是否清晰,有無用錯會計科目。

(4)金額是否正確。審核記帳憑證所記錄的金額與原始憑證的有關金額是否一致,記入各個會計科目的金額是否正確,應借、應貸科目的金額是否相等。

(5)書寫是否規範。審核記帳憑證中的文字、數字的書寫是否工整、清楚、符合規範要求,對錯誤是否按規定進行更正。

(6)手續是否完備。審核記帳憑證最後的簽章是否齊全。經過審核無誤的記帳憑證才能作為登記帳簿的依據。

知識鏈接

在實際工作中,記帳憑證所附的原始憑證種類繁多,在編製記帳憑證的時候,應對過寬過長、過窄過短的原始憑證進行必要的外形加工,使之與記帳憑證大小相同,便於日後的裝訂和保管。報銷差旅費的零散票券大小不一,數量較多,可以粘貼在一張紙上,作為一張原始憑證。單獨裝訂的原始憑證,要在記帳憑證上註明保管地點。原始憑證附在記帳憑證後的順序應與記帳憑證所記載的內容順序一致,不應按原始憑證的面積大小來排序。

經過整理的會計憑證,為匯總裝訂打好了基礎。

第四節　會計憑證的傳遞與保管

一、會計憑證的傳遞

會計憑證的傳遞是指會計憑證從取得或填製時起至歸檔保管,在單位內部有關部門和人員之間的傳送。會計憑證的傳遞,應當滿足內部控製制度的要求,使傳遞程序合理有效,同時盡量節約傳遞時間,減少傳遞的工作量。各單位應根據具體情況確定每一種會計憑證的傳遞程序和方法。

會計憑證傳遞具體包括傳遞程序和傳遞時間。各單位應根據經濟業務的特點、內部機構設置、人員分工和管理要求,具體規定各種憑證的傳遞程序。根據有關部門和經辦人員辦理業務的情況,確定憑證的傳遞時間。在制定憑證傳遞程序和時間時,通常考慮以下幾點:

第一,要根據經濟業務的特點、機構設置和人員分工情況以及管理上的要求等,具體規定各種憑證的聯數和傳遞程序,使有關部門既能按規定手續處理業務,又能利用憑證資料掌握情況。

第二,要根據有關部門和人員辦理業務和手續的必要時間,確定憑證的傳遞時間。時間過緊,會影響業務手續的完成;時間過鬆,則影響工作效率。

第三,要通過調查研究和協商制定會計憑證的傳遞程序和傳遞時間。

二、會計憑證的保管

會計憑證的保管是指會計憑證記帳後的整理、裝訂、歸檔和存查。會計憑證作為記帳的依據,是重要的會計檔案和經濟資料。本單位以及其他有關單位,可能因為各種需要查閱會計憑證,特別是發生貪污、盜竊、違法亂紀行為時,會計憑證是依法處理的有效證據。因此,任何單位在完成辦理經濟業務的手續和記帳時,必須將會計憑證按規定的立卷制度形成會計檔案資料妥善保存,防止丟失,不得任意銷毀,以便日後隨時查閱。

會計憑證的保管的要求為:

(1)會計憑證應定期裝訂成冊,防止散失。會計部門在依據會計憑證記帳以後,應定期(每天、每旬或每月)對各種會計憑證進行分類整理,將各種記帳憑證按照編號順序,連同所附的原始憑證一起加具封面和封底,裝訂成冊,並在裝訂線上加貼封簽,由裝訂人員在裝訂線封簽處簽名或蓋章。

(2)會計憑證封面應註明單位名稱、憑證種類、憑證張數、起止號數、年度、月份、會計主管人員和裝訂人員等有關事項,會計主管人員和保管人員應在封面上簽章。

(3)會計憑證應加貼封條,防止抽換憑證。原始憑證不得外借,其他單位如有特殊原因確實需要使用時,經本單位會計機構負責人(會計主管人員)批准,可以複製。向外單位提供原始憑證複製件時,應在專設的登記簿上登記,並由提供人員和收取人員共同簽名、蓋章。

(4)原始憑證較多時,可單獨裝訂,但應在憑證封面註明所屬記帳憑證的日期、編號和種類,同時在所屬的記帳憑證上應註明「附件另訂」及原始憑證的名稱和編號,以便查閱。

對各種重要的原始憑證,如押金收據、提貨單等,以及各種需要隨時查閱和退回的單據,應另編目錄,單獨保管,並在有關的記帳憑證和原始憑證上分別註明日期和編號。

(5)每年裝訂成冊的會計憑證,在年度終了時可暫由單位會計機構保管一年。期滿後應當移交本單位檔案機構統一保管;未設立檔案機構的,應當在會計機構內部指定專人保管。出納人員不得兼管會計檔案。

嚴格遵守會計憑證的保管期限要求,期滿前不得任意銷毀。

原始憑證、記帳憑證須保管 30 年。對於保管期滿但未結清的債權債務原始憑證以及涉及其他未了事項的原始憑證,不得銷毀,應單獨抽出,另行立卷,由檔案部門保管到未了事項完結時為止。

正在項目建設期間的建設單位,其保管期滿的會計憑證等會計檔案不得銷毀。

新的《會計檔案管理辦法》自 2016 年 1 月 1 日起施行,具體規定了企業和其他組織會計檔案保管期限,如表 6-13 所示。

表 6-13　　　　　　　　企業和其他組織會計檔案保管期限表

序號	檔案名稱	保管期限	備註
一	**會計憑證類**		
1	原始憑證	30 年	
2	記帳憑證	30 年	
二	**會計帳簿類**		
3	總帳	30 年	
4	明細帳	30 年	
5	日記帳	30 年	
6	固定資產卡片		固定資產報廢清理後保管 5 年
7	其他輔助性帳簿	30 年	
三	**財務會計報告類**		
8	月度、季度、半年度財務會計報告	10 年	
9	年度財務會計報告	永久	
四	**其他會計資料**		
10	銀行存款餘額調節表	10 年	
11	銀行對帳單	10 年	
12	納稅申報表	10 年	
13	會計檔案移交清冊	30 年	
14	會計檔案保管清冊	永久	
15	會計檔案銷毀清冊	永久	
16	會計檔案鑒定意見書	永久	

[例 6-13] 關於會計憑證的裝訂和保管,下列表述不正確的是(　　)。

A. 對會計憑證必須按照歸檔制度,進行妥善整理和保管,形成會計檔案,便於隨時查閱

B. 對檢查無誤的會計憑證,要按順序號排列,折疊整齊裝訂成冊,並加具封面

C. 如果某些記帳憑證的原始憑證數量過多,也可以單獨裝訂保管,但應在其封面及有關記帳憑證上加註說明

D. 合同、契約、押金收據等重要原始憑證,必須裝訂成冊,不得單獨保管,以防散失

【解析】選 D。對合同、契約、押金收據及涉外文件等重要原始憑證,應另編目錄,單獨登記保管,並在有關記帳憑證和原始憑證上註明「另行保管」,以便查核。

自測題

一、單項選擇題

1. 企業購進原材料 60 000 元，款項未付。對於該筆經濟業務，應編製的記帳憑證是(　　)。
   - A. 收款憑證
   - B. 付款憑證
   - C. 轉帳憑證
   - D. 以上均可

2. 原始憑證有錯誤時，正確的處理方法是(　　)。
   - A. 向單位負責人報告
   - B. 退回，不予接受
   - C. 由出具單位重開或更正
   - D. 本單位代為更正

3. 下列表示方法正確的是(　　)。
   - A. ￥508.00
   - B. ￥　86.00
   - C. 人民幣伍拾陸元捌角伍分整
   - D. 人民幣　柒拾陸元整

4. 關於會計憑證的保管，下列說法不正確的是(　　)。
   - A. 會計憑證應定期裝訂成冊，防止散失
   - B. 會計主管人員和保管人員應在封面上簽章
   - C. 原始憑證不得外借，其他單位如有特殊原因確實需要使用時，經本單位會計機構負責人、會計主管人員批准，可以複印
   - D. 經單位領導批准，會計憑證在保管期滿前可以銷毀

5. 付款憑證左上角的「貸方科目」可能登記的科目是(　　)。
   - A. 預付帳款
   - B. 銀行存款
   - C. 預收帳款
   - D. 其他應付款

二、多項選擇題

1. 原始憑證的基本內容包括(　　)。
   - A. 原始憑證名稱
   - B. 接受原始憑證的單位名稱
   - C. 經濟業務的性質
   - D. 憑證附件

2. 下列說法中，正確的是(　　)。
   - A. 對於已經登記入帳的記帳憑證，在當年內發現填寫錯誤時，直接用藍字重新填寫一張正確的記帳憑證即可
   - B. 發現以前年度記帳憑證有錯誤的，可以用紅字填寫一張與原內容相同的記帳憑證，再用藍字重新填寫一張正確的記帳憑證
   - C. 如果會計科目沒有錯誤只是金額錯誤，也可以將正確數字與錯誤數字之

間的差額,另填製一張調整的記帳憑證,調增金額用藍字,調減金額用紅字

D. 發現以前年度記帳憑證有錯誤的,應當用藍字填製一張更正的記帳憑證

3. 其他單位因特殊原因需要使用本單位的原始憑證時,正確的做法是(　　)。

　　A. 可以外借

　　B. 將外借的會計憑證拆封抽出

　　C. 不得外借,經本單位會計機構負責人、會計主管人員批准,可以複製

　　D. 向外單位提供憑證複印件時,在專設的登記簿上登記

4. 在原始憑證上書寫阿拉伯數字時,下列說法正確的是(　　)。

　　A. 金額數字一律填寫到角、分

　　B. 無角、分的,角位和分位可寫「00」或者符號「—」

　　C. 有角無分的,分位應當寫「0」

　　D. 有角無分的,分位也可以用符號「—」代替

5. 下列屬於外來原始憑證的有(　　)。

　　A. 本單位開具的銷售發票　　　　B. 供貨單位開具的發票

　　C. 職工出差取得的飛機票和火車票　D. 銀行收付款通知單

三、判斷題

1. 轉帳支票只能用於轉帳,而現金支票不僅可以用於提取現金還可以用於轉帳。(　　)

2. 所有的記帳憑證都必須附有原始憑證,否則,不能作為記帳的依據。(　　)

3. 原始憑證原則上不得外借,其他單位如有特殊原因確實需要使用時,經本單位會計機構負責人、會計主管人員批准,可以外借。(　　)

4. 原始憑證是會計核算的原始資料和重要依據,是登記會計帳簿的直接依據。(　　)

5. 發現以前年度記帳憑證有錯誤時,不必用紅字沖銷,直接用藍字填製一張更正的記帳憑證即可。(　　)

第七章　會計帳簿

學習目標

1. 瞭解會計帳簿的概念與分類。
2. 瞭解會計帳簿的更換與保管。
3. 熟悉會計帳簿的登記要求。
4. 熟悉總分類帳與明細分類帳平行登記的要點。
5. 掌握日記帳、總分類帳及有關明細分類帳的登記方法。
6. 掌握對帳與結帳的方法。
7. 掌握錯帳查找與更正的方法。

第一節　會計帳簿概述

企業在生產經營活動中，對發生的每一項經濟業務，必須通過會計憑證進行記錄反應。但是，會計憑證的數量多、格式不一、資料分散，每一張憑證只能反應個別經濟業務的內容。為了對經濟業務進行全面、系統、連續地反應，以提供經營管理所需要的各種會計核算資料，有必要對會計憑證提供的大量、分散的核算資料，加以歸類整理，登記到有關的帳簿中去。設置和登記會計帳簿是會計核算的一種專門方法。

一、會計帳簿的概念和作用

會計帳簿是指由一定格式的帳頁組成的，以經過審核的會計憑證為依據，全面、系統、連續地記錄各項經濟業務的簿籍。

設置和登記帳簿是會計核算工作的中心環節，對充分發揮會計在經濟管理中的作用具有重要的意義。

(1)記載和儲存會計信息。將會計憑證所記錄的經濟業務記入有關帳簿,可以全面地反應會計主體在一定時期內所發生的各項資金運動,儲存所需要的各項會計信息。

(2)分類和匯總會計信息。帳簿由不同的相互關聯的帳戶所構成,通過帳簿記錄,一方面可以分門別類地反應各項會計信息,提供一定時期內經濟活動的詳細情況;另一方面可以通過發生額、餘額計算,提供各方面所需要的總括會計信息,反應財務狀況及經營成果。

(3)檢查和校正會計信息。帳簿記錄是會計憑證信息的進一步整理。如在永續盤存制下,通過有關盤存帳戶餘額與實際盤點或核查結果的核對,可以確認財產的盤盈或盤虧,並根據實際結存數額調整帳簿記錄,做到帳實相符,提供真實、可靠的會計信息。

(4)編報和輸出會計信息。為了反應一定日期的財務狀況及一定時期的經營成果,應定期進行結帳工作,進行有關帳簿之間的核對,計算出本期發生額和餘額,據以編製會計報表,向有關各方提供所需要的會計信息。

[例 7-1] 下列項目中,(　　)是連接會計憑證和會計報表的中間環節。

  A.復式記帳　　　　　　　　B.設置會計科目和帳戶

  C.設置和登記帳簿　　　　　D.編製會計分錄

【解析】選C。設置和登記帳簿是連接會計憑證和會計報表的中間環節。

二、會計帳簿的基本內容

會計帳簿的種類和格式儘管多種多樣,但其基本內容都包括封面、扉頁、帳頁三部分。

(1)封面。封面上應標明帳簿名稱,如現金日記帳、總分類帳等。

(2)扉頁。主要包括兩方面內容:一是帳簿啟用表,包括單位名稱、啟用日期、經管人員等,如表 7-1 所示;二是帳戶目錄索引,主要是用於查閱帳簿中登記的內容。

(3)帳頁。帳頁的格式因反應經濟業務的內容不同而存在差異,但基本內容包括:①帳戶的名稱,包括總帳科目、明細科目;②日期欄;③憑證種類、號數欄;④摘要欄;⑤金額欄等。

表 7-1 帳簿啟用表

單位名稱		單位公章
帳簿名稱		
帳簿編號	字第　號第　冊共　冊	
帳簿頁數	本帳簿共計　頁	
啟用日期	年　月　日	

經管人員		接管			移交			會計負責人		印花稅票粘貼處
姓名	蓋章	年	月	日	年	月	日	姓名	蓋章	

[例 7-2] 下列各項中,屬於會計帳簿應具備的內容的是(　　)。

A. 封面　　　　　　　　B. 扉頁

C. 帳頁　　　　　　　　D. 封皮

【解析】選 ABC。會計帳簿的基本內容有封面、扉頁、帳頁。

三、會計帳簿與帳戶的關係

帳簿與帳戶的關係是形式和內容的關係。帳簿是由若干帳頁組成的一個整體,帳簿中的每一帳頁就是帳戶的具體存在形式和載體,沒有帳簿,帳戶就無法存在;帳簿序時、分類地記錄經濟業務,是在各個具體的帳戶中完成的。因此,帳簿只是一個外在形式,帳戶才是它的實質內容。

四、會計帳簿的種類

會計帳簿的種類很多,不同類別的會計帳簿可以提供不同的信息,滿足不同的需要。

(一)按用途分類

1. 序時帳簿

序時帳簿又稱日記帳,是指按照經濟業務發生或完成時間的先後順序逐日逐筆連續登記的帳簿。日記帳按其記錄經濟業務的範圍不同,又可分為兩種:一種是用以記錄全部經濟業務發生情況的日記帳,稱為普通日記帳。這種日記帳目前在會計實務中很少使用。另一種是只記錄某一類經濟業務發生情況的日記帳,稱為特種日記帳。如庫存現金日記帳、銀行存款日記帳等。

2. 分類帳簿

分類帳簿是指對經濟業務進行分類登記的帳簿。按其提供核算資料詳細程度的不同,可分為總分類帳簿和明細分類帳簿。

總分類帳簿簡稱總帳,是根據總分類科目開設帳戶,用於分類登記全部經濟業務,提供總括核算資料的分類帳簿。

明細分類帳簿,簡稱明細帳,是指按照明細科目開設帳戶,用來分類登記某一類經濟業務,提供明細核算資料的分類帳簿。

3.備查帳簿

備查帳簿是指對某些在序時帳和分類帳中未能記載的事項進行補充登記的輔助性帳簿,主要是為某些經濟業務提供必要的參考資料。如「租入固定資產登記簿」「代管委託加工材料登記簿」等。

[例7-3] 庫存現金日記帳屬於( )。

A.分類帳簿　　　　　　　B.特種日記帳

C.備查帳簿　　　　　　　D.普通日記帳

【解析】選B。庫存現金日記帳屬於特種日記帳。

(二)按帳頁格式分類

1.兩欄式帳簿

兩欄式帳簿是指只有借方和貸方兩個金額欄目的帳簿。具體格式如表7-2所示。

表7-2　　　　　　　　　　　　　　兩欄式帳頁

普通日記帳(兩欄式)

2015年		原始憑證	摘要	對應帳戶	分類帳頁數	借方	貸方
月	日						
6	1	出庫單11	銷售產品	銀行存款	10	35 100	
		入帳通知18		主營業務收入	30		30 000
				應交稅費——應交增值稅 (銷項稅額)	75		5 100

2.三欄式帳簿

三欄式帳簿是指設有借方、貸方和餘額三個金額欄目的帳簿。

三欄式的帳頁是最簡單的一種格式,幾乎適用於所有的帳簿,金額欄最少應當分別設「借方」「貸方」和「餘額」三個欄次。不同的帳簿,即使記帳要求不同,其格式也不外乎是三欄式的變形。

庫存現金日記帳、銀行存款日記帳,資本類、債權債務類明細帳,總分類帳等,都可以採用三欄式帳簿。根據帳簿摘要欄和借方金額欄之間是否設「對方科目」欄,又

分為設對方科目和不設對方科目兩種,前者稱為設對方科目欄的三欄式帳簿,後者稱為不設對方科目欄的三欄式帳簿,也稱一般三欄式帳簿。具體格式如表 7-3 所示。

表 7-3　　　　　　　　　　　　三欄式帳頁

年		憑證號數	摘要	對方科目	借方	貸方	餘額
月	日						

3. 多欄式帳簿

多欄式帳簿是指在帳簿的兩個金額欄(借方和貸方)按需要分設若干專欄的帳簿。

按照專欄設置的具體位置不同,多欄式帳簿又可以細分為借方多欄式帳簿、貸方多欄式帳簿和借貸方多欄式帳簿三種形式。借方多欄式帳簿是指帳簿的借方金額欄分設若干專欄的多欄式帳簿,一般適用於成本、費用明細帳,如生產成本明細帳、管理費用明細帳等;貸方多欄式帳簿是指帳簿的貸方金額欄分設若干專欄的多欄式帳簿,一般適用於收入明細帳,如主營業務收入明細帳等;借貸方多欄式帳簿是指帳簿的借方金額欄和貸方金額欄分別分設若干專欄的多欄式帳簿,如本年利潤明細帳等。具體格式如表 7-4、表 7-5、表 7-6 所示。

表 7-4　　　　　　　　　　　　生產成本明細帳

產品名稱:　　　　　　　　　　　　　　　　　　　　　　第　　頁

年		憑證		摘要	借方(成本項目)				合計
月	日	字	號		直接材料	直接人工	製造費用	合計	

表 7-5　　　　　　　　　　　　主營業務收入明細帳

　　　　　　　　　　　　　　　　　　　　　　　　　　　第　　頁

年		憑證		摘要	貸方(項目)				餘額
月	日	字	號		甲產品	乙產品	……	合計	

表 7-6　　　　　　　　　　　本年利潤明細帳

第　　頁

年		憑證		摘要	借方(項目)		貸方(項目)		餘額
月	日	字	號		……	合計	……	合計	

4. 數量金額式帳簿

數量金額式帳簿是指在帳簿的借方、貸方和餘額三個欄目內,再分設數量、單價和金額三小欄,借以反應財產物資的實物數量和價值量的帳簿。數量金額式一般適用於原材料、庫存商品、產成品等明細帳。具體格式如表 7-7 所示。

表 7-7　　　　　　　　　　**數量金額式明細分類帳**

名稱：　　　　　　　　　　　　　　　　　　　　　　最低儲量：
編號：　　　規格：　　　　計量單位：　　　　　　　最高儲量：

年		憑證		摘要	收入			發出			結存		
月	日	字	號		數量	單價	金額	數量	單價	金額	數量	單價	金額

5. 橫線登記式帳簿

橫線登記式帳簿,又稱平行式帳簿,是指將前後密切相關的經濟業務登記在同一行上,以便檢查每筆業務的發生和完成情況的帳簿。具體格式如表 7-8 所示。

表 7-8　　　　　　　　　　**應付帳款明細帳**

行次	戶名	借方				貸方				轉銷
		年		憑證	摘要	金額	年		憑證	摘要	金額	
		月	日				月	日				

[例 7-4] 多欄式明細帳格式一般適用於(　　)。

　　A. 債權債務類帳戶　　　　　　B. 財產物資類帳戶
　　C. 費用成本類和收入成果類帳戶　　D. 貨幣資金類帳戶

【解析】選 C。費用成本類和收入成果類帳戶一般適用多欄式明細帳格式。

(三)按外形特徵分類

1.訂本式帳簿

訂本式帳簿,簡稱訂本帳,是指在啟用前將編有順序頁碼的一定數量帳頁裝訂成冊的帳簿。採用訂本式帳簿,能夠避免帳頁散失和防止抽換,從而保證帳簿記錄的安全和完整。但由於帳頁是固定的,不能根據記帳需要隨時進行增減,也不便於分工記帳。一般具有統馭性和重要性的帳簿,如總帳、庫存現金日記帳和銀行存款日記帳,都採用訂本式帳簿。

知識鏈接

《會計基礎工作規範》第五十七條規定,現金日記帳和銀行存款日記帳必須採用訂本式帳簿。不得用銀行對帳單等代替日記帳。

2.活頁式帳簿

活頁式帳簿,簡稱活頁帳,是指將一定數量的帳頁置於活頁夾內,可根據記帳內容的變化而隨時增加或減少部分帳頁的帳簿。這種帳簿在記帳時可根據實際需要,隨時將空白帳頁加入帳簿中,其特點是便於序時和分類連續登記,避免帳頁浪費,便於分工記帳,比較靈活,但易於散失。活頁式帳簿一般適用於明細分類帳。

3.卡片式帳簿

卡片式帳簿,簡稱卡片帳,是指將一定數量的卡片式帳頁存放於專設的卡片箱中,可以根據需要隨時增添帳頁的帳簿,可跨年度使用。使用時應將卡片連續編號,使用完畢不再登記帳簿時,應將卡片穿孔固定保管。採用這種帳簿,靈活方便,可以使記錄的內容詳細具體,可以跨年度使用而無須更換帳頁,也便於分類匯總和根據管理的需要轉移卡片。但這種帳簿的帳頁容易散失和被抽換,因此,使用時,應在卡片上連續編號,以保證安全。卡片式帳簿一般適用於帳頁需要隨著物資使用或存放地點的轉移而重新排列的明細帳。如固定資產明細分類帳,一般採用卡片式。嚴格來說,卡片帳也是一種活頁帳,不過它不是裝在活頁夾中,而是保存在卡片箱內。

[例7-5] 下列各項中,一般採用訂本式帳簿的是( )。

A.生產成本明細帳　　　　　B.總分類帳

C.備查帳　　　　　　　　　D.應付帳款明細帳

【解析】選B。總分類帳、庫存現金日記帳和銀行存款日記帳應採用訂本帳;明細帳一般採用活頁帳或卡片帳;備查帳沒有特定的格式。

上述會計帳簿的分類的歸納如表 7-9 所示。

表 7-9　　　　　　　　　　　會計帳簿的種類

	外表形式	帳頁格式
日記帳	訂本式	三欄式、多欄式
總分類帳	訂本式	三欄式
明細分類帳	活頁式、卡片式	三欄式、多欄式、數量金額式、橫線登記式

第二節　會計帳簿的啟用與登記要求

一、會計帳簿的啟用

為了保證帳簿記錄的合法性、合理性和帳簿資料的完整性，明確記帳責任，會計人員啟用帳簿時，應在帳簿扉頁上填寫「帳簿啟用表」，詳細填明單位名稱、帳簿名稱、帳簿編號、帳簿頁數（如為活頁帳，應在裝訂成冊後寫明頁數）和啟用日期等，並填明會計機構負責人、會計主管人員、記帳人員的姓名，並加蓋單位公章和個人印章。如果記帳人員、會計主管人員調整更換時，應辦理交接手續，並在表內註明交接日期、交接人員姓名，並簽字蓋章，以明確責任。

啟用訂本式帳簿時，應當從第一頁到最後一頁順序編定頁數，不得跳頁、缺號。使用活頁式帳簿時，應當按帳戶順序編號，並須定期裝訂成冊，裝訂後再按實際使用的帳頁順序編定頁碼，另加目錄以便於記明每個帳戶的名稱和頁次。

二、會計帳簿的登記要求

為了保證帳簿記錄的正確性，必須根據審核無誤的會計憑證登記會計帳簿，並符合有關法律、行政法規和國家統一的會計準則制度的規定。主要有以下要求：

1. 準確完整

登記會計帳簿時，應將會計憑證日期、編號、業務內容摘要、金額和其他有關資料逐項記入帳簿內，做到數字準確、摘要清楚、登記及時、字跡工整。

2. 註明記帳符號

登記完畢後，要在記帳憑證上簽名或者蓋章，並註明已經登帳的符號表示已經登帳，避免重記、漏記。

3. 書寫留空

帳簿中書寫的文字和數字上面要留有適當空格，不要寫滿格，一般應占格距的

1 2。這樣,如果發生登記錯誤,能比較容易地進行更正,同時也方便查帳。

4. 正常記帳使用藍黑墨水

登記帳簿必須使用藍黑墨水或碳素墨水筆書寫,不得使用圓珠筆(銀行的復寫帳簿除外)或者鉛筆書寫。

5. 特殊記帳使用紅墨水

下列情況,可以使用紅色墨水:

(1)按照紅字衝帳的記帳憑證,衝銷錯誤記錄。

(2)在不設借貸等欄的多欄式帳頁中,登記減少數。

(3)在三欄式帳戶的「餘額」欄前,如未印明餘額方向的,在「餘額」欄內登記負數餘額。

(4)根據國家統一的會計準則的規定可以用紅字登記的其他會計記錄。

6. 順序連續登記

各種帳簿應按頁次順序連續登記,不得跳行、隔頁。如發生跳行、隔頁,應當將空行、空頁劃線註銷,或者註明「此行空白」「此頁空白」字樣,並由記帳人員簽名或者蓋章。

7. 結出餘額

凡需要結出餘額的帳戶,結出餘額後,應在「借或貸」欄中註明「借」或「貸」字樣。沒有餘額的帳戶,在「借或貸」欄內註明「平」字,並在「餘額」欄中的元位用「0」表示。庫存現金日記帳和銀行存款日記帳必須逐日結出餘額。

8. 過次承前

每一帳頁登記完畢結轉下頁時,應當結出本頁合計數及餘額,寫在本頁最後一行和下頁第一行有關欄內,並在本頁最後一行摘要欄內註明「過次頁」字樣,下頁第一行摘要欄註明「承前頁」字樣;也可以將本頁合計數及金額只寫在下頁第一行有關欄內,並在摘要欄內註明「承前頁」字樣,以保證帳簿的連續性,便於對帳和結帳。

對需要結計本月發生額的帳戶,結計「過次頁」的本頁合計數應當為自本月初起至本頁末止的發生額合計數;對需要結計本年累計發生額的帳戶,結計「過次頁」的本頁合計數應當為自年初起至本頁末時的累計數;對既不需要結計本月發生額,也不需要結計本年累計發生額的帳戶,可以只將每頁末的餘額結轉次頁。

9. 不得塗改、刮擦、挖補

如發生帳簿記錄錯誤,不得刮擦、挖補或用褪色藥水更改字跡,而應採用規定的方法更正。

[例 7-6] 登記帳簿時,下列情況中可以使用紅色墨水的有(   )。

A. 按照紅字衝帳的記帳憑證,衝銷錯誤記錄

B. 在不設借貸等欄的多欄式帳頁中,登記減少數

C. 在三欄式帳戶的「餘額」欄前，如未印明餘額方向的，在「餘額」欄內登記負數餘額

D. 過次承前，註明「過次頁」「承前頁」時

【解析】選 ABC。

第三節　會計帳簿的格式與登記方法

一、日記帳的格式與登記方法

日記帳是指按照經濟業務發生或完成的時間先後順序逐日逐筆進行登記的帳簿。設置日記帳的目的是為了使經濟業務的時間順序清晰地反應在帳簿記錄中。日記帳按其所核算和監督經濟業務的範圍，可分為特種日記帳和普通日記帳。在中國，大多數企業一般只設庫存現金日記帳和銀行存款日記帳。

(一)庫存現金日記帳的格式與登記方法

庫存現金日記帳是指用來核算和監督庫存現金日常收、付和結存情況的序時帳簿。庫存現金日記帳的格式主要有三欄式和多欄式兩種，庫存現金日記帳必須使用訂本帳。

1. 三欄式庫存現金日記帳

三欄式庫存現金日記帳是指用來登記庫存現金的增減變動及其結果的日記帳，設借方、貸方和餘額三個金額欄目，一般將其分別稱為收入、支出和結餘三個基本欄目。

三欄式庫存現金日記帳由出納人員根據庫存現金收款憑證、庫存現金付款憑證以及銀行存款的付款憑證，按照庫存現金收、付款業務和銀行存款付款業務發生時間的先後順序逐日逐筆登記。具體格式如表 7-10 所示。

表 7-10　　　　　　　　　庫存現金日記帳

2014年		憑證		摘要	對方科目	借方	貸方	餘額
月	日	種類	號數					
3	1			月初餘額				10 000
3	1	銀付	1號	提取現金	銀行存款	5 000		15 000
3	1	現付	1號	購買辦公用品	管理費用		3 000	12 000
3	1			本日合計		5 000	3 000	12 000

179

2.多欄式庫存現金日記帳

多欄式庫存現金日記帳是在三欄式庫存現金日記帳基礎上發展起來的。這種日記帳的借方(收入)和貸方(支出)金額欄都按對方科目設專欄,也就是按收入的來源和支出的用途設專欄。其在月末結帳時,可以結出各收入來源專欄和支出用途專欄的合計數,便於對現金收支的合理性、合法性進行審核分析,便於檢查財務收支計劃的執行情況,其中的全月發生額還可以作為登記總帳的依據。

[例7-7] 下列各項中,據以登記庫存現金日記帳的有( )。

A.庫存現金收款憑證　　　　B.庫存現金付款憑證
C.銀行存款收款憑證　　　　D.銀行存款付款憑證

【解析】選ABD。庫存現金日記帳是根據庫存現金的收、付款憑證和銀行存款付款憑證登記的。

(二)銀行存款日記帳的格式與登記方法

銀行存款日記帳是指用來核算和監督銀行存款每日的收入、支出和結餘情況的帳簿。銀行存款日記帳應按企業在銀行開立的帳戶和幣種分別設置,每個銀行帳戶設置一本日記帳。由出納員根據與銀行存款收付業務有關的記帳憑證,按時間先後順序逐日逐筆進行登記。根據銀行存款收款憑證和有關的庫存現金付款憑證登記銀行存款收入欄,根據銀行存款付款憑證登記其支出欄,每日結出存款餘額。具體格式如表7-11所示。

表7-11　　　　　　　　　　銀行存款日記帳

| 2014年 || 憑證 || 摘要 | 對方科目 | 借方 | 貸方 | 餘額 |
月	日	種類	號數					
6	1			承前頁				20 000
6	2	銀付	1號	報銷招待費	管理費用		3 000	17 000
6	3	現付	1號	存入現金	庫存現金	1 500		18 500
6	5	銀收	1號	銷售收入	主營業務收入	10 000		28 500

[例7-8] 明軒公司2014年4月「庫存現金」帳戶期初餘額為5 000元,「銀行存款」帳戶期初餘額為500 000元。該公司4月份發生的現金和銀行存款收付業務如下:

(1)3日,收到甲投資者投入貨幣資金50 000元,存入銀行。

(2)6日,用銀行存款償還期限為3個月的到期借款40 000元。

(3)8日,以銀行存款償還前欠光明工廠貨款5 000元。

(4)9日,以現金1 000元購入辦公用品。

(5)10 日,職工劉強預借差旅費 800 元,以現金付訖。

(6)12 日,職工王玉交現金 500 元,償還上月欠交賠償款。

(7)15 日,用銀行存款支付下半年財產保險費 3 000 元。

(8)16 日,以銀行存款 46 800 元,支付購買 B 材料款。其中材料買價為 40 000 元,增值稅為 6 800 元。材料尚未入庫。

(9)22 日,企業收到 A 公司的違約賠款利得 5 000 元,轉作營業外收入。

(10)25 日,收到利達工廠償還的前欠乙產品貨款 23 400 元,存入銀行。

要求:

(1)根據經濟業務編製記帳憑證。

(2)根據記帳憑證登記庫存現金日記帳和銀行存款日記帳。

具體操作過程如表 7-12 至表 7-23 所示。

表 7-12　　　　　　　　　　　收 款 憑 證

借方科目:銀行存款　　　　2014 年 4 月 3 日　　　　銀收字第 1 號

摘　要	貸方總帳科目	明細科目	√	金　額 千 百 十 萬 千 百 十 元 角 分
投入資本	實收資本	甲投資者		5 0 0 0 0 0 0
合　計				￥ 5 0 0 0 0 0 0

財務主管:　　　記帳:　　　出納:××　　　審核:　　　製單:××

表 7-13　　　　　　　　　　　付 款 憑 證

貸方科目:銀行存款　　　　2014 年 4 月 6 日　　　　銀付字第 1 號

摘　要	借方總帳科目	明細科目	√	金　額 千 百 十 萬 千 百 十 元 角 分
歸還借款	短期借款			4 0 0 0 0 0 0
合　計				￥ 4 0 0 0 0 0 0

財務主管:　　　記帳:　　　出納:××　　　審核:　　　製單:××

表 7-14

付 款 憑 證

貸方科目:銀行存款　　　2014 年 4 月 8 日　　　　銀付字第 2 號

摘 要	借方總帳科目	明細科目	√	金額 千 百 十 萬 千 百 十 元 角 分
償還前欠貨款	應付帳款	光明工廠		5 0 0 0 0 0
合 計				￥ 5 0 0 0 0 0

財務主管:　　　記帳:　　　出納:××　　　審核:　　　製單:××

表 7-15

付 款 憑 證

貸方科目:庫存現金　　　2014 年 4 月 9 日　　　　現付字第 1 號

摘 要	借方總帳科目	明細科目	√	金額 千 百 十 萬 千 百 十 元 角 分
購買辦公用品	管理費用	辦公用品		1 0 0 0 0 0
合 計				￥ 1 0 0 0 0 0

財務主管:　　　記帳:　　　出納:××　　　審核:　　　製單:××

表 7-16

付 款 憑 證

貸方科目:庫存現金　　　2014 年 4 月 10 日　　　現付字第 2 號

摘 要	借方總帳科目	明細科目	√	金額 千 百 十 萬 千 百 十 元 角 分
出差借款	其他應收款	劉強		8 0 0 0 0
合 計				￥　8 0 0 0 0

財務主管:　　　記帳:　　　出納:××　　　審核:　　　製單:××

表 7-17   收 款 憑 證
借方科目:庫存現金   2014 年 4 月 12 日   現收字第 1 號

摘　要	貸方總帳科目	明細科目	√	金　額 千 百 十 萬 千 百 十 元 角 分
收到賠償金	其他應收款	王玉		5 0 0 0 0
合　計				￥ 5 0 0 0 0

財務主管:　　　　記帳:　　　　出納:××　　　　審核:　　　　製單:××

表 7-18   付 款 憑 證
貸方科目:銀行存款   2014 年 4 月 15 日   銀付字第 3 號

摘　要	借方總帳科目	明細科目	√	金　額 千 百 十 萬 千 百 十 元 角 分
預付財產保險費	預付帳款	財產保險費		3 0 0 0 0 0
合　計				￥ 3 0 0 0 0 0

財務主管:　　　　記帳:　　　　出納:××　　　　審核:　　　　製單:××

表 7-19   付 款 憑 證
貸方科目:銀行存款   2014 年 4 月 16 日   銀付字第 4 號

摘　要	借方總帳科目	明細科目	√	金　額 千 百 十 萬 千 百 十 元 角 分
購買材料	在途物資	B 材料		4 0 0 0 0 0 0
	應交稅費	應交增值稅(進項稅額)		6 8 0 0 0 0
合　計				￥ 4 6 8 0 0 0 0

財務主管:　　　　記帳:　　　　出納:××　　　　審核:　　　　製單:××

表 7-20　　　　　　　　　　　收　款　憑　證
借方科目:銀行存款　　　　　2014 年 4 月 22 日　　　　　　銀收字第 2 號

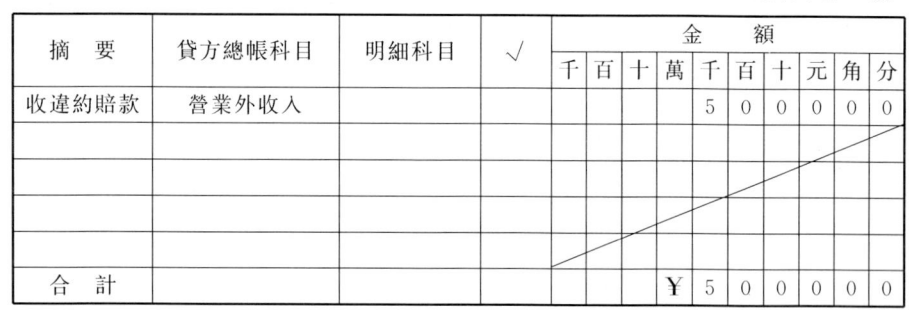

摘　要	貸方總帳科目	明細科目	√	金　額　千百十萬千百十元角分
收違約賠款	營業外收入			5 0 0 0 0 0
合　　計				￥5 0 0 0 0 0

財務主管:　　　記帳:　　　出納:××　　　審核:　　　製單:××

表 7-21　　　　　　　　　　　收　款　憑　證
借方科目:銀行存款　　　　　2014 年 4 月 25 日　　　　　　銀收字第 3 號

摘　要	貸方總帳科目	明細科目	√	金　額　千百十萬千百十元角分
收回貨款	應收帳款	利達工廠		2 3 4 0 0 0 0
合　　計				￥2 3 4 0 0 0 0

財務主管:　　　記帳:　　　出納:××　　　審核:　　　製單:××

表 7-22　　　　　　　　　　庫存現金日記帳

2014 年		憑證		摘要	借方	貸方	餘額
月	日	種類	號數				
4	1			期初餘額			5 000
	9	現付	1 號	購買辦公用品		1 000	4 000
	10	現付	2 號	出差借款		800	3 200
	12	現收	1 號	收到賠償金	500		3 700
				本月合計	500	1 800	3 700

184

表 7-23　　　　　　　　　　　銀行存款日記帳

| 2014 年 || 憑證 || 摘要 | 借方 | 貸方 | 餘額 |
月	日	種類	號數				
4	1			期初餘額			500 000
	3	銀收	1 號	投入資本	50 000		550 000
	6	銀付	1 號	歸還借款		40 000	510 000
	8	銀付	2 號	償還前欠貨款		5 000	505 000
	15	銀付	3 號	預付財產保險費		3 000	502 000
	16	銀付	4 號	購買材料		46 800	455 200
	22	銀收	2 號	收違約賠款	5 000		460 200
	25	銀收	3 號	收回貨款	23 400		483 600
				本月合計	78 400	94 800	483 600

二、總分類帳的格式和登記方法

(一)總分類帳的格式

總分類帳是指按照總分類帳戶分類登記以提供總括會計信息的帳簿。總分類帳最常用的格式為三欄式，設有借方、貸方和餘額三個金額欄目。具體格式如表7-24所示。

表 7-24　　　　　　　　　　　　總分類帳

| 年 || 憑證 || 摘要 | 借方 | 貸方 | 借或貸 | 餘額 |
月	日	種類	號數					

(二)總分類帳的登記方法

總分類帳的登記方法因登記的依據不同而有所不同。具體登記方法取決於企業所採用的帳務處理程序。經濟業務少的小型單位的總分類帳可以根據記帳憑證逐筆登記；經濟業務多的大中型單位的總分類帳可以根據記帳憑證匯總表(又稱科目匯總表)或匯總記帳憑證等定期登記。具體登記方法將在第八章講述。

三、明細分類帳的格式和登記方法

明細分類帳是指根據有關明細分類帳戶設置並登記的帳簿。它能提供關於交易或事項比較詳細、具體的核算資料,以補充總帳所提供的核算資料的不足。因此,各企業單位在設置總帳的同時,還應設置必要的明細帳。明細分類帳一般採用活頁式帳簿、卡片式帳簿。明細分類帳一般根據記帳憑證和相應的原始憑證來登記。

根據各種明細分類帳所記錄經濟業務的特點,明細分類帳的常用格式主要有以下四種:

1. 三欄式

三欄式帳頁是指設有借方、貸方和餘額三個欄目,用以分類核算各項經濟業務,提供詳細核算資料的帳簿,其格式與三欄式總帳格式相同。

2. 多欄式

多欄式帳頁,將屬於同一個總帳科目的各個明細科目合併在一張帳頁上進行登記,即在這種格式帳頁的借方或貸方金額欄內按照明細項目設若干專欄。這種格式適用於收入、成本、費用類帳戶的明細核算。

3. 數量金額式

數量金額式帳頁適用於既要進行金額核算,又要進行數量核算的帳戶,如原材料、庫存商品等存貨帳戶,其借方(收入)、貸方(發出)和餘額(結存)都分別設有數量、單價和金額三個專欄。

數量金額式帳頁提供了企業有關財產物資數量和金額收、發、存的詳細資料,從而能加強財產物資的實物管理和使用監督,保證這些財產物資的安全完整。

4. 橫線登記式

橫線登記式帳頁採用橫線登記,即將每一相關的業務登記在一行,從而可依據每一行各個欄目的登記是否齊全來判斷該項業務的進展情況。這種格式適用於登記材料採購、在途物資、應收票據和一次性備用金業務。

[例 7-9] 下列帳戶中,應當逐日逐筆登記的有(　　　)。

  A. 銷售費用明細帳   B. 固定資產明細帳
  C. 應付帳款明細帳   D. 預付帳款明細帳

【解析】選 BCD。固定資產、債權、債務等明細帳應逐日逐筆登記。原材料、庫存商品收發明細帳以及收入、費用明細帳可以逐筆登記,也可定期匯總登記。

四、總分類帳戶與明細分類帳戶的平行登記

(一)總分類帳戶和明細分類帳戶的關係

總分類帳戶是所屬明細分類帳戶的統馭帳戶,對所屬明細分類帳戶起著控制

作用;明細分類帳戶則是總分類帳戶的從屬帳戶,對總分類帳戶起著輔助作用。總分類帳戶及其所屬明細分類帳戶的核算對象是相同的,它們所提供的核算資料互相補充,只有把二者結合起來,才能既總括又詳細地反應同一核算內容。因此,總分類帳戶和明細分類帳戶必須平行登記。

(二)總分類帳戶和明細分類帳戶平行登記的要點

平行登記是指對所發生的每項經濟業務都要以會計憑證為依據,一方面記入有關總分類帳戶,另一方面記入有關總分類帳戶所屬明細分類帳戶。通過總分類帳戶與其所屬明細分類帳戶的平行登記,可以對帳戶進行核對和檢查,糾正錯誤和遺漏。

總分類帳戶與明細分類帳戶平行登記的要點可以歸納為以下四點:

1. 依據相同

對發生的經濟業務,都要以相同的會計憑證(原始憑證和記帳憑證)為依據,既登記有關總分類帳戶,又登記其所屬明細分類帳戶。

2. 方向相同

將經濟業務記入總分類帳戶和明細分類帳戶時,記帳方向必須相同。即總分類帳戶記入借方,明細分類帳戶也記入借方;總分類帳戶記入貸方,明細分類帳戶也記入貸方。

3. 期間相同

在將每項經濟業務記入總分類帳戶和明細分類帳戶的過程中,可以有先有後,但必須在同一會計期間全部登記入帳。

4. 金額相等

對於發生的每一項經濟業務,記入總分類帳戶的金額必須等於所屬明細分類帳戶的金額之和。

平行登記的結果使總分類帳戶與其所屬明細分類帳戶之間在數量上存在如下關係:

總分類帳戶本期發生額=所屬明細分類帳戶本期發生額合計
總分類帳戶期初餘額=所屬明細分類帳戶期初餘額合計
總分類帳戶期末餘額=所屬明細分類帳戶期末餘額合計

如果總分類帳戶與明細分類帳戶的記錄不相一致,說明帳戶平行登記中出現了錯誤,應查明原因,進行更正。

[例 7-10] 海豐公司 2014 年 4 月 1 日「原材料」總帳和「應付帳款」總帳帳戶帳面餘額及其所屬明細帳戶的帳面餘額資料分別如表 7-25 至表 7-30 所示。

會 計 基 礎

表 7-25　　　　　　　　　　　　　總分類帳
會計科目:原材料

2014年		憑證		摘要	借方	貸方	借或貸	餘額
月	日	種類	號數					
4	1			期初餘額			借	58 000

表 7-26　　　　　　　　　　　原材料明細分類帳
明細科目:甲材料

2014年		憑證編號	摘要	收入			發出			結存		
月	日			數量	單價	金額	數量	單價	金額	數量	單價	金額
4	1		期初餘額							80	400	32 000

表 7-27　　　　　　　　　　　原材料明細分類帳
明細科目:乙材料

2014年		憑證編號	摘要	收入			發出			結存		
月	日			數量	單價	金額	數量	單價	金額	數量	單價	金額
4	1		期初餘額							130	200	26 000

表 7-28　　　　　　　　　　　　　總分類帳
會計科目:應付帳款

2014年		憑證		摘要	借方	貸方	借或貸	餘額
月	日	種類	號數					
4	1			期初餘額			貸	19 550

表 7-29　　　　　　　　　　　應付帳款明細分類帳

會計科目：東方工廠

2014年		憑證		摘要	借方	貸方	借或貸	餘額
月	日	種類	號數					
4	1			期初餘額			貸	4 050

表 7-30　　　　　　　　　　　應付帳款明細分類帳

會計科目：新華工廠

2014年		憑證		摘要	借方	貸方	借或貸	餘額
月	日	種類	號數					
4	1			期初餘額			貸	15 500

該企業4月份發生下列經濟業務：

(1)4月6日，從東方工廠購進甲材料100噸，單價400元，計40 000元，增值稅進項稅額為6 800元，材料已驗收入庫，貨款未付。編製會計分錄為：

借：原材料——甲材料　　　　　　　　　　　　　　　　　　40 000
　　應交稅費——應交增值稅（進項稅額）　　　　　　　　　　6 800
　　貸：應付帳款——東方工廠　　　　　　　　　　　　　　46 800

(2)6日，從新華工廠購進乙材料150噸，單價200元，計30 000元，增值稅進項稅額為5 100元，材料已驗收入庫，貨款未付。編製會計分錄為：

借：原材料——乙材料　　　　　　　　　　　　　　　　　　30 000
　　應交稅費——應交增值稅（進項稅額）　　　　　　　　　　5 100
　　貸：應付帳款——新華工廠　　　　　　　　　　　　　　35 100

(3)11日，倉庫發出甲材料100噸，單價400元，計40 000元；發出乙材料240噸，單價200元，計48 000元。兩項共計88 000元。上述材料直接用於製造產品。編製會計分錄為：

借：生產成本　　　　　　　　　　　　　　　　　　　　　　88 000
　　貸：原材料——甲材料　　　　　　　　　　　　　　　　40 000
　　　　　　　　——乙材料　　　　　　　　　　　　　　　48 000

(4)12日,通過銀行結算償還新華工廠貨款 30 000 元和東方工廠貨款 44 000 元,共計 74 000 元。編製會計分錄為:

借:應付帳款——新華工廠　　　　　　　　　　　　　　30 000
　　　　　——東方工廠　　　　　　　　　　　　　　　44 000
　　貸:銀行存款　　　　　　　　　　　　　　　　　　　74 000

根據上述材料,採用平行登記方法,以「原材料」和「應付帳款」總分類帳戶及其明細分類帳戶為例,登記「原材料」和「應付帳款」總分類帳戶及其明細分類帳戶,其他帳戶的登記從略。具體操作過程如表 7-31 至表 7-36 所示。

表 7-31　　　　　　　　　　　　　　總分類帳

會計科目:原材料

2014 年		憑證		摘要	借方	貸方	借或貸	餘額
月	日	字	號					
4	1			期初餘額			借	58 000
	6	記	1號	購入甲材料	40 000		借	98 000
	6	記	2號	購入乙材料	30 000		借	128 000
	11	記	3號	生產領用		88 000	借	40 000
				本月合計	70 000	88 000	借	40 000

表 7-32　　　　　　　　　　　　原材料明細分類帳

明細科目:甲材料

2014 年		憑證編號	摘要	收入			發出			結存		
月	日			數量	單價	金額	數量	單價	金額	數量	單價	金額
4	1		期初餘額							80	400	32 000
	6	2	購入	100	400	40 000				180	400	72 000
	11	3	領用				100	400	40 000	80	400	32 000
			本月合計	100	400	40 000	100	400	40 000	80	400	32 000

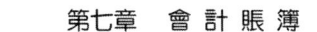

表 7-33　　　　　　　　　　　　　原材料明細分類帳

明細科目：乙材料

2014年		憑證編號	摘要	收入			發出			結存		
月	日			數量	單價	金額	數量	單價	金額	數量	單價	金額
4	1		期初餘額							130	200	26 000
	6	2	購入	150	200	30 000				280	200	56 000
	11	3	領用				240	200	48 000	40	200	8 000
			本月合計	150	200	30 000	240	200	48 000	40	200	8 000

表 7-34　　　　　　　　　　　　　　總分類帳

會計科目：應付帳款

2014年		憑證		摘要	借方	貸方	借或貸	餘額
月	日	種類	號數					
4	1			期初餘額			貸	19 550
	6	記字	1 號	購入甲材料		46 800	貸	66 350
	6	記字	2 號	購入乙材料		35 100	貸	101 450
	12	記字	4 號	償還貨款	74 000		貸	27 450
				本月合計	74 000	81 900	貸	27 450

表 7-35　　　　　　　　　　　　應付帳款明細分類帳

會計科目：東方工廠

2014年		憑證		摘要	借方	貸方	借或貸	餘額
月	日	種類	號數					
4	1			期初餘額			貸	4 050
	6	記字	1 號	購入甲材料		46 800	貸	50 850
	12	記字	4 號	償還貨款	44 000		貸	6 850
				本月合計	44 000	46 800	貸	6 850

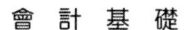

表 7-36　　　　　　　　應付帳款明細分類帳

會計科目：新華工廠

2014 年		憑證		摘要	借方	貸方	借或貸	餘額
月	日	種類	號數					
4	1			期初餘額			貸	15 500
	6	記字	2 號	購入乙材料		35 100	貸	50 600
	12	記字	4 號	償還欠款	30 000		貸	20 600
				本月合計	30 000	35 100	貸	20 600

第四節　對帳與結帳

一、對帳

簡單地說，對帳就是對各種帳簿記錄進行核對。在會計工作中，由於各種原因，難免發生諸如記帳、計算等各種差錯和帳款、帳物不符的情況。為了保證帳簿記錄的真實、正確和完整，為編製財務報表提供真實、可靠的數據資料，在記帳之後、結帳之前，必須做好對帳工作，以保證帳證相符、帳帳相符和帳實相符。所謂相符，是指憑證、帳簿、報表、實物所反應的內容、數字、金額等核對無誤。

(一)對帳的概念

對帳就是核對帳目，是指對帳簿記錄進行核對。通過對帳工作，可以保證帳簿記錄的真實可靠。

(二)對帳的內容

對帳一般可以分為帳證核對、帳帳核對和帳實核對三部分內容。

1. 帳證核對

帳簿是根據經過審核之後的會計憑證登記的，但實際工作中仍有可能發生帳證不符的情況，記帳後，應將帳簿記錄與會計憑證核對，核對帳簿記錄與原記帳憑證、記帳憑證的時間、憑證字號、內容、金額等是否一致，記帳方向是否相符，做到帳證相符。一般來說，日記帳應與收、付款憑證相核對，總帳應與記帳憑證相核對，明細帳應與記帳憑證或原始憑證相核對。這種核對一般是在編製記帳憑證和登記帳簿等日常核算工作中隨時進行的，使錯帳及時被發現並進行更正。

會計期末，如果發現帳帳不符，也可以再將帳簿記錄與有關會計憑證進行核

對,以保證帳帳相符。將帳簿記錄與會計憑證相核對,是保證帳帳相符、帳實相符的基礎。

> **小提示** 帳證相符是保證帳帳相符、帳實相符的基礎。

2. 帳帳核對

帳帳核對是指核對不同會計帳簿之間的帳簿記錄是否相符。為了保證帳帳相符,必須將各種帳簿之間的有關數據相核對。具體核對內容包括以下四個方面:

(1)總分類帳簿之間的核對。對總分類帳各帳戶本期借、貸方發生額合計數,期末借、貸方餘額合計數,應當分別核對,以檢查總分類帳戶的登記是否正確。這種核對工作可以通過定期編製總分類帳戶試算平衡表進行。

(2)總分類帳簿與所屬明細分類帳簿之間的核對。將總分類帳戶本期借、貸方發生額及餘額與所屬明細分類帳戶本期借、貸方發生額合計及餘額合計數相核對,以檢查總分類帳戶和明細分類帳戶登記是否正確。這種核對可以通過定期編製明細分類帳本期發生額與餘額對照表等形式進行。

(3)總分類帳簿與序時帳簿之間的核對。將現金日記帳、銀行存款日記帳的本期發生額及期末餘額與庫存現金、銀行存款總分類帳的相應數字相核對,以檢查日記帳的登記是否正確。

(4)明細分類帳簿之間的核對。將會計部門有關財產物資的明細分類帳的期末餘額與財產物資保管或使用部門的明細分類帳的期末結存數相核對,以檢查雙方登記是否正確。

3. 帳實核對

帳實核對是指各項財產物資、債權債務等帳面餘額與實有數額之間的核對。帳實核對的具體內容主要包括以下四個方面:

(1)庫存現金日記帳帳面餘額與庫存現金實際庫存數逐日核對。現金日記帳必須做到日清月結,每日由出納人員自行核對,單位需另派人對現金的管理進行定期檢查。

(2)銀行存款日記帳帳面餘額與銀行對帳單的餘額定期核對。對銀行存款的核對一般通過編製銀行存款餘額調節表進行,一般至少每個月核對一次。

(3)各項財產物資明細帳帳面餘額與財產物資的實有數額定期核對。即通過實地盤點,核查固定資產、材料、產成品的實存數量,與相應的明細分類帳的餘額核對。

(4)有關債權債務明細帳帳面餘額與對方單位的帳面記錄核對等。單位應定

期寄送對帳單同有關單位進行核對。

二、結帳

(一)結帳的概念

結帳是一項將帳簿記錄定期結算清楚的帳務工作。在一定時期結束時(如月末、季末或年末),為了編製財務報表,需要進行結帳,具體包括月結、季結和年結。結帳的內容通常包括兩個方面:一是結清各種損益類帳戶,並據以計算確定本期利潤;二是結出各資產、負債和所有者權益帳戶的本期發生額合計和期末餘額。

(二)結帳的程序

結帳的程序如下:

(1)結帳前,將本期發生的經濟業務全部登記入帳,並保證其正確性。對於發現的錯誤,應採用適當的方法進行更正。

(2)在本期經濟業務全面入帳的基礎上,根據權責發生制的要求,調整有關帳項,合理確定應計入本期的收入和費用。

(3)將各損益類帳戶餘額全部轉入「本年利潤」帳戶,結平所有損益類帳戶。

(4)結出資產、負債和所有者權益帳戶的本期發生額和餘額,並轉入下期。

上述工作完成後,就可以根據總分類帳和明細分類帳的本期發生額和期末餘額,分別進行試算平衡。

(三)結帳的方法

結帳方法的要點主要有:

(1)對不需按月結計本期發生額的帳戶,每次記帳以後,都要隨時結出餘額,每月最後一筆餘額是月末餘額,即月末餘額就是本月最後一筆經濟業務記錄的同一行內餘額。月末結帳時,只需要在最後一筆經濟業務記錄之下通欄劃單紅線即可,不需要再次結計餘額。

(2)庫存現金、銀行存款日記帳和需要按月結計發生額的收入、費用等明細帳,每月結帳時,要在最後一筆經濟業務記錄下面通欄劃單紅線,結出本月發生額和餘額,在摘要欄內註明「本月合計」字樣,並在下面通欄劃單紅線。

(3)對於需要結計本年累計發生額的明細帳戶,每月結帳時,應在「本月合計」行下結出自年初起至本月末止的累計發生額,登記在月份發生額下面,在摘要欄內註明「本年累計」字樣,並在下面通欄劃單紅線。12月末的「本年累計」就是全年累計發生額,在全年累計發生額下通欄劃雙紅線。

(4)總帳帳戶平時只需結出月末餘額。年終結帳時,為了總括地反應全年各項資金運動情況的全貌,核對帳目,要結出所有總帳帳戶全年發生額和年末餘額,在

摘要欄內註明「本年合計」字樣,並在合計數下通欄劃雙紅線。

(5)年度終了結帳時,對於有餘額的帳戶,應將其餘額結轉至下年,並在摘要欄註明「結轉下年」字樣。在下一會計年度新建有關帳戶的第一行餘額欄內填寫上年結轉的餘額,並在摘要欄註明「上年結轉」字樣,使年末有餘額帳戶的餘額如實地在帳戶中加以反應,以免混淆有餘額的帳戶和無餘額的帳戶。

[例 7-11] 對帳的內容包括(　　)。

　　A.證證核對　　　　　　B.帳證核對
　　C.帳帳核對　　　　　　D.帳款核對

【解析】選 BC。對帳的內容一般包括帳證核對、帳帳核對、帳實核對。

第五節　錯帳查找與更正的方法

儘管我們在填製記帳憑證、登記帳簿之前對原始憑證、記帳憑證進行過數次的復核,但由於種種原因,帳簿登記有時候仍會出現錯誤。出現錯誤以後,第一是要查找出來,第二是要更正。

一、錯帳的查找方法

查找錯帳的方法有很多,但每一種方法針對的錯帳類型是不同的。也就是說錯帳情況不同,使用的查找方法就不一樣。具體有以下幾種查找錯帳的方法:

1.差數法

差數法是指按照錯帳的差數來查找錯帳的方法。主要適用於以下兩種錯帳:

第一種是漏記或重記。因記帳疏忽而漏記或重記一筆帳,只要找到差數的帳就查到了。若本期內同樣數字的帳發生了若干筆,就容易發生漏記或重記。例如錯帳差數是 1 000 元,本期內發生 1 000 元的帳有十筆,重複查找這十筆帳看是否有漏記或重記。

第二種是串戶。串戶可分為記帳串戶和科目匯總串戶。首先說記帳串戶,如某公司在本單位有應收帳款和應付帳款兩個帳戶,如記帳憑證是借記應收帳款某公司 500 元,而記帳時誤記為借記應付帳款某公司 500 元,這就造成資產負債表雙方是平衡的,但總帳與分戶明細帳核對時應收款與應付款各發生差數 500 元,此時可以運用差數法到應收帳款或應付帳款帳戶中直接查找 500 元的帳是否串戶。還有一種是在科目匯總(合併)時,將借記應收帳款 500 元誤記為借記應付帳款 500 元進行匯總,同樣在總帳與分類明細帳核對時,這兩科目同時發生差數 500 元,經過查對,如記帳沒有發生串戶,那麼必定是科目匯總合併時科目匯總發生

差錯。

2.尾數法

尾數法是指對於發生的差錯只查找末位數,以提高查錯效率的方法。這種方法適合於借貸方金額其他位數都一致,而只有末位數出現差錯的情況。

如試算平衡時,發現借方的合計比貸方多0.78元,可查找是否有尾數是0.78元的業務有誤。

3.除2法

除2法是指以差數除以2來查找錯帳的方法。這種方法適用於把借貸方向記反的錯帳。當某個借方金額錯記入貸方(或相反)時,出現錯帳的差數表現為錯誤的2倍,用2去除此差數,得出的商即是反向的金額。例如,原有原材料庫存7 000元,又入庫3 000元,應在「原材料」帳戶借方登記3 000元,期末餘額應是10 000元,結果記在「原材料」貸方3 000元,致使期末餘額只有4 000元,差額6 000元。這個差額數字6 000除以2,商數是3 000元,便是該錯數。查找時應注意有無3 000元的業務記反了方向。

4.除9法

除9法是指以差數除以9來查找錯帳的方法。此法適用於查找由數字錯位和鄰數倒置所引起的差錯。

(1)在登帳過程中可能會把數字的位數搞錯。如把十位數記成百位數,把百位數記成千位數或者把千位數記成百位數。如果出現這種情況,差數均可被9整除,其商數就是要查找的差錯數。例如,把600誤記為60,差數是540,除以9後,商為60,你就可以在帳簿上查找是否將600誤記為60。再如,把300誤記成3 000,差數為2 700,除以9後,商為300,將300乘以10後得3 000,就可以在帳簿中查找是否將3 000誤記為300的情況。

(2)鄰數倒置。記帳時,如果將相鄰兩位數或三位數的數字順序弄顛倒了,也可以採用「除9法」查找。例如,將52誤記為25,或將25誤記為52,兩個數字顛倒後,個位數變成了十位數,十位數變成了個位數,這就造成了其差額為9的倍數。如果將前大後小的數顛倒,則正確數與錯誤數的差額就是一個正數,這個差數除以9所得商的有效數字便是相鄰顛倒兩數的差值。例如,將52錯記為25,差數27除以9的商數為3,這就是相鄰顛倒兩數的差值(5−2)。如果將前小後大的數顛倒,正確數與錯誤數的差數則是一個負數,這個差數除以9所得商數的有效數字就是相鄰顛倒兩數的差值。如將25錯誤記為52,差數−27除以9的商為−3,這就是相鄰顛倒兩數差值(2−5)。我們可以在與差值相同的兩個相鄰數範圍內查找。

二、錯帳的更正法

(一)劃線更正法

劃線更正法,是指劃紅線註銷原有錯誤記錄,然後在錯誤記錄的上方寫上正確記錄的方法。會計人員結帳前發現帳簿記錄有誤(包括文字錯誤和數字錯誤),而記帳憑證並無錯誤時,可以採用劃線更正法。更正時,先在錯誤的文字或數字上劃一條紅色橫線,表示註銷,然後將正確的文字或數字用藍字或黑字寫在被註銷文字或數字上方,並由會計人員和會計機構負責人(會計主管人員)在更正處蓋章,以明確責任。對於錯誤數字應全部劃銷,不能只劃銷寫錯的個別數字;對於錯誤文字,可只劃去錯誤部分。被劃線註銷的文字或數字應保持其原有字跡仍可辨認,用以備查。

(二)紅字更正法

紅字更正法,是指用紅字衝銷原有錯誤的憑證記錄及帳戶記錄,以更正或調整帳簿記錄的一種方法。適用於以下兩種情形:

(1)記帳後發現記帳憑證中的應借、應貸會計科目有錯誤。更正方法是:用紅字填製一張與原錯誤記帳內容完全相同的記帳憑證,在摘要欄註明「衝銷第幾號憑證」,並據以登記入帳;然後用藍字填製一張正確的記帳憑證,在摘要欄內寫明「更正第幾號憑證」,並據以入帳。

[例 7-12] 某企業以庫存現金支付市內購貨運費 2 000 元,編製會計分錄並據以登記相關帳簿。

借:在途物資　　　　　　　　　　　　　　　　　　　　　2 000
　　貸:銀行存款　　　　　　　　　　　　　　　　　　　　　　2 000

採用紅字更正法的更正過程如下:

首先編製一張與原錯誤記帳內容完全相同、金額為紅字的記帳憑證,並據以登記入帳,衝銷原錯帳。

借:在途物資　　　　　　　　　　　　　　　　　　　　　2 000
　　貸:銀行存款　　　　　　　　　　　　　　　　　　　　　　2 000

然後再編製一張完全正確的記帳憑證,並據以登記入帳。

借:在途物資　　　　　　　　　　　　　　　　　　　　　2 000
　　貸:庫存現金　　　　　　　　　　　　　　　　　　　　　　2 000

(2)記帳後發現記帳憑證和帳簿記錄中應借、應貸會計科目無誤,只是所記金額大於應記金額。更正方法是:用紅字填製一張與原記帳憑證應借、應貸科目完全相同,金額為多記部分的記帳憑證,在摘要中註明「衝銷第幾號記帳憑證多記金

額」，並據以入帳。

[例 7-13] 某企業以銀行存款償還前欠購貨款 8 000 元，編製會計分錄並據以登記相關帳簿。

　　借：應付帳款　　　　　　　　　　　　　　　　　　　80 000
　　　　貸：銀行存款　　　　　　　　　　　　　　　　　80 000

採用紅字更正法的更正過程如下：

編製一張與原錯誤記帳憑證應借、應貸科目完全相同，金額為紅字多記部分的記帳憑證，並據以登記入帳，衝減原錯帳。

　　借：應付帳款　　　　　　　　　　　　　　　　　　　72 000
　　　　貸：銀行存款　　　　　　　　　　　　　　　　　72 000

(三)補充登記法

補充登記法，是指用藍字補記金額，以更正原錯誤帳簿記錄的一種方法。補充登記法適用的錯帳情況是：在記帳後，發現記帳憑證與帳簿中所記金額小於應記金額，而科目對應關係無誤。具體的更正方法是：用藍字編製一張與原記帳憑證應借、應貸科目完全相同，金額為少記部分的記帳憑證，在摘要中註明「補記第幾號憑證少記金額」，並據以入帳，以補充登記少記的金額。

[例 7-14] 某企業收到購貨單位償還前欠貨款 6 666 元，編製會計分錄並據以登記相關帳簿。

　　借：銀行存款　　　　　　　　　　　　　　　　　　　　666
　　　　貸：應收帳款　　　　　　　　　　　　　　　　　　666

採用補充登記法的更正過程如下：

編製一張與原錯誤記帳憑證應借、應貸科目完全相同，金額為藍字少記部分的記帳憑證，並據以登記入帳，補充原錯帳。

　　借：銀行存款　　　　　　　　　　　　　　　　　　　6 000
　　　　貸：應收帳款　　　　　　　　　　　　　　　　　6 000

第六節　會計帳簿的更換與保管

一、會計帳簿的更換

根據會計制度的規定，每到新的年度開始時，要在上年年終決算的基礎上，更換一次總帳、日記帳和大部分明細分類帳。對於少數變動較小的明細帳，如固定資

產明細帳、備查帳,可以繼續使用,不必每年更換。

更換新帳時,要將上年各帳戶的餘額進行結轉登記,也就是在舊帳中各帳戶年終餘額的「摘要」欄內加蓋「結轉下年」戳記,同時,在新帳的有關帳戶第一行「摘要」欄內註明「上年結轉」或「年初餘額」字樣,並在「餘額」欄內記入上年餘額。

二、會計帳簿的保管

帳簿是重要的會計檔案,每個單位必須按照《會計檔案管理辦法》規定的保管年限妥善保管會計檔案,不可丟失和任意銷毀。

年度終了,各種帳戶在結轉下年、建立新帳後,通常要把舊帳送交總帳會計集中統一管理。會計帳簿暫由本單位財務會計部門保管一年,期滿之後,由財務會計部門編造清冊移交本單位的檔案部門保管。

各種帳簿應當按年度分類歸檔,編造目錄,妥善保管,既要保證在需要時能迅速查閱,又要保證各種帳簿的安全和完整。保管期滿後,還要按照規定的審批程序進行銷毀。

會計帳簿是各單位的重要經濟資料,必須建立管理制度,妥善保管。帳簿管理分為平時管理和歸檔保管兩部分。

(一)帳簿平時管理的具體要求

對於各種帳簿,要分工明確,指定專人管理,帳簿經管人員既要負責記帳、對帳、結帳等工作,又要負責保證帳簿的安全。會計帳簿未經領導和會計負責人或者有關人員批准,非經管人員不能隨意翻閱、查看會計帳簿。除需要與外單位核對外,會計帳簿一般不能攜帶外出,對攜帶外出的帳簿,一般應由經管人員或會計主管人員指定專人負責。會計帳簿不能隨意交與其他人員管理,以保證帳簿安全和防止任意塗改帳簿等問題的發生。

(二)舊帳歸檔保管

年度終了更換並啟用新帳後,對更換下來的舊帳要整理裝訂,造冊歸檔。歸檔前舊帳的整理工作包括:檢查和補齊應辦的手續,如改錯蓋章、註銷空行及空頁、結轉餘額等。對於活頁帳,應撤出未使用的空白帳頁,再裝訂成冊,並註明各帳頁號數。舊帳裝訂時應注意:活頁帳一般按帳戶分類裝訂成冊,一個帳戶裝訂成一冊或數冊;如果某些帳戶帳頁較少,也可以合併裝訂成一冊。裝訂時應檢查帳簿扉頁的內容是否填製齊全。裝訂後應由經辦人員及裝訂人員、會計主管人員在封口處簽名或蓋章。舊帳裝訂完畢應編製目錄和編寫移交清單,然後按期移交檔案部門保管。各種帳簿同會計憑證和會計報表一樣,都是重要的經濟檔案,必須按照會計制度統一規定的保管年限妥善保管,不得丟失和任意銷毀。各類會計帳簿的保管期

限見第六章有關內容。保管期滿後,應按照規定的審批程序報經批准後才能銷毀。

[例7-15] 所有的明細帳,年末時都必須更換。 ( )

【解析】錯誤。多數明細帳應每年更換一次,對於有些財產物資明細帳和債權債務明細帳,由於材料品種、規格和往來單位較多,更換新帳時,重抄一遍的工作量較大,可以不必每年度更換一次。

自 測 題

一、單項選擇題

1. 租入固定資產登記簿屬於( )。
   A. 序時帳　　　　　　　　B. 總分類帳
   C. 明細分類帳　　　　　　D. 備查簿

2. 「生產成本」明細分類帳的格式一般採用( )。
   A. 三欄式　　　　　　　　B. 數量金額式
   C. 多欄式　　　　　　　　D. 平行式

3. 登記帳簿的依據是( )。
   A. 經濟合同　　　　　　　B. 原始憑證
   C. 記帳憑證　　　　　　　D. 會計分錄

4. 數量金額式明細帳一般適用於( )。
   A. 「應收帳款」帳戶　　　B. 「庫存商品」帳戶
   C. 「製造費用」帳戶　　　D. 「固定資產」帳戶

5. 發現記帳憑證所用帳戶正確,但所填金額大於應記金額,並已過帳,應採用( )更正。
   A. 紅字更正法　　　　　　B. 補充登記法
   C. 劃線更正法　　　　　　D. 平行登記法

二、多項選擇題

1. 總分類帳戶和明細分類帳戶平行登記的基本要點是( )。
   A. 登記的原始依據相同　　B. 登記的次數相同
   C. 登記的方向相同　　　　D. 登記的會計期間相同
   E. 登記的金額相同

2. 對帳包括的主要內容有( )。
   A. 帳帳核對　　　　　　　B. 帳證核對
   C. 帳表核對　　　　　　　D. 帳實核對

E.會計與出納核對

3.總分類帳戶發生額及餘額試算平衡表中的平衡數字有( )。

A.期初借方餘額合計數和期初貸方餘額合計數相等

B.期初貸方餘額合計數和期末貸方餘額合計數相等

C.期初借方餘額合計數和期末借方餘額合計數相等

D.本期借方發生額合計數和本期貸方發生額合計數相等

E.期末借方餘額合計數和期末貸方餘額合計數相等

4.帳簿按其用途可以分為( )。

A.分類帳簿　　　　　　B.活頁帳簿

C.序時帳簿　　　　　　D.訂本帳簿

E.備查帳簿

5.下列選項應採用多欄式明細帳的有( )。

A.原材料　　　　　　　B.生產成本

C.管理費用　　　　　　D.材料採購

E.應付帳款

三、判斷題

1.序時帳簿可以用來登記全部經濟業務,也可以用來登記某一類經濟業務。

( )

2.原材料明細帳應採用三欄式帳簿,以反應其收入、發出和結餘金額。( )

3.總分類帳和明細分類帳都是根據記帳憑證逐筆登記的。 ( )

4.帳簿按外表形式分類,可以分為訂本帳、活頁帳和卡片帳。 ( )

5.在結帳前若發現帳簿記錄有錯而記帳憑證無錯,即過帳筆誤或帳簿數字計算有錯誤,可用劃線更正法進行更正。 ( )

第八章　帳務處理程序

學習目標

1. 瞭解帳務處理程序的概念、意義、種類及選用原則。
2. 掌握記帳憑證帳務處理程序的特點、基本內容、優缺點及適用範圍。
3. 掌握科目匯總表帳務處理程序的特點、基本內容、優缺點及適用範圍。
4. 明確各種帳務處理程序下憑證和帳簿的設置。
5. 熟練運用科目匯總表帳務處理程序處理企業經濟業務。

第一節　帳務處理程序概述

會計工作中，我們不僅要掌握會計憑證的填製和審核、帳簿的設置和登記，同時也要認識到會計信息最終都是通過財務會計報告報送出來的。那麼，如何有效地組織憑證、帳簿和財務會計報告，使之成為一個有機的整體，從而提高會計工作的質量和效率，節約帳務處理的時間呢？這就是本章所要講授的內容——帳務處理程序。

一、帳務處理程序的概念與意義

（一）帳務處理程序的概念

帳務處理程序，又稱會計核算組織程序或會計核算形式，是指會計憑證、會計帳簿、財務報表相結合的方式，包括帳簿組織和記帳程序。其中帳簿組織是指會計憑證和會計帳簿的種類、格式、會計憑證與帳簿之間的聯繫方法；記帳程序是指填製、審核原始憑證，填製、審核記帳憑證，登記日記帳、明細分類帳和總分類帳，編製財務報表的工作程序和方法等。

(二)意義

會計憑證、會計帳簿、會計報表之間的結合方式不同,會形成不同的帳務處理程序。不同的帳務處理程序又各自有不同的方法、特點和適用範圍。科學、合理地選擇帳務處理程序的意義主要有:

(1)有利於規範會計工作,保證會計信息加工過程的嚴密性,提高會計信息質量。

(2)有利於保證會計記錄的完整性和正確性,增強會計信息的可靠性。

(3)有利於減少不必要的會計核算環節,提高會計工作效率,保證會計信息的及時性。

[例 8-1] 帳務處理程序也叫會計核算程序,是指(　　)相結合的方式。

A.會計憑證　　　　　　B.會計帳簿

C.會計報表　　　　　　D.會計科目

【解析】選 ABC。帳務處理程序,也稱會計核算組織程序或會計核算形式,是指會計憑證、會計帳簿、會計報表相結合的方式。

二、帳務處理程序的種類

帳務處理程序的分類是指按一定標準對不同的帳務處理方法加以區分和歸納。根據登記總分類帳依據、方法的不同,帳務處理程序可以分為如下幾種:

(1)記帳憑證帳務處理程序。

(2)匯總記帳憑證帳務處理程序。

(3)科目匯總表帳務處理程序等。

本章將著重介紹這三種帳務處理程序。

小提示

各單位自主選擇的帳務處理程序要適合本單位所屬行業的特點,要考慮自身企業單位組織規模的大小、經濟業務性質和簡繁程度,同時,還要有利於會計工作的分工協作和內部控製。

第二節　記帳憑證帳務處理程序

一、記帳憑證帳務處理程序概述

記帳憑證帳務處理程序是指對發生的經濟事項,根據原始憑證或匯總原始憑

證編製記帳憑證,然後直接根據記帳憑證逐筆登記總分類帳的一種帳務處理程序。採用記帳憑證帳務處理程序時,記帳憑證的設置有兩種方式:

(1)採用通用記帳憑證。所有經濟業務發生後都編製此種記帳憑證。

(2)採用專用記帳憑證。可以分別採用收款憑證、付款憑證和轉帳憑證。經濟業務發生後,根據經濟業務的性質分別編製不同的記帳憑證。

採用記帳憑證帳務處理程序時一般應該設置以下帳簿:

(1)日記帳。主要是庫存現金日記帳、銀行存款日記帳,一般採用三欄式格式的訂本帳。

(2)明細分類帳。明細分類帳根據單位經濟業務的性質和管理的需要確定,一般採用三欄式、數量金額式、多欄式等格式的活頁帳或卡片帳。

(3)總分類帳。按規定的會計科目開設帳戶,一般採用三欄式格式的訂本帳。

【例 8-2】 記帳憑證帳務處理程序是指對發生的經濟業務事項,先根據原始憑證或匯總原始憑證填製記帳憑證,再直接根據( )逐筆登記總分類帳的一種帳務處理程序。

A.原始憑證　　　　　　　　B.原始憑證匯總表

C.記帳憑證　　　　　　　　D.會計憑證

【解析】選 C。記帳憑證帳務處理程序直接根據記帳憑證逐筆登記總分類帳。

二、記帳憑證帳務處理程序的一般步驟

記帳憑證帳務處理程序是最基本的帳務處理程序,基本流程如圖 8-1 所示。

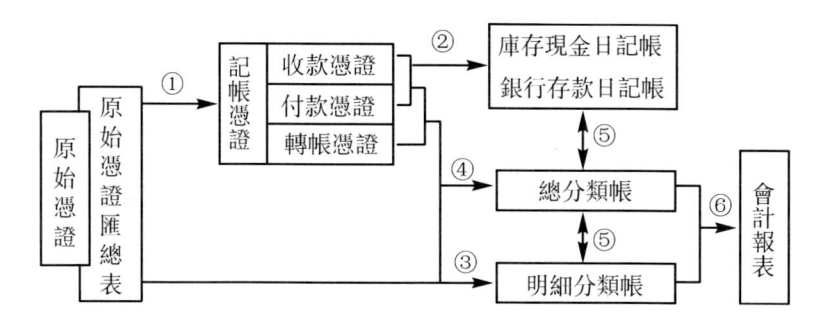

圖 8-1　記帳憑證帳務處理程序的流程

從圖 8-1 中可以看出,記帳憑證帳務處理程序的具體工作步驟如下:

(1)根據審核無誤的原始憑證或者匯總原始憑證,編製記帳憑證(也可採用收款憑證、付款憑證、轉帳憑證三類)。

(2)根據審核無誤的收款憑證、付款憑證逐筆登記現金日記帳和銀行存款日記帳。

(3)根據審核無誤的記帳憑證及其所附的原始憑證或匯總原始憑證逐筆登記各種明細分類帳。

(4)根據審核無誤的記帳憑證逐筆登記總分類帳。

(5)期末,總分類帳與現金日記帳、銀行存款日記帳,總分類帳與其所屬的明細分類帳相核對。

(6)期末,根據經核對無誤的總分類帳和明細分類帳的有關資料編製財務會計報告。

三、記帳憑證帳務處理程序案例

(一)資料

新聯公司 2015 年 8 月有關帳戶期初餘額如表 8-1 所示。

表 8-1　　　　　　　　　**新聯公司 2015 年 8 月有關帳戶期初餘額表**

帳戶名稱	期初餘額表				備註
	期初餘額				
	總帳		明細帳		
	借方餘額	貸方餘額	借方餘額	貸方餘額	
庫存現金	1 500.00				
銀行存款	260 000.00				
應收票據	7 000.00				
華康公司			7 000.00		
應收帳款	40 000.00				
泰達公司			10 500.00		
河洛公司			29 500.00		
原材料	538 800.00				
甲材料			30 600.00		3 000 千克,10.20 元/千克
乙材料			226 600.00		11 000 千克,20.60 元/千克
丙材料			281 600.00		11 000 千克,25.60 元/千克
庫存商品	276 430.00				
A 產品			180 310.00		1 460 千克,123.50 元/千克
B 產品			96 120.00		900 千克,106.80 元/千克
固定資產	7 376 469.00				
累計折舊		2 000 000.00			
短期借款		70 000.00			
應付票據		46 000.00			
康太公司				46 000.00	

表 8-1(續)

帳戶名稱	期初餘額表				備註
^	期初餘額				^
^	總帳		明細帳		^
^	借方餘額	貸方餘額	借方餘額	貸方餘額	^
應付帳款		46 800.00			
江河公司				46 800.00	
應付職工薪酬		74 000.00			
應交稅費		17 341.00			
未交增值稅				12 310.00	
應交所得稅				3 800.00	
應交城市維護建設稅				862.00	
應交教育費附加				369.00	
實收資本		5 000 000.00			
資本公積		550 000.00			
盈餘公積		246 000.00			
本年利潤		235 000.00			
利潤分配		215 058.00			
未分配利潤				215 058.00	
合　　計	8 500 199.00	8 500 199.00			

新聯公司 2015 年 8 月份發生的經濟業務如下：

(1) 3 日，從光明公司購入甲材料 1 000 千克，單價為 10 元，計 10 000 元，增值稅稅額為 1 700 元；發生運費 300 元，增值稅稅額為 33 元。所有款項均已用銀行存款支付，材料已驗收入庫。

(2) 3 日，用銀行存款購買辦公用品 900 元，其中生產車間 200 元，管理部門 345 元，銷售部門 355 元。

(3) 3 日，銷售 A 產品 500 件給泰達公司，單位售價為 300 元，計 150 000 元，增值稅稅額為 25 500 元，所有款項已存入銀行。

(4) 4 日，向工商銀行借入六個月期借款 200 000 元。

(5) 4 日，用銀行存款 74 150 元支付職工工資。

(6) 5 日，向建設銀行借入三年期借款 1 000 000 元，用於車間改造。

(7) 10 日，從江河公司購入乙材料 3 000 千克，單價為 20 元，計 60 000 元，增值稅稅額為 10 200 元；購入丙材料 2 000 千克，單價為 25 元，計 50 000 元，增值稅稅額為 8 500 元。貨款未付，材料尚未入庫。

(8) 11 日，用銀行存款支付 10 日欠江河公司購料款 128 700 元。

(9)11日，用銀行存款支付乙、丙材料的運費3 000元，增值稅稅額為330元（運費按重量分攤）。

(10)12日，從江河公司購入的乙、丙材料經驗收入庫，結轉其實際採購成本。

(11)12日，銷售B產品400件給河洛公司，單位售價為200元，計80 000元，增值稅稅額為13 600元，貨款未收。

(12)13日，用現金支付銷售B產品的運輸費200元，增值稅稅額為22元。

(13)14日，上繳上月未交增值稅12 310元、應交所得稅3 800元、應交城市維護建設稅862元、應交教育費附加369元。

(14)16日，從銀行提取現金5 000元備用。

(15)16日，辦公室駱琳預借差旅費3 000元，用現金支付。

(16)17日，收到倉庫交來的處置廢品收入1 000元。

(17)20日，收到河洛公司前欠貨款70 200元。

(18)22日，駱琳報銷差旅費2 058元，退回多餘現金942元。

(19)23日，用現金支付職工李鳴生活困難補助金1 000元。

(20)24日，銷售甲材料50千克，單位售價為20元，計1 000元，增值稅稅額為170元。貨款已存入銀行。

(21)25日，結轉已銷甲材料成本，單位成本為10.2元。

(22)27日，簽發轉帳支票支付廣告公司廣告費2 000元。

(23)28日，用現金支付業務招待費905元。

(24)30日，根據當月領料憑證計算本月材料成本。其中，生產A產品領用乙材料2 500千克，計51 500元，領用丙材料1 300千克，計33 280元；生產B產品領用乙材料1 400千克，計28 840元；車間一般性領用丙材料300千克，計7 680元；行政管理部門領用甲材料150千克，計1 530元。

(25)31日，分配本月職工工資費用，其中生產A產品工人工資21 924元，生產B產品工人工資14 616元，車間管理人員工資4 460元，行政管理部門人員工資27 840元，專設銷售部門人員工資5 310元。

(26)31日，按工資總額的14%計提本月職工福利費。

(27)31日，計提固定資產折舊9 574元，其中車間提取7 070元，行政管理部門提取2 020元，專設銷售部門提取484元。

(28)31日，按生產工時比例分配並結轉本月製造費用，其中A產品21 000工時，B產品14 000工時。

(29)31日，本月投產的A、B產品全部完工入庫，計算並結轉完工產品成本。

(30)31日，結轉本月已售A、B產品的銷售成本，其中A產品500件，單位成

本為 122.81 元;B 產品 400 件,單位成本為 106.88 元。

(31)31 日,按規定計算出本月應交城市維護建設稅 1 290.8 元,應交教育費附加 553.2 元。

(32)31 日,結轉當期收入。

(33)31 日,結轉當期費用。

(34)31 日,按 25％的適用稅率計算本月應交所得稅。

(35)31 日,結轉本月所得稅費用。

(二)填製記帳憑證

根據 2015 年 8 月份發生的經濟業務填製記帳憑證(見表 8-2 至表 8-39)。

表 8-2

記 帳 憑 證

2015 年 8 月 3 日　　　　　　　　記字第 1 號

摘 要	總帳科目	明細科目	借方金額	貸方金額
購進材料,已入庫	原材料	甲材料	1 030 000	
	應交稅費	應交增值稅(進項稅額)	173 300	
	銀行存款			1 203 300
合　計			¥1 203 300	¥1 203 300

會計主管:李青　　　記帳:張萍　　　復核:李青　　　制證:張力

附單據×張

表 8-3

記 帳 憑 證

2015 年 8 月 3 日　　　　　　　　記字第 2 號

摘 要	總帳科目	明細科目	借方金額	貸方金額
購買辦公用品	製造費用	辦公費	200 00	
	管理費用	辦公費	345 00	
	銷售費用	辦公費	355 00	
	銀行存款			900 00
合　計			¥900 00	¥900 00

會計主管:李青　　　記帳:張萍　　　復核:李青　　　制證:張力

附單據×張

第八章 賬務處理程序

表 8-4

記 帳 憑 證

2015 年 8 月 3 日　　　　　　　　　　　記字第 3 號

摘　要	總帳科目	明細科目	借方金額 億千百十萬千百十元角分	√	貸方金額 億千百十萬千百十元角分
銷售 A 產品	銀行存款	泰達公司	1 7 5 5 0 0 0 0		
	主營業務收入	A 產品			1 5 0 0 0 0 0 0
	應交稅費	應交增值稅(銷項稅額)			2 5 5 0 0 0 0
合　計			￥1 7 5 5 0 0 0 0		￥1 7 5 5 0 0 0 0

附單據×張

會計主管:李青　　　記帳:張萍　　　復核:李青　　　制證:張力

表 8-5

記 帳 憑 證

2015 年 8 月 4 日　　　　　　　　　　　記字第 4 號

摘　要	總帳科目	明細科目	借方金額 億千百十萬千百十元角分	√	貸方金額 億千百十萬千百十元角分
取得短期借款	銀行存款		2 0 0 0 0 0 0 0		
	短期借款				2 0 0 0 0 0 0 0
合　計			￥2 0 0 0 0 0 0 0		￥2 0 0 0 0 0 0 0

附單據×張

會計主管:李青　　　記帳:張萍　　　復核:李青　　　制證:張力

表 8-6

記 帳 憑 證

2015 年 8 月 4 日　　　　　　　　　　　記字第 5 號

摘　要	總帳科目	明細科目	借方金額 億千百十萬千百十元角分	√	貸方金額 億千百十萬千百十元角分
發放工資	應付職工薪酬		7 4 1 5 0 0 0		
	銀行存款				7 4 1 5 0 0 0
合　計			￥7 4 1 5 0 0 0		￥7 4 1 5 0 0 0

附單據×張

會計主管:李青　　　記帳:張萍　　　復核:李青　　　制證:張力

表 8-7

記帳憑證

2015 年 8 月 5 日　　　　　　　　　　記字第　6　號

摘要	總帳科目	明細科目	借方金額 億千百十萬千百十元角分	√	貸方金額 億千百十萬千百十元角分
取得長期借款	銀行存款		1 0 0 0 0 0 0 0 0		
	長期借款				1 0 0 0 0 0 0 0 0
合 計			￥1 0 0 0 0 0 0 0 0		￥1 0 0 0 0 0 0 0 0

附單據×張

會計主管:李青　　　記帳:張萍　　　復核:李青　　　制證:張力

表 8-8

記帳憑證

2015 年 8 月 10 日　　　　　　　　　記字第　7　號

摘　要	總帳科目	明細科目	借方金額 億千百十萬千百十元角分	√	貸方金額 億千百十萬千百十元角分
購進材料	在途物資	乙材料	6 0 0 0 0 0		
	在途物資	丙材料	5 0 0 0 0 0		
	應交稅費	應交增值稅(進項稅額)	1 8 7 0 0 0		
	應付帳款	江河公司			1 2 8 7 0 0 0 0
合　計			￥1 2 8 7 0 0 0		￥1 2 8 7 0 0 0

附單據×張

會計主管:李青　　　記帳:張萍　　　復核:李青　　　制證:張力

表 8-9

記帳憑證

2015 年 8 月 11 日　　　　　　　　　記字第　8　號

摘　要	總帳科目	明細科目	借方金額 億千百十萬千百十元角分	√	貸方金額 億千百十萬千百十元角分
支付前欠貨款	應付帳款	江河公司	1 2 8 7 0 0 0 0		
	銀行存款				1 2 8 7 0 0 0 0
合　計			￥1 2 8 7 0 0 0 0		￥1 2 8 7 0 0 0 0

附單據×張

會計主管:李青　　　記帳:張萍　　　復核:李青　　　制證:張力

表 8-10

記　帳　憑　證

2015 年 8 月 11 日　　　　　　　　　　　記字第　9　號

摘　要	總帳科目	明細科目	借方金額 億千百十萬千百十元角分	✓	貸方金額 億千百十萬千百十元角分
支付採購運費	在途物資	乙材料	1 8 0 0 0 0		
	在途物資	丙材料	1 2 0 0 0 0		
	應交稅費	應交增值稅(進項稅額)	3 3 0 0 0		
	銀行存款				3 3 3 0 0 0
合　計			￥　　　3 3 3 0 0 0		￥　　　3 3 3 0 0 0

附單據 × 張

會計主管:李青　　　記帳:張萍　　　復核:李青　　　制證:張力

表 8-11

記　帳　憑　證

2015 年 8 月 12 日　　　　　　　　　　　記字第　10　號

摘　要	總帳科目	明細科目	借方金額 億千百十萬千百十元角分	✓	貸方金額 億千百十萬千百十元角分
材料驗收入庫	原材料	乙材料	6 1 8 0 0 0 0		
	原材料	丙材料	5 1 2 0 0 0 0		
	在途物資	乙材料			6 1 8 0 0 0 0
	在途物資	丙材料			5 1 2 0 0 0 0
合　計			￥　1 1 3 0 0 0 0 0		￥　1 1 3 0 0 0 0 0

附單據 × 張

會計主管:李青　　　記帳:張萍　　　復核:李青　　　制證:張力

表 8-12

記　帳　憑　證

2015 年 8 月 12 日　　　　　　　　　　　記字第　11　號

摘　要	總帳科目	明細科目	借方金額 億千百十萬千百十元角分	✓	貸方金額 億千百十萬千百十元角分
銷售B產品	應收帳款	河洛公司	9 3 6 0 0 0 0		
	主營業務收入	B產品			8 0 0 0 0 0 0
	應交稅費	應交增值稅(銷項稅額)			1 3 6 0 0 0 0
合　計			￥　　9 3 6 0 0 0 0		￥　　9 3 6 0 0 0 0

附單據 × 張

會計主管:李青　　　記帳:張萍　　　復核:李青　　　制證:張力

表 8-13

記 帳 憑 證
2015 年 8 月 13 日　　　　　　　　記字第 12 號

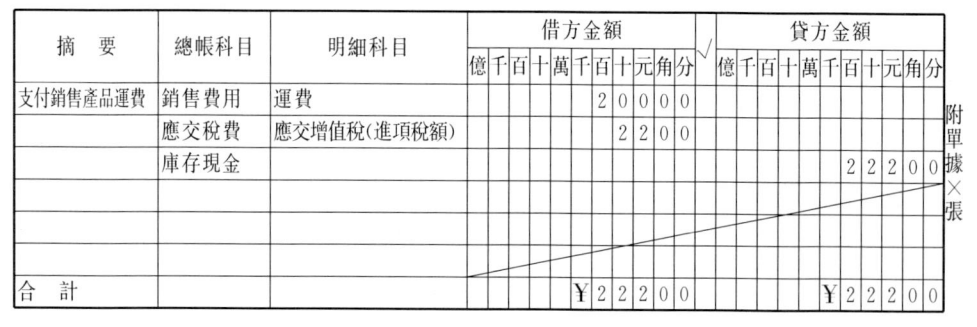

摘　要	總帳科目	明細科目	借方金額 億千百十萬千百十元角分	√	貸方金額 億千百十萬千百十元角分
支付銷售產品運費	銷售費用	運費	2 0 0 0 0		
	應交稅費	應交增值稅(進項稅額)	2 2 0 0		
		庫存現金			2 2 2 0 0
合　計			￥　　　2 2 2 0 0		￥　　　2 2 2 0 0

附單據×張

會計主管:李青　　　記帳:張萍　　　復核:李青　　　制證:張力

表 8-14

記 帳 憑 證
2015 年 8 月 14 日　　　　　　　　記字第 13 號

摘　要	總帳科目	明細科目	借方金額 億千百十萬千百十元角分	√	貸方金額 億千百十萬千百十元角分
繳納稅金	應交稅費	未交增值稅	1 2 3 1 0 0 0		
	應交稅費	應交所得稅	3 8 0 0 0 0		
	應交稅費	應交城市維護建設稅	8 6 2 0 0		
	應交稅費	應交教育費附加	3 6 9 0 0		
		銀行存款			1 7 3 4 1 0 0
合　計			￥　　1 7 3 4 1 0 0		￥　　1 7 3 4 1 0 0

附單據×張

會計主管:李青　　　記帳:張萍　　　復核:李青　　　制證:張力

表 8-15

記 帳 憑 證
2015 年 8 月 16 日　　　　　　　　記字第 14 號

摘　要	總帳科目	明細科目	借方金額 億千百十萬千百十元角分	√	貸方金額 億千百十萬千百十元角分
提現備用	庫存現金		5 0 0 0 0 0		
	銀行存款				5 0 0 0 0 0
合　計			￥　　　5 0 0 0 0 0		￥　　　5 0 0 0 0 0

附單據×張

會計主管:李青　　　記帳:張萍　　　復核:李青　　　制證:張力

表 8-16

記 帳 憑 證

2015 年 8 月 16 日　　　　　　　　　記字第　15　號

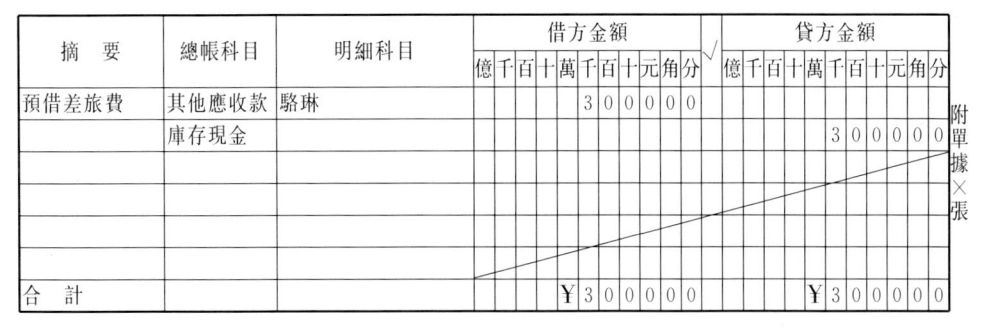

摘　要	總帳科目	明細科目	借方金額	貸方金額
預借差旅費	其他應收款	駱琳	3000.00	
	庫存現金			3000.00
合　計			￥3000.00	￥3000.00

會計主管：李青　　　記帳：張萍　　　復核：李青　　　制證：張力

附單據×張

表 8-17

記 帳 憑 證

2015 年 8 月 17 日　　　　　　　　　記字第　16　號

摘　要	總帳科目	明細科目	借方金額	貸方金額
收到廢品收入	庫存現金		1000.00	
	營業外收入			1000.00
合　計			￥1000.00	￥1000.00

會計主管：李青　　　記帳：張萍　　　復核：李青　　　制證：張力

附單據×張

表 8-18

記 帳 憑 證

2015 年 8 月 20 日　　　　　　　　　記字第　17　號

摘　要	總帳科目	明細科目	借方金額	貸方金額
收到前欠貨款	銀行存款		70200.00	
	應收帳款	河洛公司		70200.00
合　計			￥70200.00	￥70200.00

會計主管：李青　　　記帳：張萍　　　復核：李青　　　制證：張力

附單據×張

表 8-19

記 帳 憑 證

2015 年 8 月 22 日　　　　　　　記字第 18 號

摘要	總帳科目	明細科目	借方金額 億千百十萬千百十元角分	貸方金額 億千百十萬千百十元角分
報銷差旅費	管理費用	差旅費	2 0 5 8 0 0	
	庫存現金		9 4 2 0 0	
	其他應收款	駱琳		3 0 0 0 0 0
合計			￥3 0 0 0 0 0	￥3 0 0 0 0 0

附單據×張

會計主管：李青　　記帳：張萍　　復核：李青　　制證：張力

表 8-20

記 帳 憑 證

2015 年 8 月 23 日　　　　　　　記字第 19 號

摘要	總帳科目	明細科目	借方金額 億千百十萬千百十元角分	貸方金額 億千百十萬千百十元角分
支付困難職工補助	應付職工薪酬		1 0 0 0 0 0	
	庫存現金			1 0 0 0 0 0
合計			￥1 0 0 0 0 0	￥1 0 0 0 0 0

附單據×張

會計主管：李青　　記帳：張萍　　復核：李青　　制證：張力

表 8-21

記 帳 憑 證

2015 年 8 月 24 日　　　　　　　記字第 20 號

摘要	總帳科目	明細科目	借方金額 億千百十萬千百十元角分	貸方金額 億千百十萬千百十元角分
銷售甲材料	銀行存款		1 1 7 0 0 0	
	其他業務收入	甲材料		1 0 0 0 0 0
	應交稅費	應交增值稅(銷項稅額)		1 7 0 0 0
合計			￥1 1 7 0 0 0	￥1 1 7 0 0 0

附單據×張

會計主管：李青　　記帳：張萍　　復核：李青　　制證：張力

第八章 賬務處理程序

表 8-22

記 帳 憑 證

2015 年 8 月 25 日　　　　　　　　　　記字第 21 號

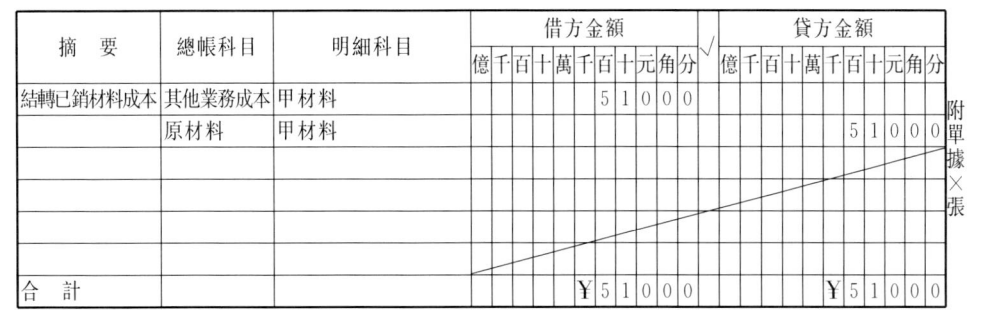

摘　要	總帳科目	明細科目	借方金額 億千百十萬千百十元角分	√	貸方金額 億千百十萬千百十元角分
結轉已銷材料成本	其他業務成本	甲材料	5 1 0 0 0		
	原材料	甲材料			5 1 0 0 0
合　計			￥　　　5 1 0 0 0		￥　　　5 1 0 0 0

附單據 × 張

會計主管:李青　　記帳:張萍　　復核:李青　　制證:張力

表 8-23

記 帳 憑 證

2015 年 8 月 27 日　　　　　　　　　　記字第 22 號

摘　要	總帳科目	明細科目	借方金額 億千百十萬千百十元角分	√	貸方金額 億千百十萬千百十元角分
支付廣告費	銷售費用	廣告費	2 0 0 0 0 0		
	銀行存款				2 0 0 0 0 0
合　計			￥　　2 0 0 0 0 0		￥　　2 0 0 0 0 0

附單據 × 張

會計主管:李青　　記帳:張萍　　復核:李青　　制證:張力

表 8-24

記 帳 憑 證

2015 年 8 月 28 日　　　　　　　　　　記字第 23 號

摘　要	總帳科目	明細科目	借方金額 億千百十萬千百十元角分	√	貸方金額 億千百十萬千百十元角分
支付業務招待費	管理費用	業務招待費	9 0 5 0 0		
	庫存現金				9 0 5 0 0
合　計			￥　　　9 0 5 0 0		￥　　　9 0 5 0 0

附單據 × 張

會計主管:李青　　記帳:張萍　　復核:李青　　制證:張力

表 8-25

記 帳 憑 證

2015 年 8 月 30 日　　　　記字第 24 1/2 號

摘要	總帳科目	明細科目	借方金額 億千百十萬千百十元角分	√	貸方金額 億千百十萬千百十元角分
計算發出材料成本	生產成本	A 產品	8 4 7 8 0 0 0		
	生產成本	B 產品	2 8 8 4 0 0 0		
	製造費用		7 6 8 0 0 0		
	管理費用	其他費用	1 5 3 0 0 0		
	原材料	甲材料			1 5 3 0 0 0
	原材料	乙材料			8 0 3 4 0 0
合　計			¥ 1 2 2 8 3 0 0 0		¥ 1 2 2 8 3 0 0 0

會計主管：李青　　　記帳：張萍　　　復核：李青　　　制證：張力

附單據×張

表 8-26

記 帳 憑 證

2015 年 8 月 30 日　　　　記字第 24 2/2 號

摘要	總帳科目	明細科目	借方金額 億千百十萬千百十元角分	√	貸方金額 億千百十萬千百十元角分
計算發出材料成本	原材料	丙材料			4 0 9 6 0 0 0
合　計			¥ 1 2 2 8 3 0 0 0		¥ 1 2 2 8 3 0 0 0

會計主管：李青　　　記帳：張萍　　　復核：李青　　　制證：張力

附單據×張

表 8-27

記 帳 憑 證

2015 年 8 月 31 日　　　　記字第 25 號

摘要	總帳科目	明細科目	借方金額 億千百十萬千百十元角分	√	貸方金額 億千百十萬千百十元角分
分配本月工資費用	生產成本	A 產品	2 1 9 2 4 0 0		
	生產成本	B 產品	1 4 6 1 6 0 0		
	製造費用		4 4 6 0 0 0		
	管理費用	職工薪酬	2 7 8 4 0 0		
	銷售費用	職工薪酬	5 3 1 0 0 0		
	應付職工薪酬	職工薪酬			7 4 1 5 0 0 0
合　計			¥ 7 4 1 5 0 0 0		¥ 7 4 1 5 0 0 0

會計主管：李青　　　記帳：張萍　　　復核：李青　　　制證：張力

附單據×張

表 8-28

記　帳　憑　證

2015 年 8 月 31 日　　　　　　　　　　記字第 26 號

摘 要	總帳科目	明細科目	借方金額 億千百十萬千百十元角分	√	貸方金額 億千百十萬千百十元角分
計提職工福利費	生產成本	A 產品	3 0 6 9 3 6		
	生產成本	B 產品	2 0 4 6 2 4		
	製造費用		6 2 4 4 0		
	管理費用	職工福利	3 8 9 7 6 0		
	銷售費用	職工福利	7 4 3 4 0		
	應付職工薪酬	職工福利			1 0 3 8 1 0 0
合 計			￥1 0 3 8 1 0 0		￥1 0 3 8 1 0 0

會計主管：李青　　記帳：張萍　　復核：李青　　制證：張力

附單據×張

表 8-29

記　帳　憑　證

2015 年 8 月 31 日　　　　　　　　　　記字第 27 號

摘 要	總帳科目	明細科目	借方金額 億千百十萬千百十元角分	√	貸方金額 億千百十萬千百十元角分
計提折舊	製造費用		7 0 7 0 0 0		
	管理費用	折舊費	2 0 2 0 0 0		
	銷售費用	折舊費	4 8 4 0 0		
	累計折舊				9 5 7 4 0 0
合 計			￥9 5 7 4 0 0		￥9 5 7 4 0 0

會計主管：李青　　記帳：張萍　　復核：李青　　制證：張力

附單據×張

表 8-30

記　帳　憑　證

2015 年 8 月 31 日　　　　　　　　　　記字第 28 號

摘 要	總帳科目	明細科目	借方金額 億千百十萬千百十元角分	√	貸方金額 億千百十萬千百十元角分
結轉製造費用	生產成本	A 產品	1 2 0 2 0 4 0		
	生產成本	B 產品	8 0 1 4 0 0		
	製造費用				2 0 0 3 4 4 0
合 計			￥2 0 0 3 4 4 0		￥2 0 0 3 4 4 0

會計主管：李青　　記帳：張萍　　復核：李青　　制證：張力

附單據×張

表 8-31

記 帳 憑 證

2015 年 8 月 31 日　　　　　　記字第 29 號

摘要	總帳科目	明細科目	借方金額	✓	貸方金額
結轉完工產品成本	庫存商品	A 產品	1 2 1 7 9 3 7 6		
	庫存商品	B 產品	5 3 5 1 6 2 4		
	生產成本	A 產品			1 2 1 7 9 3 7 6
	生產成本	B 產品			5 3 5 1 6 2 4
合　計			￥1 7 5 3 1 0 0 0		￥1 7 5 3 1 0 0 0

附單據 × 張

會計主管:李青　　記帳:張萍　　復核:李青　　制證:張力

表 8-32

記 帳 憑 證

2015 年 8 月 31 日　　　　　　記字第 30 號

摘要	總帳科目	明細科目	借方金額	✓	貸方金額
結轉已銷產品成本	主營業務成本		1 0 4 1 5 7 0 0		
	庫存商品	A 產品			6 1 4 0 5 0 0
	庫存商品	B 產品			4 2 7 5 2 0 0
合　計			￥1 0 4 1 5 7 0 0		￥1 0 4 1 5 7 0 0

附單據 × 張

會計主管:李青　　記帳:張萍　　復核:李青　　制證:張力

表 8-33

記 帳 憑 證

2015 年 8 月 31 日　　　　　　記字第 31 號

摘要	總帳科目	明細科目	借方金額	✓	貸方金額
計算應交稅費	營業稅金及附加		1 8 4 4 0 0		
	應交稅費	應交城市維護建設稅			1 2 9 0 8 0
	應交稅費	應交教育費附加			5 5 3 2 0
合　計			￥1 8 4 4 0 0		￥1 8 4 4 0 0

附單據 × 張

會計主管:李青　　記帳:張萍　　復核:李青　　制證:張力

表 8-34

記 帳 憑 證
2015 年 8 月 31 日　　　　　記字第 32 號

摘要	總帳科目	明細科目	借方金額 億千百十萬千百十元角分	√	貸方金額 億千百十萬千百十元角分
結轉期間收入	主營業務收入	A 產品	1 5 0 0 0 0 0 0		
	主營業務收入	B 產品	8 0 0 0 0 0 0		
	其他業務收入	甲材料	1 0 0 0 0 0		
	營業外收入		1 0 0 0 0 0		
	本年利潤				2 3 2 0 0 0 0 0
合計			¥ 2 3 2 0 0 0 0 0		¥ 2 3 2 0 0 0 0 0

附單據 × 張

會計主管:李青　　記帳:張萍　　復核:李青　　制證:張力

表 8-35

記 帳 憑 證
2015 年 8 月 31 日　　　　　記字第 33 1/8 號

摘要	總帳科目	明細科目	借方金額 億千百十萬千百十元角分	√	貸方金額 億千百十萬千百十元角分
結轉期間費用	本年利潤		1 5 4 1 9 9 0 0		
	主營業務成本				1 0 4 1 5 7 0 0
	其他業務成本	甲材料			5 1 0 0 0
	管理費用	差旅費			2 0 5 8 0 0
	管理費用	其他費用			1 5 3 0 0
	管理費用	職工薪酬			2 7 8 4 0 0
合計			¥ 1 5 4 1 9 9 0 0		¥ 1 5 4 1 9 9 0 0

附單據 × 張

會計主管:李青　　記帳:張萍　　復核:李青　　制證:張力

表 8-36

記 帳 憑 證
2015 年 8 月 31 日　　　　　記字第 33 2/8 號

摘要	總帳科目	明細科目	借方金額 億千百十萬千百十元角分	√	貸方金額 億千百十萬千百十元角分
結轉期間費用	管理費用	職工福利			3 8 9 7 6 0
	管理費用	折舊費			2 0 2 0 0 0
	管理費用	業務招待費			9 0 5 0 0
	管理費用	辦公費			3 4 5 0 0
	銷售費用	廣告費			2 0 0 0 0 0
	銷售費用	運費			2 0 0 0 0
合計			¥ 1 5 4 1 9 9 0 0		¥ 1 5 4 1 9 9 0 0

附單據 × 張

會計主管:李青　　記帳:張萍　　復核:李青　　制證:張力

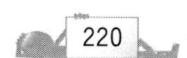

表 8-37

記 帳 憑 證

2015 年 8 月 31 日　　　　記字第 33 號

摘要	總帳科目	明細科目	借方金額	貸方金額
結轉期間費用	銷售費用	職工薪酬		5 3 1 0 0 0
	銷售費用	職工福利		7 4 3 4 0
	銷售費用	折舊費		4 8 4 0 0
	銷售費用	辦公費		3 5 5 0 0
	營業稅金及附加			1 8 4 4 0 0
合　計			￥1 5 4 1 9 9 0 0	￥1 5 4 1 9 9 0 0

會計主管：李青　　記帳：張萍　　復核：李青　　制證：張力

表 8-38

記 帳 憑 證

2015 年 8 月 31 日　　　　記字第 34 號

摘要	總帳科目	明細科目	借方金額	貸方金額
計算本月所得稅	所得稅費用		1 9 4 5 0 2 5	
	應交稅費	應交所得稅		1 9 4 5 0 2 5
合　計			￥1 9 4 5 0 2 5	￥1 9 4 5 0 2 5

會計主管：李青　　記帳：張萍　　復核：李青　　制證：張力

表 8-39

記 帳 憑 證

2015 年 8 月 31 日　　　　記字第 35 號

摘要	總帳科目	明細科目	借方金額	貸方金額
結轉所得稅費用	本年利潤		1 9 4 5 0 2 5	
	所得稅費用			1 9 4 5 0 2 5
合　計			￥1 9 4 5 0 2 5	￥1 9 4 5 0 2 5

會計主管：李青　　記帳：張萍　　復核：李青　　制證：張力

(三)登記現金日記帳和銀行存款日記帳

根據審核無誤的記帳憑證逐筆登記現金日記帳和銀行存款日記帳(見表8-40和表8-41)。

表 8-40　　　　　　　　　　　　　　　現金日記帳

2015 年 月	日	憑證號數	摘要	對方科目	借方	貸方	√	餘額
8	1		月初餘額					1 500.00
8	13	記-0012	支付銷售產品運費	銷售費用		222.00		1 278.00
8	13		本日合計			222.00		1 278.00
8	16	記-0014	提現備用	銀行存款	5 000.00			6 278.00
8	16	記-0015	預借差旅費	其他應收款		3 000.00		3 278.00
8	16		本日合計		5 000.00	3 000.00		3 278.00
8	17	記-0016	收到廢品收入	營業外收入	1 000.00			4 278.00
8	17		本日合計		1 000.00			4 278.00
8	22	記-0018	報銷差旅費	管理費用		942.00		5 220.00
8	22		本日合計			942.00		5 220.00
8	23	記-0019	支付困難職工補助	應付職工薪酬		1 000.00		4 220.00
8	23		本日合計			1 000.00		4 220.00
8	28	記-0023	支付業務招待費	管理費用		905.00		3 315.00
8	28		本日合計			905.00		3 315.00
8	31		本月合計		6 942.00	5 127.00		3 315.00

表 8-41　　　　　　　　　　　　　　　銀行存款日記帳

2015 年 月	日	憑證號數	摘要	對方科目	借方	貸方	√	餘額
8	1		月初餘額					260 000.00
8	3	記-0001	購進材料入庫	原材料		12 033.00		247 967.00
8	3	記-0002	購買辦公用品	管理費用		900.00		247 067.00
8	3	記-0003	銷售A產品	主營業務收入	175 500.00			422 567.00
8	4	記-0004	取得短期借款	短期借款	200 000.00			622 567.00
8	4	記-0005	發放工資	應付職工薪酬		74 150.00		548 417.00

表 8-41(續)

2015年 月	日	憑證號數	摘要	對方科目	借方	貸方	✓	餘額
8	5	記-0006	取得長期借款	長期借款	1 000 000.00			1 548 417.00
8	11	記-0008	支付前欠貨款	應付帳款		128 700.00		1 419 717.00
8	11	記-0009	支付採購運費	在途物資		3 330.00		1 416 387.00
8	14	記-0013	繳納稅金	應交稅費		17 341.00		1 399 046.00
8	16	記-0014	提現備用	庫存現金		5 000.00		1 394 046.00
8	20	記-0017	收到前欠貨款	應收帳款	70 200.00			1 464 246.00
8	24	記-0020	銷售甲材料	其他業務收入	1 170.00			1 465 416.00
8	27	記-0022	支付廣告費	銷售費用		2 000.00		1 463 416.00
8	31		本月合計		1 446 870.00	243 454.00		1 463 416.00

(四)登記明細分類帳

根據審核無誤的記帳憑證登記各種明細分類帳(以在途物資和應交稅費為例,見表 8-42 至表 8-48)。

表 8-42　　　　　　　　　　在途物資明細分類帳

品名:乙材料

2015年 月	日	憑證號數	摘要	借方 數量	單價	金額	貸方 數量	單價	金額	方向	餘額 數量	單價	金額
8	10	記-0007	購進材料	3 000.00	20.00	60 000.00				借	3 000.00	20.00	60 000.00
8	11	記-0009	支付採購運費			1 800.00				借	3 000.00	20.60	61 800.00
8	12	記-0010	材料驗收入庫						61 800.00	平	3 000.00		
8	31		本月合計	3 000.00		61 800.00			61 800.00	平	3 000.00		

表 8-43　　　　　　　　　　在途物資明細分類帳

品名:丙材料

2015年 月	日	憑證號數	摘要	借方 數量	單價	金額	貸方 數量	單價	金額	方向	餘額 數量	單價	金額
8	10	記-0007	購進材料	2 000.00	25.00	50 000.00				借	2 000.00	25.00	50 000.00
8	11	記-0009	支付採購運費			1 200.00				借	2 000.00	25.60	51 200.00
8	12	記-0010	材料驗收入庫						51 200.00	平	2 000.00		
8	31		本月合計	2 000.00		51 200.00			51 200.00	平	2 000.00		

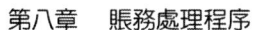

表 8-44　　　　　　　　　　　應交稅費明細分類帳

明細科目：應交增值稅

2015年 月	日	憑證號數	摘要	借方	貸方	方向	餘額
8	3	記－0001	購進材料入庫	1 733.00		借	1 733.00
8	3	記－0003	銷售A產品		25 500.00	貸	23 767.00
8	10	記－0007	購進材料	18 700.00		貸	5 067.00
8	11	記－0009	支付採購運費	330.00		貸	4 737.00
8	12	記－0011	銷售B產品		13 600.00	貸	18 337.00
8	13	記－0012	支付銷售產品運費	22.00		貸	18 315.00
8	24	記－0020	銷售甲材料		170.00	貸	18 485.00
8	31		本月合計	20 785.00	39 270.00	貸	18 485.00

表 8-45　　　　　　　　　　　應交稅費明細分類帳

明細科目：未交增值稅

2015年 月	日	憑證號數	摘要	借方	貸方	方向	餘額
8	1		期初餘額			貸	12 310.00
8	14	記－0013	繳納稅金	12 310.00		平	
8	31		本月合計	12 310.00		平	

表 8-46　　　　　　　　　　　應交稅費明細分類帳

明細科目：應交所得稅

2015年 月	日	憑證號數	摘要	借方	貸方	方向	餘額
8	1		期初餘額			貸	3 800.00
8	14	記－0013	繳納稅金	3 800.00		平	
8	31	記－0034	計算本月所得稅		19 450.25	貸	19 450.25
8	31		本月合計	3 800.00	19 450.25	貸	19 450.25

表 8-47 應交稅費明細分類帳

明細科目:應交城市維護建設稅

2015年		憑證號數	摘要	借方	貸方	方向	餘額
月	日						
8	1		期初餘額			貸	862.00
8	14	記－0013	繳納稅金	862.00		平	
8	31	記－0031	計算城建稅及教育費附加		1 290.80	貸	1 290.80
8	31		本月合計	862.00	1 290.80	貸	1 290.80

表 8-48 應交稅費明細分類帳

明細科目:應交教育費附加

2015年		憑證號數	摘要	借方	貸方	方向	餘額
月	日						
8	1		期初餘額			貸	369.00
8	14	記－0013	繳納稅金	369.00		平	
8	31	記－0031	計算教育費附加		553.20	貸	553.20
8	31		本月合計	369.00	553.20	貸	553.20

(五)登記總分類帳

根據審核無誤的記帳憑證逐筆登記總分類帳(見表 8-49 至表 8-50)。

表 8-49 在途物資總帳

總帳科目:在途物資

2015年		憑證號數	摘要	借方	貸方	方向	餘額
月	日						
8	10	記－0007	購進材料	60 000.00		借	60 000.00
8	10	記－0007	購進材料	50 000.00		借	110 000.00
8	11	記－0009	支付採購運費	1 800.00		借	111 800.00
8	11	記－0009	支付採購運費	1 200.00		借	113 000.00
8	12	記－0010	材料驗收入庫		61 800.00	借	51 200.00
8	12	記－0010	材料驗收入庫		51 200.00	平	
8	31		本月合計	113 000.00	113 000.00	平	

表 8-50 應交稅費總帳

總帳科目：應交稅費

2015年		憑證號數	摘要	借方	貸方	方向	餘額
月	日						
8	1		期初餘額			貸	17 341.00
8	3	記－0001	購進材料入庫	1 733.00		貸	15 608.00
8	3	記－0003	銷售A產品		25 500.00	貸	41 108.00
8	10	記－0007	購進材料	18 700.00		貸	22 408.00
8	11	記－0009	支付採購運費	330.00		貸	22 078.00
8	12	記－0011	銷售B產品		13 600.00	貸	35 678.00
8	13	記－0012	支付銷售運費	22.00		貸	35 656.00
8	14	記－0013	繳納稅金	12 310.00		貸	23 346.00
8	14	記－0013	繳納稅金	3 800.00		貸	19 546.00
8	14	記－0013	繳納稅金	862.00		貸	18 684.00
8	14	記－0013	繳納稅金	369.00		貸	18 315.00
8	24	記－0020	銷售甲材料		170.00	貸	18 485.00
8	31	記－0031	計算城建稅及教育費附加		1 290.80	貸	19 775.80
8	31	記－0031	計算城建稅及教育費附加		553.20	貸	20 329.00
8	31	記－0034	計算本月所得稅		19 450.25	貸	39 779.25
8	31		本月合計	38 126.00	60 564.25	貸	39 779.25

（六）進行試算平衡

編製試算平衡表（見表 8-51）。

表 8-51　　　　　　　　　　　試算平衡表

2015 年 8 月 31 日

會計科目	期初餘額		本期發生額		期末餘額	
	借方	貸方	借方	貸方	借方	貸方
庫存現金	1 500.00		6 942.00	5 127.00	3 315.00	
銀行存款	260 000.00		1 446 870.00	243 454.00	1 463 416.00	
應收票據	7 000.00				7 000.00	
應收帳款	40 000.00		93 600.00	70 200.00	63 400.00	
其他應收款			3 000.00	3 000.00		

225

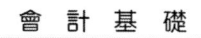

表 8-51(續)

會計科目	期初餘額 借方	期初餘額 貸方	本期發生額 借方	本期發生額 貸方	期末餘額 借方	期末餘額 貸方
在途物資			113 000.00	113 000.00		
原材料	538 800.00		123 300.00	123 340.00	538 760.00	
庫存商品	276 430.00		175 310.00	104 157.00	347 583.00	
固定資產	7 376 469.00				7 376 469.00	
累計折舊		2 000 000.00		9 574.00		2 009 574.00
短期借款		70 000.00		200 000.00		270 000.00
應付票據		46 000.00				46 000.00
應付帳款		46 800.00	128 700.00	128 700.00		46 800.00
應付職工薪酬		74 000.00	75 150.00	84 531.00		83 381.00
應交稅費		17 341.00	38 126.00	60 564.25		39 779.25
長期借款				1 000 000.00		1 000 000.00
實收資本		5 000 000.00				5 000 000.00
資本公積		550 000.00				550 000.00
盈餘公積		246 000.00				246 000.00
本年利潤		235 000.00	173 649.25	232 000.00		293 350.75
利潤分配		215 058.00				215 058.00
生產成本			175 310.00	175 310.00		
製造費用			20 034.40	20 034.40		
主營業務收入			230 000.00	230 000.00		
其他業務收入			1 000.00	1 000.00		
營業外收入			1 000.00	1 000.00		
主營業務成本			104 157.00	104 157.00		
其他業務成本			510.00	510.00		
營業稅金及附加			1 844.00	1 844.00		
銷售費用			9 092.40	9 092.40		
管理費用			38 595.60	38 595.60		
所得稅費用			19 450.25	19 450.25		
合　計	8 500 199.00	8 500 199.00	2 978 640.90	2 978 640.90	9 799 943.00	9 799 943.00

四、記帳憑證帳務處理程序的優缺點及適用範圍

(一)優缺點

1.優點

(1)記帳憑證帳務處理程序的優點是簡單明了、易於理解。
(2)總分類帳可以較詳細地反應經濟業務的發生情況。

2.缺點

(1)總分類帳登記工作量過大。
(2)帳頁耗用多,對預留多少帳頁難以把握。

(二)適用範圍

記帳憑證帳務處理程序一般適用於規模較小、經濟業務較少的單位。

[例8-3] 下列各項中,屬於記帳憑證帳務處理程序優點的是(　　)。

　　A.總分類帳反應經濟業務較詳細　　B.減輕了登記總分類帳的工作量
　　C.簡單明了、易於理解　　　　　　D.便於核對帳目和進行試算平衡

【解析】選AC。記帳憑證帳務處理程序的優點是:簡單明了、易於理解;總分類帳可以較詳細地反應經濟業務的發生情況。

第三節 匯總記帳憑證帳務處理程序

一、匯總記帳憑證帳務處理程序概述

匯總記帳憑證帳務處理程序是指依照原始憑證或原始憑證匯總表編製記帳憑證,然後再定期根據記帳憑證分類編製匯總收款憑證、匯總付款憑證和匯總轉帳憑證,最後根據匯總記帳憑證登記總分類帳的一種帳務處理程序。

匯總記帳憑證帳務處理程序是在記帳憑證帳務處理程序的基礎上發展起來的,它與記帳憑證帳務處理程序的主要區別是在記帳憑證和總分類帳之間增加了匯總記帳憑證。

二、匯總記帳憑證的編製方法

匯總記帳憑證是將記帳憑證按帳戶的對應關係,定期編製匯總收款憑證、匯總付款憑證、匯總轉帳憑證。三種憑證有不同的編製方法。匯總的時間應根據業務量大小確定,一般可5天、10天或15天匯總一次。

(一)匯總收款憑證

匯總收款憑證根據一定時期內的收款憑證,按借方科目(「庫存現金」或「銀行

存款」)設置,以及其對應的貸方科目匯總,計算出每一貸方科目相對應的發生額合計數。總分類帳根據各匯總收款憑證的合計數進行登記,分別記入「庫存現金」「銀行存款」總分類帳戶的借方,並將匯總收款憑證上各帳戶貸方的合計數分別記入有關總分類帳戶的貸方。

由於匯總收款憑證是按照收款憑證的借方科目設置的,因此,為方便匯總收款憑證的編製,平時編製收款憑證時應採用一借一貸或一借多貸的形式,而不宜採用多借一貸的形式。

小 提 示

定期(每5天或10天)將這一期間內的全部現金收款憑證、銀行存款收款憑證,分別按與設置科目相對應的貸方科目加以歸類、匯總填列一次,每月編製一張。

(二)匯總付款憑證

匯總付款憑證根據一定時期內的付款憑證,按貸方科目(「庫存現金」或「銀行存款」)設置,按其對應的借方科目匯總,計算出每一借方科目相對應的發生額合計數。總分類帳根據各匯總付款憑證的合計數進行登記,分別記入「庫存現金」「銀行存款」總分類帳戶的貸方,並將匯總付款憑證上各帳戶借方的合計數分別記入有關總分類帳戶的借方。

由於匯總付款憑證是按照付款憑證的貸方科目設置的,因此,為方便匯總付款憑證的編製,平時編製付款憑證時應採用一借一貸或多借一貸的形式,而不宜採用一借多貸的形式。

(三)匯總轉帳憑證

匯總轉帳憑證通常根據一定時期內的轉帳憑證編製,但由於轉帳憑證借貸雙方科目都不是主體科目,故在具體操作時將貸方科目作為主體科目,即匯總轉帳憑證是按照轉帳憑證的貸方科目設置,按對應的借方科目匯總,計算出每一借方科目相對應的發生額合計。總分類帳根據各匯總轉帳憑證的合計數進行登記,分別記入對應科目的總分類帳戶的貸方,並將匯總轉帳憑證上各帳戶借方的合計數分別記入有關總分類帳戶的借方。

同樣為方便匯總轉帳憑證的編製,平時編製轉帳憑證時應採用一借一貸或多借一貸的形式,而不宜採用一借多貸的形式。

匯總轉帳憑證是對一定時期內的轉帳憑證進行匯總,相對減少了登記總分類帳的工作量,但同時又增加了匯總轉帳憑證的編製工作量,而且匯總轉帳憑證的編製非常複雜,數量也非常多。因此,如果在一個月內某一貸方帳戶對應的轉帳憑證

不多,可以不編製匯總轉帳憑證,直接根據單個的轉帳憑證登記總分類帳。

三、匯總記帳憑證帳務處理程序的一般步驟

匯總記帳憑證帳務處理程序的一般步驟如圖 8-2 所示。

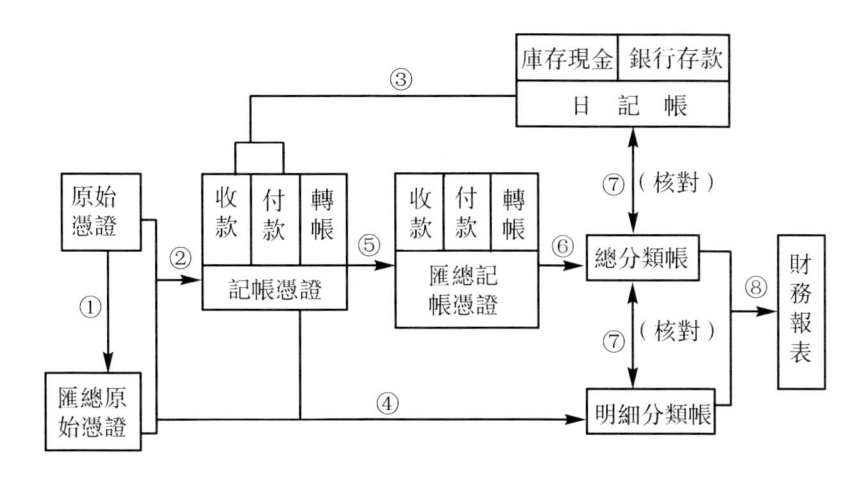

圖 8-2　匯總記帳憑證帳務處理程序流程

從圖 8-2 中可以看出,匯總記帳憑證帳務處理程序的具體工作步驟如下:

(1)根據原始憑證編製匯總原始憑證。

(2)根據原始憑證或匯總原始憑證,填製收款憑證、付款憑證和轉帳憑證,也可以填製通用記帳憑證。

(3)根據收款憑證、付款憑證逐筆登記庫存現金日記帳和銀行存款日記帳。

(4)根據原始憑證、匯總原始憑證和記帳憑證,登記各種明細分類帳。

(5)根據各種記帳憑證編製有關匯總記帳憑證。

(6)根據各種匯總記帳憑證登記總分類帳。

(7)期末,將庫存現金日記帳、銀行存款日記帳和明細分類帳的餘額與有關總分類帳的餘額核對相符。

(8)期末,根據總分類帳和明細分類帳的記錄,編製財務報表。

小提示

匯總記帳憑證帳務處理程序的特點是,先根據記帳憑證編製匯總記帳憑證,再根據匯總記帳憑證登記總分類帳。

四、匯總記帳憑證帳務處理程序的優缺點及適用範圍

(一)優缺點

匯總記帳憑證帳務處理程序的優點是，在匯總記帳憑證上能夠清晰地反應帳戶之間的對應關係，減輕了登記總分類帳的工作量，便於查對和分析帳目。

缺點是當轉帳憑證較多時，編製匯總轉帳憑證的工作量較大，對匯總過程中可能存在的錯誤難以發現，並且按每一貸方帳戶編製匯總轉帳憑證，不利於會計核算的日常分工。

(二)適用範圍

該帳務處理程序適用於規模較大、經濟業務較多、專用記帳憑證也較多的單位。

第四節　科目匯總表帳務處理程序

一、科目匯總表帳務處理程序概述

科目匯總表帳務處理程序又稱記帳憑證匯總表帳務處理程序，它是指根據記帳憑證定期編製科目匯總表，再根據科目匯總表登記總分類帳的一種帳務處理程序。

科目匯總表帳務處理程序是由記帳憑證帳務處理程序演變而來的，它的主要特點是定期根據記帳憑證按照相同的科目分別歸類、匯總編製科目匯總表，然後根據科目匯總表登記總分類帳。

> **小提示**　科目匯總表編製的時間，應根據經濟業務量的多少而定。

二、科目匯總表的編製方法

科目匯總表的編製方法是，根據一定時期內的全部記帳憑證，按照會計科目進行歸類，定期匯總出每一個帳戶的借方本期發生額和貸方本期發生額，填寫在科目匯總表的相關欄內。科目匯總表可每月編製一張，按旬匯總，也可每旬匯總一次編製一張。任何格式的科目匯總表，都只反應各個帳戶的借方本期發生額和貸方本期發生額，無法反應各個帳戶之間的對應關係。

為了方便科目匯總表的編製，在平時編製記帳憑證時，一般採用一借一貸的形式。科目匯總表的一般格式如表 8-52 所示。

表 8-52　　　　　　　　　　科　目　匯　總　表

會計科目	帳頁	本期發生額		記帳憑證 起訖號數
		借方	貸方	
合計				

年　月　日至　日　　　　　　　第　號

> **小提示**　科目匯總表只反應各個會計科目的借方本期發生額和貸方本期發生額，不反應各個會計科目的對應關係。

三、科目匯總表帳務處理程序的一般步驟

科目匯總表帳務處理程序的一般步驟如圖 8-3 所示。

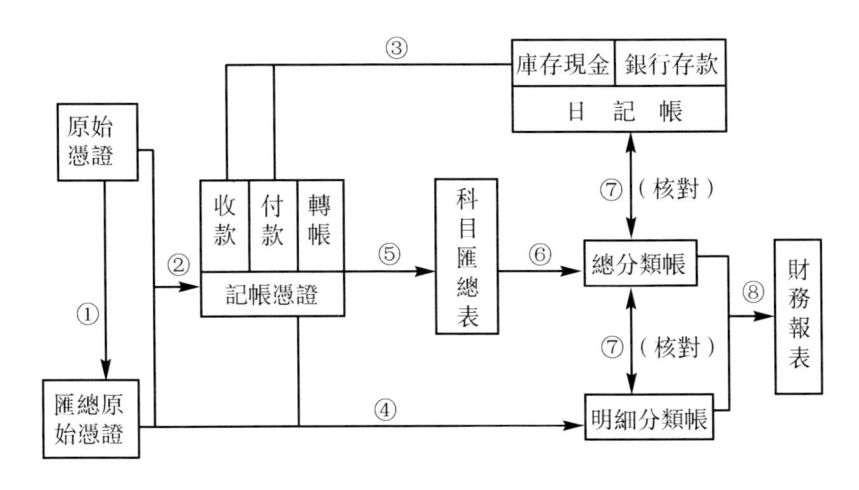

圖 8-3　科目匯總表帳務處理程序流程

從圖 8-3 中可以看出，科目匯總表帳務處理程序的具體工作步驟如下：

(1)根據原始憑證填製匯總原始憑證。

(2)根據原始憑證或匯總原始憑證填製記帳憑證。

(3)根據收款憑證、付款憑證逐筆登記庫存現金日記帳和銀行存款日記帳。

(4)根據原始憑證、匯總原始憑證和記帳憑證，登記各種明細分類帳。

(5)根據各種記帳憑證編製科目匯總表。

(6)根據科目匯總表登記總分類帳。

(7)期末，將庫存現金日記帳、銀行存款日記帳和明細分類帳的餘額同有關總分類帳的餘額核對相符。

(8)期末，根據總分類帳和明細分類帳的記錄，編製財務報表。

小提示

實際工作中，不同企業的科目匯總表的編製時間也不盡相同。無論哪家企業，科目匯總表匯總的時間都不宜過長，業務量多的單位可每天匯總一次，一般間隔期為 5～10 天，以便對發生額進行試算平衡和瞭解資金運動情況。

四、科目匯總表帳務處理程序舉例

(一)資料

同本章第二節新聯公司 2015 年 8 月初各項資料及 8 月發生的經濟業務。

(二)填製記帳憑證

根據 2015 年 8 月發生的經濟業務填製記帳憑證(見表 8-2 至表 8-39)。

(三)登記庫存現金日記帳和銀行存款日記帳

根據審核無誤的記帳憑證及其所附的原始憑證或匯總原始憑證逐筆登記庫存現金日記帳和銀行存款日記帳(見表 8-40 和表 8-41)。

(四)登記明細帳

根據審核無誤的記帳憑證及其所附的原始憑證或匯總原始憑證登記各種明細分類帳(以在途物資和應交稅費為例，見表 8-42 至表 8-48)。

(五)編製科目匯總表

根據審核無誤的記帳憑證定期編製科目匯總表(見表 8-53)。

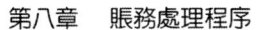

表 8-53　　　　　　　　　科目匯總表

會計期間:2015 年 8 月

編製單位:新聯公司

科目	借方發生額	貸方發生額
庫存現金	6 942.00	5 127.00
銀行存款	1 446 870.00	243 454.00
應收帳款	93 600.00	70 200.00
其他應收款	3 000.00	3 000.00
原材料	123 300.00	123 340.00
庫存商品	175 310.00	104 157.00
固定資產		
累計折舊		9 574.00
在途物資	113 000.00	113 000.00
短期借款		200 000.00
應付票據		
應付帳款	128 700.00	128 700.00
應付職工薪酬	75 150.00	84 531.00
應交稅費	38 126.00	60 564.25
長期借款		1 000 000.00
其他業務收入	1 000.00	1 000.00
本年利潤	173 649.25	232 000.00
生產成本	175 310.00	175 310.00
製造費用	20 034.40	20 034.40
主營業務收入	230 000.00	230 000.00
營業外收入	1 000.00	1 000.00
主營業務成本	104 157.00	104 157.00
營業稅金及附加	1 844.00	1 844.00
銷售費用	9 092.40	9 092.40
管理費用	38 595.60	38 595.60
其他業務成本	510.00	510.00
所得稅費用	19 450.25	19 450.25
合　　計	2 978 640.90	2 978 640.90

(六)登記總分類帳

根據科目匯總表登記總帳(只以庫存現金和銀行存款總帳為例進行說明,見表 8-54 和表 8-55)。

表 8-54　　　　　　　　　　　　　總分類帳

總帳科目:庫存現金

| 2015 年 ||憑證號數|摘要|借方|貸方|方向|餘額|
月	日					
8	1		期初餘額			借	1 500.00
8	31	匯 1	科匯 1 號發生額合計	6 942.00	5 127.00	借	3 315.00
8	31		本月合計	6 942.00	5 127.00	借	3 315.00

表 8-55　　　　　　　　　　　　　總分類帳

總帳科目:銀行存款

| 2015 年 ||憑證號數|摘要|借方|貸方|方向|餘額|
月	日					
8	1		期初餘額			借	260 000.00
8	31	匯 1	科匯 1 號發生額合計	1 446 870.00	243 454.00	借	1 463 416.00
8	31		本月合計	1 446 870.00	243 454.00	借	1 463 416.00

(七)編製財務會計報告

編製資產負債表和利潤表(見第十章表 10-1 及表 10-2)。

五、科目匯總表帳務處理程序的優缺點及適用範圍

(一)優缺點

科目匯總表帳務處理程序的優點是減輕了登記總分類帳的工作量,易於理解,方便學習,並可做到試算平衡。

缺點是科目匯總表不能反應各個帳戶之間的對應關係,不利於對帳目進行檢查。

[例 8-4] 科目匯總表帳務處理程序的優點是(　　)。

　　A. 詳細反應經濟業務的發生情況　　B. 可以做到試算平衡

　　C. 便於瞭解帳戶之間的對應關係　　D. 便於查對帳目

【解析】選 B。科目匯總表帳務處理程序減輕了登記總分類帳的工作量,並可做到試算平衡。

(二)適用範圍

科目匯總表帳務處理程序一般適用於規模較大、經濟業務量較多的大中型企業。

小提示

在科目匯總表帳務處理程序下,大量業務匯總登記總帳,大大簡化了總帳登記工作,其優勢能充分體現出來。

知識鏈接

三種帳務處理程序的比較(見表 8-56)。

表 8-56　　　　　　　　　　三種帳務處理程序的比較

	記帳憑證帳務處理程序	匯總記帳憑證帳務處理程序	科目匯總表帳務處理程序
優點	簡單明了、易於理解,總分類帳可以較詳細地反應經濟業務的內容	清晰地反應帳戶之間的對應關係,減少了登記總分類帳的工作量	可以簡化總分類帳的登記工作,並可做到試算平衡
缺點	登記總分類帳的工作量較大	編製匯總記帳憑證的工作量較大	不反應科目對應關係,不便於查對帳目
適用範圍	規模較小、業務量少、憑證不多的單位	規模較大、經濟業務較多、專用記帳憑證比較多的單位	經濟業務較多的單位
登記總帳的依據	記帳憑證	匯總記帳憑證	科目匯總表

自　測　題

一、單項選擇題

1. 科目匯總表帳務處理程序的缺點是(　　　)。

　　A. 科目匯總表的編製和使用較為簡便,易學易做

　　B. 不能清晰地反應各科目之間的對應關係

　　C. 可以大大減少登記總分類帳的工作量

　　D. 科目匯總表可以起到試算平衡的作用,保證總帳登記的正確性

2. 規模較大、經濟業務量較多的單位適用的帳務處理程序是(　　)。
   A. 記帳憑證帳務處理程序　　　　B. 匯總記帳憑證帳務處理程序
   C. 多欄式日記帳帳務處理程序　　D. 科目匯總表帳務處理程序
3. 會計報表是根據(　　)資料編製的。
   A. 日記帳、總帳和明細帳　　　　B. 日記帳和明細分類帳
   C. 明細帳和總分類帳　　　　　　D. 日記帳和總分類帳
4. 科目匯總表帳務處理程序登記總帳的直接依據是(　　)。
   A. 各種記帳憑證　　　　　　　　B. 科目匯總表
   C. 匯總記帳憑證　　　　　　　　D. 多欄式日記帳
5. 科目匯總表帳務處理程序(　　)。
   A. 能清楚地反應帳戶對應關係　　B. 不能反應帳戶對應關係
   C. 便於分析經濟業務　　　　　　D. 可以看清經濟業務的來龍去脈

二、多項選擇題

1. 對於匯總記帳憑證帳務處理程序，下列說法錯誤的有(　　)。
   A. 登記總帳的工作量大
   B. 不能體現帳戶之間的對應關係
   C. 明細帳與總帳無法核對
   D. 當轉帳憑證較多時，匯總轉帳憑證的編製工作量較大
2. 各種帳務處理程序下，登記明細帳的依據可能有(　　)。
   A. 原始憑證　　　　　　　　　　B. 匯總原始憑證
   C. 記帳憑證　　　　　　　　　　D. 匯總記帳憑證
3. 下列不屬於科目匯總表帳務處理程序優點的有(　　)。
   A. 便於反應各帳戶間的對應關係　B. 便於進行試算平衡
   C. 便於檢查核對帳目　　　　　　D. 簡化登記總帳的工作量
4. 科目匯總表帳務處理程序一般適用於(　　)的單位。
   A. 經營規模較大　　　　　　　　B. 經濟業務較多
   C. 經營規模較小　　　　　　　　D. 經濟業務較少

三、判斷題

1. 匯總記帳憑證帳務處理程序既能保持帳戶的對應關係，又能減輕登記總分類帳的工作量。　　　　　　　　　　　　　　　　　　　　　　　　　(　　)
2. 會計報表是根據總分類帳、明細分類帳和日記帳的記錄定期編製的。(　　)
3. 在不同的帳務處理程序中，登記總帳的依據相同。　　　　　　　(　　)
4. 在各種帳務處理程序下，會計報表的編製方法都是相同的。　　　(　　)

5.記帳憑證是登記各種帳簿的唯一依據。　　　　　　　　　（　　）

第九章　財產清查

學習目標

1. 瞭解財產清查的意義與種類。
2. 理解財產物資的盤存制度。
3. 熟悉財產清查的一般程序。
4. 熟悉貨幣資金、實物資產和往來款項的清查方法。
5. 掌握銀行存款餘額調節表的編製。
6. 掌握財產清查結果的帳務處理。

第一節　財產清查概述

一、財產清查的概念與意義

財產清查是指通過對貨幣資金、實物資產和往來款項等財產物資進行盤點或核對，確定其實存數，查明帳存數與實存數是否相符的一種專門方法。

企業為了正確掌握各項財產物資的真實情況，做到家底清楚、心中有數，為經濟管理工作提供準確可靠的核算資料，要求帳簿上反應的有關財產物資的結存數額必須與其實有數額保持一致，即要求做到帳實相符。從理論上講，帳實之間應該是相符的。但是，在實際工作中，由於各種原因，如檢驗、計量不準確，因自然損耗、非常災害、保管不善造成財產物資的短缺、毀損、霉爛、變質，以及貪污、盜竊和帳簿漏記、錯記等，會造成帳實不符。

為此，必須在帳簿記錄正確無誤的基礎上，採用財產清查的方法，對各項財產物資進行定期與不定期的盤點和核對，以做到帳實相符，保證會計資料的真實和準確性。

財產清查是發揮會計監督職能的重要手段，它對於正確組織會計核算、改善經

營管理、維護財經紀律、建立健全財產物資管理責任制、保護財產安全完整等,具有重要的意義。

1. 保證帳實相符,提高會計資料的準確性

通過財產清查,可以查明各項財產物資的實存數,將其與帳存數進行核對,以查明帳實是否相符,以及帳實不符的原因,並按照規定程序調整帳存數,做到帳實相符,從而保證會計資料的真實準確。

2. 切實保障各項財產物資的安全完整

通過財產清查,可以發現財產物資有無短缺、毀損、霉爛、變質等情況,有無營私舞弊、貪污盜竊等犯罪行為,債權、債務有無懸案,可以檢查貨幣資金的收支是否符合財經紀律,可以查明各項財產物資保管制度的執行情況等。定期、不定期進行財產清查,以便及時發現問題,採取措施,保護單位財產的安全完整。

3. 加速資金週轉,提高資金使用效益

通過財產清查,可以查明各項財產物資的儲備和利用情況,對儲備過多、長期積壓不用的物資,要按規定及時處理。做到合理儲備,物盡其用,充分挖掘物資潛力,改善財產物資的利用效果,提高資金使用效益。

知識鏈接

中國《會計法》第十七條規定明確指出,各單位應當定期將會計帳簿記錄與實物、款項及有關資料相互核對,以保證會計帳簿記錄與實物及款項的實有數額相符。

二、財產清查的種類

(一)按照清查範圍分類

1. 全面清查

全面清查是指對所有的財產進行全面的盤點和核對。全面清查涉及的內容多、範圍廣、工作量大、時間長,一般在年終決算前,單位撤銷、合併或改變隸屬關係,開展資產評估、清產核資以及單位主要負責人調離等情況下,需要進行全面清查。

2. 局部清查

局部清查是指根據需要只對部分財產進行盤點和核對。一般情況下,其清查的對象主要是流動性較大的財產物資和各種貴重物品。如對於庫存現金,每日終了由出納人員自行盤點一次;對於銀行存款、借款,每月至少核對一次。

通過局部清查,可以做到對重要物資、貨幣資金進行重點管理,對流動性大的物資進行常態管理,以確保財產物資的安全完整。

(二)按照清查的時間分類

1. 定期清查

定期清查是指按照預先安排的時間對財產進行的盤點和核對。例如,年度、季度和月度結帳時所進行的清查,都是定期的財產清查。定期清查的對象和範圍,應根據實際情況和需要而定,可以進行全面清查,也可以進行局部清查。

2. 不定期清查

不定期清查是指事前不規定清查日期,而是根據特殊需要臨時進行的盤點和核對。不定期清查主要適用於以下幾種情況:更換財產物資和現金保管人員時;財產物資遭受非常災害和意外損失時;發現貪污、盜竊、營私舞弊等行為時;上級主管、財政、稅務、審計等部門對單位進行會計檢查時等。清查的對象和範圍可以是全面清查,也可以是局部清查,應根據實際需要而定。

(三)按照清查的執行系統分類

1. 內部清查

內部清查是指由本單位內部自行組織清查工作小組所進行的財產清查工作。大多數財產清查都是內部清查。

2. 外部清查

外部清查是指由上級主管部門、審計機關、司法部門、註冊會計師根據國家有關規定或情況需要對本單位進行的財產清查。一般來講,進行外部清查時應有本單位相關人員參加。

內部清查和外部清查可以是定期清查,也可以是不定期清查,可以是全面清查,也可以是局部清查,應視具體情況而定。

三、財產物資的盤存制度

財產物資的盤存制度有「永續盤存制」和「實地盤存制」兩種。

1. 永續盤存制

「永續盤存制」也稱「帳面盤存制」,是指對各項財產物資的增減變動的情況,都根據會計憑證在有關帳簿中進行連續登記,並隨時在帳面上結算出各項財產物資結存數的一種盤存制度。其計算公式如下:

$$帳面期末餘額 = 帳面期初餘額 + 本期收入數額 - 本期發出數額$$

採用這種盤存制度,可以隨時掌握和瞭解各項財產物資增減變動和結存情況,

便於加強財產物資的管理。因此,一般情況下,各單位均應採用「永續盤存制」。

採用「永續盤存制」,雖然能在帳面上及時地反應各項財產物資的結存數,但是由於前述的種種原因,可能會發生帳實不符的情況。所以,採用「永續盤存制」的單位,對財產物資仍必須進行定期或不定期地清查盤點,以便核對帳存數和實存數是否相符。

2.實地盤存制

「實地盤存制」是指對各項財產物資,根據會計憑證,平時在帳簿中只登記增加數,不登記減少數,月末根據實地盤點的結存數倒擠出財產物資的減少數,並據以登記有關帳簿的一種盤存制度。其計算公式如下:

$$本期減少數＝期初結存數＋本期收入數－期末實存數$$

「實地盤存制」手續比較簡便,但不能隨時反應庫存物資的收入、發出、結存動態;同時由於以存計耗或以存計銷,倒擠出耗用成本或銷售成本,從而削弱了對庫存物資的控製和監督作用,不利於加強財產物資的管理。「實地盤存制」一般只適用於價值低、品種雜、收發頻繁的財產物資。

四、財產清查的一般程序

財產清查既是會計核算的一種專門方法,又是財產物資管理的一項重要制度。企業必須有計劃、有組織地進行財產清查。

財產清查一般包括以下程序:

(1)建立財產清查組織。在企業有關負責人的領導下,成立由財會部門、資產管理和使用部門的業務領導、專業人員和職工代表參加的清查領導小組,制訂清查工作計劃,明確具體工作人員的分工和職責。

(2)組織清查人員學習有關政策規定,掌握有關法律、法規和相關業務知識,以提高財產清查工作的質量。

(3)確定清查對象、範圍,明確清查任務。

(4)制訂清查方案,具體安排清查內容、時間、步驟、方法,以及必要的清查前準備。

(5)清查時本著先清查數量、核對有關帳簿記錄等,後認定質量的原則進行。

(6)填製盤存清單。

(7)根據盤存清單,填製實物、往來帳項清查結果報告表。

第二節　財產清查的方法

由於貨幣資金、實物、往來款項的特點各有不同,在進行財產清查時,應採用與其特點和管理要求相適應的方法。

一、貨幣資金的清查方法

(一)庫存現金的清查

庫存現金的清查是指採用實地盤點法確定庫存現金的實存數,然後與庫存現金日記帳的帳面餘額相核對,確定帳實是否相符。

庫存現金的清查通過採用實地盤點的方法進行。清點庫存現金時,出納人員必須在場,以明確責任。對庫存現金進行實地清點後,確定庫存現金的實際結存數,並將其與「庫存現金日記帳」的帳面結存數額進行核對,確定庫存現金長短款的數額。清點時應注意,一切收據、借據均不得抵充現金,注意庫存現金是否超過規定的限額、有無坐支現金的現象等。

清點現金後,將清查結果填入「庫存現金盤點表」,由盤點人員會同出納人員簽字蓋章。「現金盤點表」的一般格式如表9-1所示。

表 9-1　　　　　　　　　　　庫存現金盤點表
　　　　　　　　　　　　　　　年　月　日　　　　　　　　　　編號:

帳存金額	實存金額	盤盈	盤虧	備註

負責人(簽章):　　　　　　盤點人(簽章):　　　　　　出納員(簽章):

在實際工作中,現金的收支業務很頻繁,且容易出錯,出納人員應每日進行庫存現金的清查,做到日清日結。這種清查一般由出納人員在每日工作結束之前,將「庫存現金日記帳」當日帳面結存數額與庫存現金實際盤點數額相核對,以檢查當日帳實是否相符。

知識鏈接

白條是指未經領導簽字批准的收付款憑單。

坐支是指企業從現金收入中直接支付現金的行為。

庫存現金限額由其開戶銀行根據企業實際需要核定,一般為3天至5天的日常零星開支所需。邊遠地區和交通不便地區的開戶單位的庫存現金限額,可以多於5天,但不得超過15天的日常零星開支。對於經核定的庫存現金限額,開戶單位必須嚴格遵守。需要增加或者減少庫存現金限額時,應當向開戶銀行提出申請,

由開戶銀行核定。

(二)銀行存款的清查

銀行存款的清查是採用與開戶銀行核對帳目的方法進行的,即將本單位銀行存款日記帳的帳面記錄與開戶銀行轉來的對帳單逐筆進行核對,以查明銀行存款的實有數額。銀行存款的清查一般在月末進行。

1.銀行存款日記帳與銀行對帳單不一致的原因

在實際工作中,銀行對帳單與本單位銀行存款日記帳的餘額往往不相符。造成不相符的原因主要有兩個方面:一是雙方記帳可能存在差錯。將截至到清查日所有銀行存款的收付業務都登記入帳後,對發生的錯帳、漏帳應及時查清更正,再與銀行的對帳單逐筆核對。二是由未達帳項所致。

未達帳項,是指企業和銀行之間,由於記帳時間不一致而發生的一方已經入帳,而另一方尚未入帳的事項。未達帳項一般分為以下四種情況:

(1)企業已收款記帳,銀行未收款未記帳。

(2)企業已付款記帳,銀行未付款未記帳。

(3)銀行已收款記帳,企業未收款未記帳。

(4)銀行已付款記帳,企業未付款未記帳。

上述四種情況中任何一種情況的發生,都會使雙方的帳面餘額不相符。為了檢查雙方記帳有無差錯和查明銀行存款的準確數字,首先要排除未達帳項的影響。因此,在清查中,應將企業銀行存款日記帳與銀行對帳單逐筆相核對,找出未達帳項,並據以編製「銀行存款餘額調節表」,調節雙方的帳面餘額,確定企業銀行存款實有數。

2.銀行存款清查的步驟

銀行存款的清查按以下四個步驟進行:

(1)將本單位銀行存款日記帳與銀行對帳單,以結算憑證的種類、號碼和金額為依據,逐日逐筆相核對。凡雙方都有記錄的,用鉛筆在金額旁打上記號「√」。

(2)找出未達帳項(即銀行存款日記帳和銀行對帳單中沒有打「√」的款項)。

(3)將日記帳和對帳單的月末餘額和找出的未達帳項填入「銀行存款餘額調節表」,並計算出調整後的餘額。

(4)將調整平衡的「銀行存款餘額調節表」,經主管會計簽章後,呈報開戶銀行。

凡有幾個銀行戶頭以及開設有外幣存款戶頭的單位,應分別按存款戶頭開設「銀行存款日記帳」。每月月底,應分別將各戶頭的「銀行存款日記帳」與各戶頭的「銀行對帳單」相核對,並分別編製各戶頭的「銀行存款餘額調節表」。

3. 銀行存款餘額調節表的編製方法

銀行存款餘額調節表的編製,以雙方帳面餘額為基礎,各自分別加上對方已收款入帳而己方尚未入帳的數額,減去對方已付款入帳而己方尚未入帳的數額。

計算公式如下:

企業銀行存款日記帳餘額＋銀行已收企業未收款－銀行已付企業未付款

＝銀行對帳單存款餘額＋企業已收銀行未收款－企業已付銀行未付款

【例9-1】 新聯公司2014年3月31日銀行存款日記帳餘額為83 000元,銀行對帳單餘額為79 000元,經逐筆核對,發現有下列未達帳項:

(1)企業存入轉帳支票12 000元,支票尚未到達銀行,銀行尚未入帳。

(2)企業委託銀行收取的貨款9 000元,銀行已收妥入帳,但企業尚未收到收帳通知,尚未入帳。

(3)企業開出一張金額為3 000元的轉帳支票支付廣告費用,銀行尚未收到該轉帳支票,銀行尚未入帳。

(4)銀行代付水電費4 000元已登記入帳,企業尚未收到通知,沒有入帳。

根據上述未達帳項,編製銀行存款餘額調節表。

【解析】銀行存款餘額調節表的編製,以雙方帳面餘額為基礎,各自分別加上對方已收款入帳而己方尚未入帳的數額,減去對方已付款入帳而己方尚未入帳的數額。編製銀行存款餘額調節表如表9-2所示。

表9-2   銀行存款餘額調節表
              2014年3月31日   金額單位:元

項　　目	金額	項　　目	金額
銀行存款日記帳餘額	83 000	銀行對帳單餘額	79 000
加:銀行已收,企業未入帳的款項	9 000	加:企業已收,銀行未入帳的轉帳支票	12 000
減:銀行已付,企業未入帳的水電費	4 000	減:企業已付,銀行未入帳的轉帳支票	3 000
調節後存款餘額	88 000	調節後存款餘額	88 000

上表所列雙方餘額經調節後是相等的,這表明雙方帳簿記錄一般沒有差錯,調節前的不相等,是由於存在未達帳項造成的。

4.銀行存款餘額調節表的作用

（1）銀行存款餘額調節表是一種對帳記錄或對帳工具，不能作為調整帳面記錄的依據，即不能根據銀行存款餘額調節表中的未達帳項來調整銀行存款帳面記錄，只有在收到有關憑證後才能進行有關的帳務處理。

（2）調節後的餘額如果相等，通常說明企業和銀行的帳面記錄一般沒有錯誤，該餘額通常為企業可以動用的銀行存款實有數。

（3）調節後的餘額如果不相等，通常說明一方或雙方記帳有誤，需進一步追查，查明原因後予以更正和處理。

知識鏈接

《內部會計控製規範——貨幣資金（試行）》第十九條規定，單位應當指定專人定期核對銀行帳戶，每月至少核對一次，編製銀行存款餘額調節表，使銀行存款帳面餘額與銀行對帳單調節相符。如調節不符，應查明原因，及時處理。

二、實物資產的清查方法

實物資產主要包括固定資產、存貨等。由於它們的實物形態、體積重量、存放方式等不盡相同，因而清查的方法也有所不同。但對以上實物資產都應從數量和質量兩個方面進行清查。具體清查方法有實地盤點法和技術推算法兩種。

實地盤點法，是指通過逐一清點或用計量器具來確定實物資產實存數量的方法。這種方法適用範圍較廣，大多數實物資產的清查都可以採用這種方法。

技術推算法，是指按照一定標準，推算出其實存數量的方法。這種方法適用於堆存量較大、體重價廉、難以逐一清點的物資。如對成堆的煤炭、砂石等，就可以採用技術方法來推算確定其實存數量。

對於實物財產的質量檢查，可根據不同實物的特點分別採用物理、化學等不同的方法進行檢查。

為明確經濟責任，便於查核，盤點時實物保管人員必須在場，要逐一盤點，不得遺漏或重複盤點，同時要檢查實物財產的質量是否完好，有無缺損、霉爛、變質等情況。

清查結束後，應將清查結果如實登記在「盤存單」上，並由盤點人員和實物保管人員簽章。「盤存單」是反應實物資產數量和質量情況的原始書面證明。其一般格式如表9-3所示。

表 9-3　　　　　　　　　　　　盤存單

單位名稱：

財產類別：　　　　　　　　　年　月　日　　　　　　　　　第　　頁

編號	名稱	規格	單位	數量	單價	金額	備註

盤點人簽章：　　　　　　　　實物負責人簽章：

「盤存單」一般填製三份，一份由盤點人員留存備查，一份交實物保管人員保存，一份交財會部門與帳面記錄相核對。

根據「盤存單」所列各種物資的盤點數量，財會部門應立即與帳面結存數量相核對，並編製「帳存實存對比表」，如表 9-4 所示。

表 9-4　　　　　　　　　帳存實存對比表

年　月　日

編號	品名規格	計量單位	單價	實存		帳存		盤盈		盤虧		備註
				數量	金額	數量	金額	數量	金額	數量	金額	

主管人員：　　　　　會計：　　　　　製表：

通過對比，確定各種實物財產的實存數與帳存數之間的差異，以便據以查明發生差異的原因，明確經濟責任，並進行適當的處理。同時「帳存實存對比表」還是用以調整有關帳簿記錄的重要原始憑證。在實際工作中，為了簡化編表工作，「帳存實存對比表」中通常只填列帳實不符的財產物資，對於帳實完全相符的財產物資不予填列。這樣「帳存實存對比表」主要是記錄和反應財產物資的盤盈、盤虧的，因此「帳存實存對比表」也稱「盤盈盤虧報告表」。

對於委託外單位加工、保管的財產物資，出租的週轉材料、固定資產等，可以按照有關帳面結存數，通過信函等方式與對方進行核查，確定帳實是否相符。

三、往來款項的清查方法

往來款項主要包括應收、應付款項和預收、預付款項等。往來款項的清查一般採用發函詢證的方法進行核對。

清查之前，首先要檢查本單位各種往來款項帳簿上的記錄是否登記完整、正

確。確定無誤後,再編製「往來款項對帳單」送交對方單位進行核對。對帳單通常一式兩聯,其中一聯作為回執聯。對方單位如核對相符,應在對帳單上簽章退回本單位,如不符,應在對帳單上註明不符情況或另抄對帳單退回,以便進一步核對。在查核過程中,如果發現未達帳項,雙方應編製「往來款項帳面餘額調節表」予以調整。

對於本單位內部各部門之間的往來款項的清查,可以根據有關帳簿記錄進行核對,發現不符,應即刻查明原因,予以處理;對於職工的各種往來帳項的清查,可以採取抄列清單與本人核對的方法,也可以採取定期公布的方法加以核對。

在往來款項的清查中,除了清查往來結算款項數額是否相等外,還應注意清查往來款項的結算時間,從中掌握往來款項的拖欠情況,以便加強債權債務的管理,減少呆帳、壞帳損失。

第三節　財產清查結果的處理

一、財產清查結果處理的要求

對於財產清查中發現的問題,如財產物資的盤盈、盤虧、毀損或其他各種損失,應核實情況,調查分析產生的原因,按照國家有關法律法規的規定,進行相應的處理。

財產清查結果處理的具體要求主要包括以下幾個方面:

1. 查明各種帳實不符的原因和性質,提出處理建議

對於財產清查中發現的各種財產物資的盤盈盤虧,在核實盤盈盤虧的數額以後,必須查清原因,分清責任,並按規定進行處理。對於定額內的或是由自然原因引起的盤盈盤虧,應當按規定辦理手續,及時入帳;對於由於保管人員失職而引起的盤虧和損失,必須查清失職的情節,按規定的程序報請領導批准進行處理;對於由於自然災害或非常事故引起的財產損失,如果屬於已經向保險公司投保財產保險,還應向保險公司索取賠償;對於貪污、盜竊案件,應當會同有關部門或報送有關單位處理。

2. 處理各種積壓物資和清理長期不清的債權債務

對於財產清查中發現的積壓、多餘物資,應當查明造成多餘、積壓的原因,然後分別進行處理。對於盲目採購、盲目建造或者因生產任務改變而造成的積壓、多餘物資,應當積極組織銷售處理;對於因品種不配套而造成的半成品積壓,應當調整

生產計劃,組織均衡生產,消除半成品的積壓;在處理積壓、多餘物資的同時,對於利用率不高或閒置不用的固定資產,也必須查明原因積極處理;對於長期不清或有爭議的債權、債務,要指定專人負責查明原因,限期處理。

3. 總結經驗教訓,建立健全各項財產管理制度

對於財產清查中發現的各種問題,應徹底查明各種問題的性質和原因,認真總結財產管理的經驗教訓,並據以制定改進工作的具體措施,建立和健全以崗位責任制為中心的財產管理制度,保護財產物資的安全與完整。

4. 及時調整帳簿記錄,做到帳實相符

對於財產清查中發現的帳實不符情況,應按照有關規定,調整帳簿記錄,做到帳實相符。

二、財產清查結果處理的步驟與方法

對於財產清查結果的處理可分為以下兩種情況進行:

1. 審批之前的處理

對於財產清查中發現的盤盈、盤虧,在報經有關領導審批之前,根據「清查結果報告表」「盤點報告表」等已經查實的數據資料,編製記帳憑證,記入有關帳簿,使帳簿記錄與實際盤存數相符,同時根據權限,將處理建議報股東大會或董事會,或經理(廠長)會議或類似機構批准。

2. 審批之後的處理

對於企業清查的各種財產的損溢,應於期末前查明原因,並根據企業的管理權限,經股東大會或董事會,或經理(廠長)會議或類似機構批准後,在期末結帳前處理完畢。企業應嚴格按照有關部門對財產清查結果提出的處理意見進行帳務處理,填製有關記帳憑證,登記有關帳簿,並追回由於責任者原因造成的財產損失。

對於企業清查的各種財產的損溢,如果在期末結帳前尚未經批准,在對外提供財務報表時,先按上述規定進行處理,並在附註中作出說明;其後批准處理的金額與已處理金額不一致的,應調整財務報表相關項目的年初數。

三、財產清查結果的帳務處理

(一)設置「待處理財產損溢」帳戶

為了反應和監督企業在財產清查過程中查明的各種財產物資的盤盈、盤虧、毀損及其處理情況,應設置「待處理財產損溢」帳戶(固定資產盤盈和毀損應分別通過「以前年度損益調整」「固定資產清理」帳戶核算)。該帳戶屬於雙重性質的資產類帳戶,借方登記財產物資的盤虧數、毀損數和批准轉銷的財產物資盤盈數;貸方登記財產物

資的盤盈數和批准轉銷的財產物資盤虧及毀損數。該帳戶下設「待處理流動資產損溢」和「待處理非流動資產損溢」兩個明細分類帳戶進行明細分類核算。

借方	待處理財產損溢	貸方
各項待處理財產物資的盤虧數及毀損淨值和經批准轉銷的盤盈數		各項待處理財產物資的盤盈淨值和經批准轉銷的盤虧數或毀損數額

對於企業清查的各種財產的盤盈、盤虧和毀損，應在期末結帳前處理完畢，所以「待處理財產損溢」帳戶在期末結帳後沒有餘額。

知識鏈接

《企業會計制度》規定，企業清查的各種財產的損溢，應於期末前查明原因，並根據企業的管理權限，經股東大會或董事會，或經理（廠長）會議或類似機構批准後，在期末結帳前處理完畢。如在期末結帳前尚未經批准的，在對外提供財務會計報告時應先按上述規定進行處理，並在會計報表附註中作出說明；如果其後批准處理的金額與已處理的金額不一致，應按其差額調整會計報表相關項目的年初數。因此，對於待處理財產損溢應及時報批處理，並在期末結帳前處理完畢。所以「待處理財產損溢」帳戶在期末結帳後沒有餘額。

(二)庫存現金清查結果的帳務處理

1.庫存現金盤盈的帳務處理

庫存現金盤盈時，應及時辦理庫存現金的入帳手續，調整庫存現金帳簿記錄，即按盤盈的金額借記「庫存現金」科目，貸記「待處理財產損溢——待處理流動資產損溢」科目。

對於盤盈的庫存現金，應及時查明原因，按管理權限報經批准後，按盤盈的金額借記「待處理財產損溢——待處理流動資產損溢」科目，按需要支付或退還他人的金額貸記「其他應付款」科目，按無法查明原因的金額貸記「營業外收入」科目。

[例9-2] 新聯公司在現金清查中發現現金長款80元。

【解析】現金長款先計入「待處理財產損溢——待處理流動資產損溢」科目的貸方。根據「庫存現金盤點報告單」，編製會計分錄如下：

借：庫存現金　　　　　　　　　　　　　　　　　　　　　　80
　　貸：待處理財產損溢——待處理流動資產損溢　　　　　　　80

[例9-3] 接上例,經反覆核查,未發現現金長款的原因,經批准按營業外收入處理。

【解析】未查明現金長款原因的,應計入「營業外收入」科目,同時從「待處理財產損溢——待處理流動資產損溢」科目轉出。編製會計分錄如下:

借:待處理財產損溢——待處理流動資產損溢　　　　　　　　80
　　貸:營業外收入　　　　　　　　　　　　　　　　　　　　80

2. 庫存現金盤虧的帳務處理

庫存現金盤虧時,應及時辦理盤虧的確認手續,調整庫存現金帳簿記錄,即按盤虧的金額借記「待處理財產損溢——待處理流動資產損溢」科目,貸記「庫存現金」科目。

對於盤虧的庫存現金,應及時查明原因,按管理權限報經批准後,按可收回的保險賠償和過失人賠償的金額借記「其他應收款」科目,按管理不善等原因造成淨損失的金額借記「管理費用」科目,按自然災害等原因造成淨損失的金額借記「營業外支出」科目,按原記入「待處理財產損溢——待處理流動資產損溢」科目借方的金額貸記本科目。

[例9-4] 新聯公司在現金清查中發現現金短款300元。

【解析】現金短款先計入「待處理財產損溢——待處理流動資產損溢」科目的借方。根據「庫存現金盤點報告單」,編製會計分錄如下:

借:待處理財產損溢——待處理流動資產損溢　　　　　　　300
　　貸:庫存現金　　　　　　　　　　　　　　　　　　　　300

[例9-5] 接上例,經查,短缺現金由出納員造成,故其負責賠償。

【解析】現金短缺由出納員造成,由其負責賠償,應計入「其他應收款」科目,同時從「待處理財產損溢——待處理流動資產損溢」科目轉出。編製會計分錄如下:

借:其他應收款　　　　　　　　　　　　　　　　　　　　300
　　貸:待處理財產損溢——待處理流動資產損溢　　　　　　300

(三)存貨清查結果的帳務處理

1. 存貨盤盈的帳務處理

存貨盤盈時,應及時辦理存貨入帳手續,調整存貨帳簿的實存數。盤盈的存貨應按其重置成本作為入帳價值借記「原材料」「庫存商品」等科目,貸記「待處理財產損溢——待處理流動資產損溢」科目。

對於盤盈的存貨,應及時查明原因,按管理權限報經批准後,衝減管理費用,即

按其入帳價值,借記「待處理財產損溢——待處理流動資產損溢」科目,貸記「管理費用」科目。

[例 9-6] 新聯公司在財產清查中,發現甲材料溢餘800元。

【解析】存貨盤盈,在原因未查明之前,先計入「待處理財產損溢——待處理流動資產損溢」科目的貸方,調整帳面記錄;待原因查明,按管理權限報經批准處理時,再從該科目轉出。

審批前,根據「帳存實存對比表」,編製會計分錄如下:

借:原材料——甲材料　　　　　　　　　　　　　　　　800
　　貸:待處理財產損溢——待處理流動資產損溢　　　　　　800

經查,上述溢餘材料是由計量不準造成的,經批准作衝減本期「管理費用」。編製會計分錄如下:

借:待處理財產損溢——待處理流動資產損溢　　　　　　800
　　貸:管理費用　　　　　　　　　　　　　　　　　　　800

2.存貨盤虧的帳務處理

存貨盤虧時,應按盤虧的金額借記「待處理財產損溢——待處理流動資產損溢」科目,貸記「原材料」「庫存商品」等科目。材料、產成品、商品採用計劃成本(或售價)核算的,還應同時結轉成本差異(或商品進銷差價)。涉及增值稅的,還應進行相應處理。

對於盤虧的存貨,應及時查明原因,按管理權限報經批准後,按可收回的保險賠償和過失人賠償的金額借記「其他應收款」科目,按管理不善等原因造成淨損失的金額借記「管理費用」科目,按自然災害等原因造成淨損失的金額借記「營業外支出」科目,按原記入「待處理財產損溢——待處理流動資產損溢」科目借方的金額貸記本科目。

[例 9-7] 新聯公司在財產清查中,發現庫存A材料短缺400元,B材料短缺800元,因火災而燒毀C材料1 600元。

【解析】存貨盤虧,在原因未查明之前,先計入「待處理財產損溢——待處理流動資產損溢」科目的借方,調整帳面記錄;待原因查明,按管理權限報經批准處理時,再從該科目轉出。

在審批前,根據「帳存實存對比表」,編製會計分錄如下:

借:待處理財產損溢——待處理流動資產損溢　　　　　　2 800
　　貸:原材料——A材料　　　　　　　　　　　　　　　　400
　　　　　——B材料　　　　　　　　　　　　　　　　800
　　　　　——C材料　　　　　　　　　　　　　　　　1 600

審批後,根據批復,盤虧 A 材料 400 元系定額內自然損耗,應作為「管理費用」處理;盤虧 B 材料 800 元中的 500 元系責任事故,應由過失人王林賠償,其餘 300 元系定額內損耗,應作為「管理費用」處理;C 材料毀損 1 600 元,應由保險公司賠償 900 元,其餘 700 元作為非常損失。編製會計分錄如下:

借:管理費用　　　　　　　　　　　　　　　　　　　　　　700
　　其他應收款——王林　　　　　　　　　　　　　　　　　500
　　　　　　　——保險公司　　　　　　　　　　　　　　　900
　　營業外支出——非常損失　　　　　　　　　　　　　　　700
　　貸:待處理財產損溢——待處理流動資產損溢　　　　　2 800

(四)固定資產清查結果的帳務處理

1. 固定資產盤盈的帳務處理

對於企業在財產清查過程中盤盈的固定資產,經查明確屬企業所有的,按管理權限報經批准後,應根據盤存憑證填製固定資產交接憑證,經有關人員簽字後送交企業會計部門,填寫固定資產卡片帳,並作為前期差錯處理,通過「以前年度損益調整」科目核算。盤盈的固定資產通常按其重置成本作為入帳價值借記「固定資產」科目,貸記「以前年度損益調整」科目。涉及增值稅、所得稅和盈餘公積的,還應按相關規定進行處理。

[例 9-8] 2015 年 1 月 20 日,新聯公司財產清查時發現,2014 年 12 月購買的一臺設備尚未入帳,重置成本 30 000 元。根據規定,該盤盈固定資產作為前期差錯進行處理。假定該公司按淨利潤的 10% 計提法定盈餘公積,不考慮相關稅費及其他因素的影響。

【解析】對於盤盈的固定資產,經查明確屬企業所有的,應按管理權限報經批准後作為前期差錯處理,應計入「以前年度損益調整」科目的貸方,調整帳面記錄;同時,涉及稅後利潤的分配,應將盤盈的固定資產結轉至相應的科目,從「以前年度損益調整」科目轉出。編製會計分錄如下:

清查中發現盤盈固定資產,調整帳面記錄時:

借:固定資產　　　　　　　　　　　　　　　　　　　　30 000
　　貸:以前年度損益調整　　　　　　　　　　　　　　30 000

期末結帳前,將盤盈的固定資產結轉至盈餘公積和未分配利潤時:

借:以前年度損益調整　　　　　　　　　　　　　　　　30 000
　　貸:盈餘公積　　　　　　　　　　　　　　　　　　 3 000
　　　　利潤分配——未分配利潤　　　　　　　　　　　27 000

2.固定資產盤虧的帳務處理

固定資產盤虧時,應及時辦理固定資產註銷手續,按盤虧固定資產的帳面價值借記「待處理財產損溢——待處理非流動資產損溢」科目,按已提折舊額借記「累計折舊」科目,按其原價貸記「固定資產」科目。涉及增值稅和遞延所得稅的,還應按相關規定進行處理。

對於盤虧的固定資產,應及時查明原因,按管理權限報經批准後,按過失人及保險公司應賠償額借記「其他應收款」科目,按盤虧固定資產的原價扣除累計折舊和過失人及保險公司賠償後的差額借記「營業外支出」科目,按盤虧固定資產的帳面價值,貸記「待處理財產損溢——待處理非流動資產損溢」科目。

[例 9-9] 新聯公司在財產清查中,盤虧機器設備一臺,其原值為 40 000 元,已提折舊 8 000 元。

【解析】對於盤虧的固定資產,應及時辦理固定資產註銷手續,按其帳面淨值計入「待處理財產損溢——待處理非流動資產損溢」科目的借方,待原因查明,按管理權限報經批准後,從該科目的貸方轉出。編製會計分錄如下:

審批前,根據「帳存實存對比表」編製記帳憑證,調整帳面記錄時:

借:待處理財產損溢——待處理非流動資產損溢　　　　　　32 000
　　累計折舊　　　　　　　　　　　　　　　　　　　　　 8 000
　　貸:固定資產　　　　　　　　　　　　　　　　　　　　　40 000

原因查明,盤虧的固定資產按管理權限報經批准,作營業外支出處理時:

借:營業外支出　　　　　　　　　　　　　　　　　　　　32 000
　　貸:待處理財產損溢——待處理非流動資產損溢　　　　　　32 000

(五)結算往來款項盤存的帳務處理

對於在財產清查過程中發現的長期未結算的往來款項,應及時清查。對於經查明確實無法支付的應付款項,可按規定程序報經批准後,轉作營業外收入。

對於無法收回的應收款項,則作為壞帳損失衝減壞帳準備。壞帳是指企業無法收回或收回的可能性極小的應收款項。因發生壞帳而產生的損失,稱為壞帳損失。

企業通常應將符合下列條件之一的應收款項確認為壞帳:①債務人死亡,以其遺產清償後仍然無法收回;②債務人破產,以其破產財產清償後仍然無法收回;③債務人較長時間內未履行其償債義務,並有足夠的證據表明無法收回或者收回的可能性極小。

對於有確鑿證據表明確實無法收回的應收款項,經批准後將其作為壞帳損失。

企業應設置「壞帳準備」帳戶,作為應收款項備抵帳戶,核算壞帳準備的計

提、轉銷等情況。企業在期末計提壞帳準備時,借記「資產減值損失」,貸記「壞帳準備」;實際發生壞帳,衝減計提的壞帳準備時,借記「壞帳準備」,貸記「應收帳款」。

對於已確認為壞帳的應收款項,並不意味著企業放棄了追索權,一旦重新收回,應及時入帳。

[例 9-10] 新聯公司在財產清查中,查明應付帳款 1 800 元由於對方單位原因確實無法支付,報經批准後核銷。

【解析】對於無法支付的應付帳款經批准核銷時應轉入「營業外收入」科目。編製會計分錄如下:

借:應付帳款　　　　　　　　　　　　　　　　　　　　　　　1 800
　　貸:營業外收入　　　　　　　　　　　　　　　　　　　　　1 800

[例 9-11] 新聯公司在財產清查中,查明應收帳款 3 000 元因對方單位撤銷,確實無法收回,報經批准後核銷。

【解析】對於企業的應收帳款,因對方單位撤銷,確實無法收回,報經批准後核銷時,應衝減計提的「壞帳準備」科目。編製會計分錄如下:

借:壞帳準備　　　　　　　　　　　　　　　　　　　　　　　3 000
　　貸:應收帳款　　　　　　　　　　　　　　　　　　　　　　3 000

自 測 題

一、單項選擇題

1. 以下情況中,沒有必要進行全面清查的是(　　)。
   A. 會計人員調換崗位　　　　B. 年度決算前
   C. 公司與另外一個公司合併　D. 主要領導調離

2. 一般而言,單位撤銷、合併時,要進行(　　)。
   A. 定期清查　　　　　　　　B. 全面清查
   C. 局部清查　　　　　　　　D. 實地清查

3. 「實存帳存對比表」是調整帳面記錄的(　　)。
   A. 原始憑證　　　　　　　　B. 記帳憑證
   C. 轉帳憑證　　　　　　　　D. 累計憑證

4. 採用實地盤存制時,平時帳簿記錄中不能反應的是(　　)。
   A. 財產物資的盤盈數額　　　B. 財產物資的減少數額
   C. 財產物資的購進業務　　　D. 財產物資的增加和減少數額

5.由於管理不善、收發計量不準確等而產生的定額內損耗,造成的流動資產流失,應轉作( )。

　　A.管理費用　　　　　　　　B.生產成本
　　C.營業外支出　　　　　　　D.其他應收款

二、多項選擇題

1.財產清查的盤存制度有( )。
　　A.權責發生制　　　　　　　B.永續盤存制
　　C.實地盤存制　　　　　　　D.收付實現制

2.不定期清查適用於( )的情況。
　　A.更換財產保管人　　　　　B.發生自然災害損失
　　C.發生意外損失　　　　　　D.更換現金保管人

3.以下項目清查時應採用函證核對法的有( )。
　　A.原材料　　　　　　　　　B.銀行存款
　　C.應收帳款　　　　　　　　D.應付帳款

4.使企業銀行存款日記帳餘額小於銀行對帳單餘額的未達帳項有( )。
　　A.銀行先收款記帳而企業未收款未記帳的款項
　　B.企業先收款記帳而銀行未收款未記帳的款項
　　C.企業先付款記帳而銀行未收款未記帳的款項
　　D.銀行先付款記帳而企業未收款未記帳的款項

5.借記「待處理財產損溢」帳戶、貸記有關帳戶所反應的經濟業務可能有( )。
　　A.發現的盤盈　　　　　　　B.發現的盤虧
　　C.批准處理的盤虧或發現的盤盈　D.批准處理的盤盈或發現的盤虧

三、判斷題

1.財產清查時,如發現帳存數大於實存數,即為盤盈。　　　　　　　　(　　)
2.年末所進行的財產清查,既屬於全面清查,又屬於定期清查。　　　(　　)
3.在永續盤存制下不可能出現財產的盤盈、盤虧現象。　　　　　　　(　　)
4.對於未達帳項,應編製銀行存款餘額調節表進行調節,並編製記帳憑證登記入帳。　　　　　　　　　　　　　　　　　　　　　　　　　　　　　(　　)
5.會計部門在財產清查之前,應將所有的經濟業務登記入帳並結出餘額,做到帳帳相符、帳證相符,為財產清查提供可靠依據。　　　　　　　　(　　)

四、實訓題

實訓一

資料:迅達公司 2014 年 6 月 30 日銀行存款日記帳帳面餘額為 394 150 元,銀行對帳單上企業存款餘額為 389 000 元,經逐筆核對,發現有以下未達帳項:

1. 6 月 29 日,公司開出轉帳支票 6 000 元,支付供貨單位帳款,支票尚未到達銀行,銀行尚未登記入帳。

2. 6 月 29 日,公司存入轉帳支票一張,計 4 000 元,銀行尚未入帳。

3. 6 月 30 日,公司存入銷貨款 12 000 元,銀行尚未入帳。

4. 6 月 30 日,銀行代付水電費 2 600 元,公司尚未收到銀行付款通知。

5. 6 月 30 日,銀行計算應付給公司存款利息 1 600 元,已記入公司存款戶,公司尚未收到通知,未入帳。

6. 6 月 30 日,公司委託銀行收取貨款 5 850 元,銀行已收妥入帳,但公司尚未收到收款通知。

要求:根據以上有關內容,編製「銀行存款餘額調節表」。

實訓二

資料:迅達公司於 2014 年 8 月 30 日進行財產清查,發生下列業務:

1. 發現盤盈 A 材料 320 千克,每千克 2 元。經查明是由於計量錯誤所造成的,對盤盈的 A 材料做出報批前和報批後的帳務處理。

2. 發現盤虧 B 材料 100 噸,每噸 200 元。經查明,屬於定額內合理損耗的共計 1 000 元;屬於由過失責任人賠償的共計 8 000 元;由保險公司賠償 6 000 元;其餘的屬於自然災害造成的損失。對 B 材料的盤虧進行報批前和報批後的帳務處理。

3. 在財產清查中,發現盤盈機器設備一臺,目前市場上同類機器的價格為 30 000 元,六成新。對盤盈的固定資產進行帳務處理。

4. 在現金清查中發現現金短缺 300 元,經查明,現金短缺由出納員造成,由其負責賠償。對盤虧的現金進行報批前和報批後的帳務處理。

5. 在財產清查中,發現應收大華公司 12 600 元,確實無法收回。報經批准後直接轉銷。

6. 在財產清查中,發現應付宏達科技公司 5 160 元,確實無法支付。報經批准後直接轉銷。

第十章　財務報表

學習目標

1. 瞭解財務報表的概念與分類。
2. 熟悉財務報表編製的基本要求。
3. 熟悉資產負債表、利潤表的作用。
4. 掌握資產負債表的列示要求與編製方法。
5. 掌握利潤表的列示要求與編製方法。

第一節　財務報表概述

會計工作歸根到底是一種經濟管理工作，它的目標是向單位的管理者和決策者提供有用的信息，反應企業管理層受託責任履行情況，有助於財務會計報告使用者作出經濟決策。

一、財務報表的概念與分類

(一)財務報表的概念

財務報表是對企業財務狀況、經營成果和現金流量的結構性表述。

財務報表至少應當包括下列組成部分：

1. 資產負債表

資產負債表是指反應企業在某一特定日期財務狀況的財務報表。

2. 利潤表

利潤表是指反應企業在一定會計期間的經營成果的財務報表。

3. 現金流量表

現金流量表是指反應企業在一定會計期間的現金和現金等價物流入和流出的

財務報表。

4.所有者權益變動表

所有者權益變動表是指反應構成所有者權益的各組成部分當期的增減變動情況的財務報表。

5.附註

附註是指對資產負債表、利潤表、現金流量表和所有者權益變動表等報表中列示項目的文字描述或明細資料，以及對未能在這些報表中列示的項目的說明等。

小提示 附註是財務報表不可或缺的組成部分。

知識鏈接 財務會計報告的構成如圖 10-1 所示。

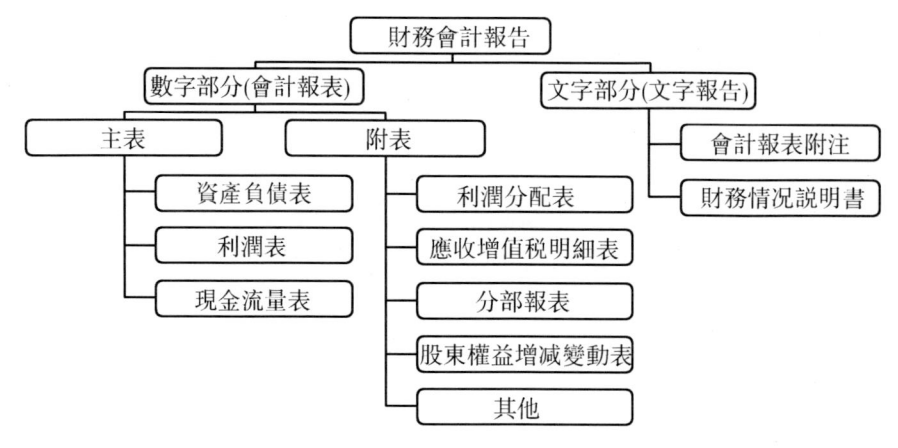

圖 10-1　財務會計報告的構成

[例 10-1]　財務報表至少應當包括(　　)。
　　A.資產負債表　　　　　　　B.利潤表
　　C.現金流量表　　　　　　　D.所有者權益變動表和附註
【解析】選 ABCD。

(二)財務報表的種類

財務報表可以按照不同的標準進行分類。

1. 按財務報表編報期間的不同,可以分為中期財務報表和年度財務報表

中期財務報表是指以短於一個完整會計年度的報告期間為基礎編製的財務報表,包括月報、季報和半年報等。中期財務報表至少應當包括資產負債表、利潤表、現金流量表和附註。

年度財務報表是指以一個完整的會計年度(自公歷 1 月 1 日起至 12 月 31 日止)為基礎編製的財務報表。年度財務報表一般包括資產負債表、利潤表、現金流量表、所有者權益變動表和附註等內容。

2. 按財務報表編報主體的不同,可以分為個別財務報表和合併財務報表

個別財務報表是指由企業在自身會計核算基礎上對帳簿記錄進行加工而編製的財務報表,它主要用以反應企業自身的財務狀況、經營成果和現金流量情況。

合併財務報表是指以母公司和子公司組成的企業集團為會計主體,根據母公司和所屬子公司的財務報表,由母公司編製的綜合反應企業集團財務狀況、經營成果和現金流量的財務報表。

二、財務報表編製的基本要求

為了確保財務報表的質量,充分發揮財務報表的作用,在編製財務報表時,應符合以下要求:

1. 財務報表編製應以持續經營為基礎

企業應當以持續經營為基礎,根據實際發生的交易和事項,按照《企業會計準則——基本準則》和其他各項會計準則的規定進行確認和計量,在此基礎上編製財務報表。

2. 按正確的會計基礎編製

企業除現金流量表按照收付實現制編製外,其他財務報表應當按照權責發生制編製。

3. 至少按年編製財務報表

企業至少應當按年編製財務報表。年度財務報表涵蓋的期間短於一年的,應當披露年度財務會計報表的涵蓋期間、短於一年的原因以及報表數據不具可比性的事實。

4. 項目列報遵守重要性原則

重要性是指如果項目的省略或者誤報會單獨或共同影響內外部使用者做出的經濟決策,則該項目是重要的。重要性應當根據企業所處環境,從項目性質和金額大小兩方面加以判斷。其中,對於項目性質,應當考慮該項目是否屬於企業日常活

動、是否對企業的財務狀況和經營成果具有較大影響等因素；對於金額大小的重要性，應當通過單項金額佔資產總額、負債總額、所有者權益總額、營業收入總額、淨利潤等直接相關項目金額的比重加以確定。

5.保持各個會計期間財務報表項目列報的一致性

財務報表項目的列報應當在各個會計期間保持一致，不得隨意變更。

6.各項目之間的金額不得相互抵消

財務報表中的資產項目和負債項目的金額、收入項目和費用項目的金額、直接計入當期利潤的利得項目和損失項目的金額不得相互抵消，會計準則另有規定的除外。因為如果相互抵消，所提供的會計信息就不完整，可比性會大為降低，報表使用者難以據此作出判斷。

7.至少應當提供所有列報項目上一個可比會計期間的比較數據

當期財務報表的列報，至少應當提供所有列報項目上一個可比會計期間的比較數據，目的是向報表使用者提供對比數據，提高信息的可比性，提高報表使用者的判斷和決策能力。

8.應當在財務報表的顯著位置披露編報企業的名稱等重要信息

企業應當在財務報表的顯著位置披露以下各項信息：①編報企業的名稱；②資產負債表日或財務報表涵蓋的會計期間；③人民幣金額單位；④對於合併財務報表，應當予以標明。

三、財務報表編製前的準備工作

在編製財務報表前，需要完成下列準備工作：①嚴格審核會計帳簿的記錄和有關資料；②進行全面財產清查、核實債務，並按規定程序報批，進行相應的會計處理；③按規定的結帳日進行結帳，結出有關會計帳簿的餘額和發生額，並核對各會計帳簿之間的餘額；④檢查相關的會計核算是否按照國家統一的會計制度的規定進行；⑤檢查是否存在因會計差錯、會計政策變更等原因需要調整前期或本期相關項目的情況等。

[例10-2] 在編製財務報表前，要做好的準備工作包括(　　)。

A.嚴格審核會計帳簿的記錄和有關資料

B.在財產清查核對時，保證帳實相符

C.按規定的結帳日進行結帳，並對帳

D.檢查會計核算是否按國家統一會計制度的規定進行

【解析】選ABCD。

第十章　財務報表

知識鏈接

中國《會計法》第二十一條規定，財務會計報告應當由單位負責人和主管會計工作的負責人、會計機構負責人(會計主管人員)簽名並蓋章；設置總會計師的單位，還須由總會計師簽名並蓋章。

第二節　資產負債表

一、資產負債表的概念和作用

資產負債表是反應企業在某一特定日期的財務狀況的財務報表。編製資產負債表的目的是如實反應企業的資產、負債和所有者權益金額及其結構情況，幫助使用者評價企業資產的質量以及其短期償債能力、長期償債能力、利潤分配能力等。

資產負債表的作用主要有：①瞭解企業所掌握的經濟資源；②分析企業的償債能力；③反應企業所承擔的債務和投資者所持有的權益；④分析企業的財務狀況。

二、資產負債表的列示要求

(一)資產負債表列報的總體要求

1.分類別列報

資產負債表應當按照資產、負債和所有者權益三大類別分類列報。

2.資產和負債按流動性列報

資產和負債應當按照流動性分別分為流動資產和非流動資產、流動負債和非流動負債進行列示。

3.列報相關的合計、總計項目

資產負債表中的資產類應當列示流動資產和非流動資產的合計項目；負債類應當列示流動負債、非流動負債以及負債的合計項目；所有者權益類應當列示所有者權益的合計項目。

資產負債表應當分別列示資產總計項目和負債與所有者權益之和的總計項目，並且這兩者的金額應當相等。

小提示 資產負債表中的資產、負債項目按流動性列報。

(二)資產的列報

資產負債表中的資產類應當單獨列示反應下列信息的項目:①貨幣資金;②以公允價值計量且其變動計入當期損益的金融資產;③應收款項;④預付款項;⑤存貨;⑥被劃分為持有待售的非流動資產及被劃分為持有待售的處置組中的資產;⑦可供出售金融資產;⑧持有至到期投資;⑨長期股權投資;⑩投資性房地產;⑪固定資產;⑫生物資產;⑬無形資產;⑭遞延所得稅資產。

(三)負債的列報

資產負債表中的負債類應當單獨列示反應下列信息的項目:①短期借款;②以公允價值計量且其變動計入當期損益的金融負債;③應付款項;④預收款項;⑤應付職工薪酬;⑥應交稅費;⑦被劃分為持有待售的處置組中的負債;⑧長期借款;⑨應付債券;⑩長期應付款;⑪預計負債;⑫遞延所得稅負債。

(四)所有者權益的列報

資產負債表中的所有者權益類應當單獨列示反應下列信息的項目:①實收資本(或股本);②資本公積;③盈餘公積;④未分配利潤。

知識鏈接

中國《會計法》第二十六條規定明確指出,公司、企業進行會計核算時,不得隨意改變資產、負債、所有者權益的確認標準或者計量方法,不得虛列、多列、不列或者少列資產、負債、所有者權益。

三、中國企業資產負債表的一般格式

中國企業的資產負債表採用帳戶式,資產負債表分為左右兩方,左方列示資產項目,右方列示負債及所有者權益項目,左右兩方的合計數保持平衡。

資產負債表一般有表首、正表兩部分。其中,表首概括地說明報表名稱、編製單位、編製日期、報表編號、貨幣名稱、計量單位等。正表是資產負債表的主體,列示了用以說明企業財務狀況的各個項目。資產負債表正表的格式一般有兩種:報告式資產負債表和帳戶式資產負債表。報告式資產負債表為上下結構,上半部分列示資產,下半部分列示負債和所有者權益。具體排列形式又有兩種:一是按「資產=負債+所有者權益」的原理排列;二是按「資產-負債=所有者權益」的原理排列。不管採取什

麼格式,資產各項目的合計等於負債和所有者權益各項目的合計,這一等式不變。

> **小提示** 資產負債表的編製格式有帳戶式、報告式兩種。

[例 10-3] 資產負債表中負債項目的順序是按( )排列的。
A.項目的重要性程度　　　　B.清償債務的先後
C.項目的金額大小　　　　　D.項目的支付性大小
【解析】選 B。資產負債表中負債項目的順序是按清償債務的先後排列的。

四、資產負債表編製的基本方法

資產負債表「年初餘額」欄,應根據上年末資產負債表「期末餘額」欄內所列數字填列。資產負債表「期末餘額」各項目的內容和填列方法有:①根據總帳期末餘額直接填列;②根據總帳帳戶餘額分析計算填列;③根據明細帳餘額分析計算填列;④根據總帳和明細帳餘額分析計算填列等。

(一)「期末餘額」欄的填寫方法

1. 根據總帳帳戶期末餘額直接填列

資產負債表中大部分項目的「期末餘額」可以根據有關總帳帳戶的期末餘額直接填列,如「交易性金融資產」「固定資產清理」「工程物資」「遞延所得稅資產」「短期借款」「交易性金融負債」「應付票據」「應付職工薪酬」「應交稅費」「遞延所得稅負債」「預計負債」「實收資本」「資本公積」「盈餘公積」等項目。其中,對於「應交稅費」等負債項目,如果其相應帳戶出現借方餘額,應以「一」號填列;對於「固定資產清理」等資產項目,如果其相應的帳戶出現貸方餘額,也應以「一」號填列。

2. 根據總帳帳戶餘額分析計算填列

資產負債表中一部分項目的「期末餘額」需要根據有關總帳帳戶的期末餘額分析計算填列。

(1)「貨幣資金」項目,應根據「庫存現金」「銀行存款」和「其他貨幣資金」等帳戶的期末餘額合計填列。

(2)「未分配利潤」項目,應根據「本年利潤」帳戶和「利潤分配」帳戶的期末餘額計算填列,如果是未彌補虧損,則在本項目內以「一」號填列,年末結帳後,「本年利潤」帳戶已無餘額。

(3)「存貨」項目,應根據「材料採購(或在途物資)」「原材料」「週轉材料」「庫存商品」「委託加工物資」「生產成本」等帳戶的期末餘額之和,減去「存貨跌價準備」帳戶期末餘額後的金額填列。

(4)「固定資產」項目,應根據「固定資產」帳戶的期末餘額減去「累計折舊」「固

定資產減值準備」帳戶期末餘額後的淨額填列。

(5)「無形資產」項目,應根據「無形資產」帳戶的期末餘額減去「累計攤銷」「無形資產減值準備」帳戶期末餘額後的淨額填列。

(6)「在建工程」「長期股權投資」和「持有至到期投資」項目,均應根據其相應總帳帳戶的期末餘額減去其相應減值準備後的淨額填列。

3.根據明細帳餘額分析計算填列

資產負債表中一部分項目的「期末餘額」需要根據有關明細帳戶的期末餘額分析計算填列。

(1)「預付款項」項目,應根據「預付帳款」帳戶和「應付帳款」帳戶所屬明細帳戶的期末借方餘額合計數,減去「壞帳準備」帳戶中有關預付款項計提的壞帳準備期末餘額後的金額填列。

(2)「應付帳款」項目,應根據「應付帳款」帳戶和「預付帳款」帳戶所屬明細帳戶的期末貸方餘額合計數填列。

(3)「預收款項」項目,應根據「預收帳款」帳戶和「應收帳款」帳戶所屬明細帳戶的期末貸方餘額合計數填列。

(4)「應收帳款」項目,應根據「應收帳款」帳戶和「預收帳款」帳戶所屬明細帳戶的期末借方餘額合計數,減去「壞帳準備」帳戶中有關應收帳款計提的壞帳準備期末餘額後的金額填列。

4.根據總帳和明細帳餘額分析計算填列

(1)「長期待攤費用」項目,根據「長期待攤費用」帳戶期末餘額扣除其中將於一年內攤銷的數額後的金額填列,將於一年內攤銷的數額填列在「一年內到期的非流動資產」項目內。

(2)「長期借款」和「應付債券」項目,應根據「長期借款」和「應付債券」帳戶的期末餘額,扣除在資產負債表日起一年內到期、並且企業不能自主地將清償義務展期的部分後的金額填列,資產負債表日起一年內到期、並且企業不能自主地將清償義務展期的部分在流動負債類下的「一年內到期的非流動負債」項目內反應。其中,「長期借款」項目應根據「長期借款」總帳科目的餘額扣除「長期借款」所屬明細科目中反應的將於一年內到期的長期借款部分分析計算填列。

(二)「年初餘額」欄的填寫方法

表格中的「年初餘額」欄通常根據上年末有關項目的期末餘額填列,且與上年末資產負債表「期末餘額」欄一致。如果企業上年度資產負債表規定的項目名稱和內容與本年度不一致,應當對上年年末資產負債表相關項目的名稱和數字按照本年度的規定進行調整,填入「年初餘額」欄。

第十章 財務報表

以第八章新聯公司例題為例,其資產負債表數據如表 10-1 所示。

表 10-1　　　　　　　　　　　　　　**資產負債表**

單位名稱:新聯公司　　　　2015 年 8 月 31 日　　　　　　　　　　　　　單位:元

資　產	期末餘額	年初餘額	負債及所有者權益(或股東權益)	期末餘額
流動資產:			流動負債:	
貨幣資金	1 466 731.00		短期借款	270 000.00
交易性金融資產			交易性金融負債	
應收票據	7 000.00		應付票據	46 000.00
應收帳款	63 400.00		應付帳款	46 800.00
預付款項			預收款項	
應收利息			應付職工薪酬	83 381.00
應收股利			應交稅費	39 779.25
其他應收款			應付利息	
存貨	886 343.00		應付股利	
一年內到期的非流動資產			其他應付款	
其他流動資產			一年內到期的非流動負債	
流動資產合計	2 423 474.00		其他流動負債	
非流動資產:			流動負債合計	485 960.25
可供出售金融資產			非流動負債:	
持有至到期投資			長期借款	1 000 000.00
長期應收款			應付債券	
長期股權投資			長期應付款	
投資性房地產			專項應付款	
固定資產	5 366 895.00		預計負債	
在建工程			遞延所得稅負債	
工程物資			其他非流動負債	
固定資產清理			非流動負債合計	1 000 000.00
生產性生物資產			負債合計	1 485 960.25
油氣資產			所有者權益(或股東權益):	
無形資產			實收資本(股本)	5 000 000.00
開發支出			資本公積	550 000.00
商譽			減:庫存股	
長期待攤費用			盈餘公積	246 000.00
遞延所得稅資產			未分配利潤	508 408.75
其他非流動資產			所有者權益(或股東權益)合計	6 304 408.75
非流動資產合計	5 366 895.00			
資產總計	7 790 369.00		負債和所有者權益(或股東權益)總計	7 790 369.00

第三節 利潤表

一、利潤表的概念與作用

利潤表是反應企業一定期間經營成果的財務報表。該表是以「收入－費用＝利潤」會計等式為依據,將一定會計期間營業收入與其同一會計期間相關的營業費用進行配比,以計算出企業一定時期的淨利潤(或淨虧損)。

利潤表的作用主要有:①反應一定會計期間收入的實現情況;②反應一定會計期間費用的耗費情況;③反應企業經濟活動成果的實現情況,據以判斷資本保值、增值等情況。

二、利潤表的列示要求

企業在利潤表中應當對費用按照功能進行分類,分為從事經營業務發生的成本、管理費用、銷售費用和財務費用等。

利潤表至少應當單獨列示反應下列信息的項目,但其他會計準則另有規定的除外:①營業收入;②營業成本;③營業稅金及附加;④管理費用;⑤銷售費用;⑥財務費用;⑦投資收益;⑧公允價值變動損益;⑨資產減值損失;⑩非流動資產處置損益;⑪所得稅費用;⑫淨利潤;⑬其他綜合收益各項目分別扣除所得稅影響後的淨額;⑭綜合收益總額。金融企業可以根據其特殊性列示利潤表項目。其他綜合收益項目應當根據其他相關會計準則的規定分為以後會計期間不能重分類進損益的其他綜合收益項目和以後會計期間在滿足規定條件時將重分類進損益的其他綜合收益項目兩類列報。

在合併利潤表中,企業應當在淨利潤項目之下單獨列示歸屬於母公司所有者的損益和歸屬於少數股東的損益,在綜合收益總額項目之下單獨列示歸屬於母公司所有者的綜合收益總額和歸屬於少數股東的綜合收益總額。

三、中國企業利潤表的一般格式

利潤表分為單步式利潤表和多步式利潤表兩種。

單步式利潤表將匯總的本期各項收入的合計數與各項成本、費用的合計數相抵後,一次計算求得本期最終損益。這種格式的利潤表比較簡單,便於編製,但是缺少利潤構成情況的詳細資料,不利於企業不同期間利潤表與行業間利潤表的縱向和橫向的比較、分析。

多步式利潤表通過對當期的收入、費用、支出項目按性質加以歸類,按利潤形成的主要環節列示一些中間性利潤指標,分步計算當期淨損益。中國一般採用多步式利潤表。多步式利潤表的優點在於:便於對企業生產經營情況進行分析,有利於不同企業之間進行比較,更重要的是利用多步式利潤表有利於預測企業今後的盈利能力。目前,中國企業的利潤表採用多步式格式。利潤表通常包括表頭和表體兩部分。表頭應填列報表名稱、編表單位名稱、財務報表涵蓋的會計期間和人民幣金額單位等內容;利潤表的表體,反應形成經營成果的各個項目和計算過程。

> **小提示** 目前比較普遍的利潤表格式主要有單步式和多步式兩種。中國利潤表採用多步式格式。

(一)「本期金額」欄的填列

企業的利潤表的編製分以下三個步驟:

(1)以營業收入為基礎,減去營業成本、營業稅金及附加、銷售費用、管理費用、財務費用、資產減值損失,加上公允價值變動淨收益,加上投資淨收益,計算得出營業利潤。

營業利潤=(營業收入+公允價值變動淨收益+投資淨收益)-(營業成本+營業稅金及附加+期間費用+資產減值損失)

(2)以營業利潤為基礎,加上營業外收入,減去營業外支出,計算出利潤總額。

利潤總額=營業利潤+營業外收入-營業外支出

(3)以利潤總額為基礎,減去所得稅費用,計算出淨利潤或淨虧損。

淨利潤=利潤總額-所得稅費用

> **小提示** 當期所得稅費用就是當期應交所得稅稅額=應納稅所得額×所得稅稅率(25%)。

(二)「上期金額」欄的填列

利潤表「上期金額」欄,應根據上年度利潤表「本期金額」欄內所列數字填列。如果上年該期利潤表規定的各個項目的名稱和內容同本期不一致,應對上年該期利潤表各項目的名稱和數字按本期的規定進行調整,填入利潤表「上期金額」欄內。

以第八章新聯公司例題為例,其利潤表數據如表10-2所示。

表 10-2

利 潤 表

單位名稱:新聯公司　　　　　　　2015年8月　　　　　　　　　　單位:元

項　　目	本期金額	上期金額
一、營業收入	231 000.00	
減:營業成本	104 667.00	
營業稅金及附加	1 844.00	
銷售費用	9 092.40	
管理費用	38 595.60	
財務費用		
資產減值損失		
加:公允價值變動收益(損失以「一」填列)		
投資收益(損失以「一」填列)		
其中:對聯營企業和合營企業的投資收益		
二、營業利潤(虧損以「一」號填列)	76 801.00	
加:營業外收入	1 000.00	
減:營業外支出		
其中:非流動資產處置損失		
三、利潤總額(虧損以「一」號填列)	77 801.00	
減:所得稅費用	19 450.25	
四、淨利潤(淨虧損以「一」號填列)	58 350.75	
五、每股收益:		
(一)基本每股收益		
(二)稀釋每股收益		

自 測 題

一、單項選擇題

1.利潤表上半部分反應經營活動,下半部分反應非經營活動,其分界點是(　　)。

　　A.營業利潤　　　　　　　　　B.利潤總額

　　C.主營業務利潤　　　　　　　D.淨利潤

2.財務報表分析的對象是(　　)。

　　A.企業的各項基本活動　　　　B.企業的經營活動

　　C.企業的投資活動　　　　　　D.企業的籌資活動

3.以下各項中,不屬於流動負債的是(　　)。

　　A.短期借款　　　　　　　　　B.應付帳款

　　C.預付帳款　　　　　　　　　D.預收帳款

4.資產負債表的下列項目中,需要根據幾個總帳科目的期末餘額進行匯總填列的是(　　)。

　　A.應付職工薪酬　　　　　　　B.短期借款

　　C.貨幣資金　　　　　　　　　D.資本公積

5.下列屬於企業對外提供的靜態報表的是(　　)。

　　A.利潤表　　　　　　　　　　B.所有者權益變動表

　　C.現金流量表　　　　　　　　D.資產負債表

二、多項選擇題

1.下列屬於流動資產的有(　　)。

　　A.應收帳款　　　　　　　　　B.無形資產

　　C.預付帳款　　　　　　　　　D.應收利息

2.下列屬於財務報表編製的基本要求的有(　　)。

　　A.按正確的會計基礎編製　　　B.項目列報遵守重要性原則

　　C.以持續經營為基礎編製　　　D.至少按年編製財務報表

3.下列不屬於所有者權益的有(　　)。

　　A.長期股權投資　　　　　　　B.應付股利

　　C.未分配利潤　　　　　　　　D.實收資本

4.根據企業會計準則的規定,中期財務會計報告包括(　　)。

　　A.月報　　　　　　　　　　　B.季報

　　C.半年報　　　　　　　　　　D.年報

5.在資產負債表中,需要分析計算填列的項目有(　　)。

　　A.存貨　　　　　　　　　　　B.長期借款

　　C.固定資產　　　　　　　　　D.無形資產

三、判斷題

1.中國的資產負債表採用多步式的格式。　　　　　　　　　　　　　　(　　)

2.反應企業在一定會計期間的經營成果的財務報表是利潤表。　　　　　(　　)

3.編製利潤表所依據的會計等式是「收入－費用＝利潤」。　　　　　　(　　)

4.資產負債表中負債項目的順序是按清償債務的先後排列的。　　　　(　　)

5.資產負債表中的資產總計等於負債和權益總計。　　　　　　　　　(　　)

四、計算分析題

(一)

紅星公司 2015 年 12 月的帳務資料如下：

資料 1：

會計科目	期末餘額	
	借方	貸方
庫存現金	370	
銀行存款	63 500	
應收帳款	21 200	
壞帳準備		1 350
原材料	46 000	
庫存商品	56 800	
存貨跌價準備		3 060
固定資產	488 000	
累計折舊		4 860
固定資產清理		5 500
短期借款		25 000
應付帳款		24 100
預收帳款		4 500
長期借款		100 000
實收資本		450 000
盈餘公積		4 500
本年利潤		53 000
合　　計	675 870	675 870

資料 2：

長期借款期末餘額中將於一年內到期歸還的長期借款數為 45 000 元。

應收帳款有關明細帳期末餘額情況為：應收帳款——A 公司，貸方餘額為

5 800元;應收帳款—B公司,借方餘額為27 000元。

應付帳款有關明細帳期末餘額情況為:應付帳款—C公司,貸方餘額為32 500元;應付帳款—D公司,借方餘額為8 400元。

預收帳款有關明細帳期末餘額情況為:預收帳款—E公司,貸方餘額為4 500元。

要求:根據上述資料,計算紅星公司2015年12月31日資產負債表中下列報表項目的期末數。

(1)應收帳款為(　　)元。

(2)存貨為(　　)元。

(3)流動資產合計為(　　)元。

(4)預收款項為(　　)元。

(5)流動負債合計為(　　)元。

(二)

富強企業本月主營業務收入為1 000 000元,其他業務收入為80 000元,營業外收入為90 000元,主營業務成本為760 000元,其他業務成本為50 000元,營業稅金及附加為30 000元,營業外支出為75 000元,管理費用為40 000元,銷售費用為30 000元,財務費用為15 000元,所得稅費用為75 000元。

要求:根據上述資料,計算以下項目。

(1)營業利潤為(　　)元。

(2)利潤總額為(　　)元。

(3)淨利潤為(　　)元。

國家圖書館出版品預行編目(CIP)資料

會計基礎 / 劉建黨 主編. -- 第一版.
-- 臺北市：財經錢線文化出版：崧博發行, 2018.11
　面；　公分
ISBN 978-957-680-253-9(平裝)
1.會計學
495.1　　　107018108

書　名：會計基礎
作　者：劉建黨 主編
發行人：黃振庭
出版者：財經錢線文化事業有限公司
發行者：崧博出版事業有限公司
E-mail：sonbookservice@gmail.com
粉絲頁　　　　　　網　址：
地　址：台北市中正區延平南路六十一號五樓一室
8F.-815, No.61, Sec. 1, Chongqing S. Rd., Zhongzheng Dist., Taipei City 100, Taiwan (R.O.C.)
電　話：(02)2370-3310　傳　真：(02) 2370-3210
總經銷：紅螞蟻圖書有限公司
地　址：台北市內湖區舊宗路二段 121 巷 19 號
電　話：02-2795-3656　傳真：02-2795-4100　網址：
印　刷：京峯彩色印刷有限公司（京峰數位）

　　本書版權為西南財經大學出版社所有授權崧博出版事業有限公司獨家發行電子書及繁體書繁體版。若有其他相關權利及授權需求請與本公司聯繫。
定價：500元
發行日期：2018 年 11 月第一版
◎ 本書以POD印製發行